遥感时间序列分析方法与生态应用

丁 超 孟媛媛 著

西北工業大學出版社

西 安

【内容简介】 卫星遥感在大尺度陆地生态系统变化观测中发挥着不可替代的作用。本书论述了卫星遥感时间序列数据分析的主要方法和遥感时间序列在陆地生态系统变化分析领域的相关应用：先概述了光学遥感时间序列数据重建与地表覆盖变化检测的主流方法，进而针对典型生态问题分别介绍了植被物候、土地荒漠化、人工林识别与动态分析、生态系统干扰-恢复过程等方向的遥感分析方法和应用案例。

本书可供植被与生态遥感等相关方向的研究人员、高校教师，以及高年级本科生和研究生等参考。

图书在版编目(CIP)数据

遥感时间序列分析方法与生态应用 / 丁超，孟媛媛著. — 西安 ：西北工业大学出版社，2024.5

ISBN 978-7-5612-9270-9

Ⅰ. ①遥… Ⅱ. ①丁… ②孟… Ⅲ. ①遥感数据-时间序列分析 Ⅳ. ①TP701 ②O211.61

中国国家版本馆 CIP 数据核字(2024)第 079765 号

YAOGAN SHIJIAN XULIE FENXI FANGFA YU SHENGTAI YINGYONG

遥感时间序列分析方法与生态应用

丁超　孟媛媛　著

责任编辑：孙　倩　王　水　　**策划编辑**：杨　睿
责任校对：高茸茸　　**装帧设计**：高永斌　侣小玲
出版发行：西北工业大学出版社
通信地址：西安市友谊西路 127 号　　邮编：710072
电　　话：(029)88491757，88493844
网　　址：www.nwpup.com
印 刷 者：西安五星印刷有限公司
开　　本：787 mm×1 092 mm　　1/16
印　　张：11.625
字　　数：290 千字
版　　次：2024 年 5 月第 1 版　　2024 年 5 月第 1 次印刷
审 图 号：GS 陕(2025)11 号
书　　号：ISBN 978-7-5612-9270-9
定　　价：78.00 元

前　言

在人类活动与自然因素驱动的全球环境变化背景下，陆地生态系统结构、功能与服务正处于持续变化中。更好地观测和分析生态系统长期变化，理解生态系统变化过程与机理，制定可持续生态管理措施，是人类社会可持续发展的迫切需求。卫星遥感作为大尺度、长时间序列地表变化观测的核心手段，在陆地生态系统变化研究中发挥着不可替代的作用。目前，遥感时间序列数据已极大丰富。例如，Landsat 系列（Landsat 4～9）卫星已提供全球 40 余年高质量中分辨率（30 m）时间序列数据，具有高频率对地观测能力的中分辨率成像光谱仪（MODIS）也已积累了 20 余年的数据。海量有价值的遥感时空信息有待挖掘，以服务不同尺度和区域陆表建模、生态系统监测和可持续发展研究。

遥感时间序列已广泛应用于生态系统变化研究，相关遥感时间序列数据处理与分析技术也已取得了长足发展。然而，生态系统变化过程复杂，不同层面变化信息的提取对遥感数据处理和分析技术的需求不同，甚至差异很大。系统阐述遥感时间序列分析方法及相关生态应用的著作实有必要。

本书以卫星遥感时间序列分析方法及其在陆地生态系统变化监测领域的应用为主题。遥感时间序列重建（缺失数据插补与时间序列去噪）和变化检测方法是遥感时间序列分析的两个重要技术环节。本书第 1 章和第 2 章分别概述了当前时间序列重建和变化检测领域的主要方法。第 3～6 章主要是笔者近年来在遥感时间序列处理与分析方法和生态应用领域内的一些探索，吸纳了笔者已发表的相关学术论文；生态应用主题包括植被物候、土地荒漠化、人工林识别与动态分析（土地覆盖分类与变化检测）和生态系统干扰-恢复过程，涵盖了渐变、突变和季节性变化三种生态系统变化类型。另外，在第 3～5 章中，概述了遥感时间序列在相关应用领域的主要方法或研究进展。

本书的出版受到国家自然科学基金项目“北方林草交错带植被返青期遥感观测的尺度差异及其形成机制分析”（项目号：42201348）的资助。本书由丁超和孟媛媛共同撰写，丁超统稿。其中，第1章、第3章、第4章由丁超撰写，第5章、第6章由孟嫒嫒撰写，第2章由丁超和孟嫒嫒共同撰写。刘湘南教授对本书内容框架提出了宝贵建议。本书相关研究得到了黄文江研究员和唐志尧教授等的指导与帮助。吴伶副教授、王铮、侯博文提供了部分资料。在此一并表示感谢！

在撰写本书的过程中，参考了许多资料和文献，在此向其作者表示感谢！

遥感时间序列分析技术方兴未艾，应用领域包罗万象。由于学识有限，书中难免有疏漏和不妥之处，敬请读者不吝指正！我们希望本书能够起到抛砖引玉之效。

著　者

2023年10月

目　录

第 1 章 遥感时间序列重建方法概述

卫星遥感作为大尺度、长时间序列地球观测不可或缺的手段，已广泛应用于地表变化检测与分析（Vogelmann et al.，2016；White et al.，2022）、植被物候提取（Caparros-Santiago et al.，2021）和农业监测（邱炳文等，2022；Yin et al.，2018）等领域，在全球环境变化研究中发挥着重要作用（Yang et al.，2013）。目前，Landsat 系列卫星（Landsat 4～9）已提供 40 余年全球中分辨率（30 m）时间序列数据，极大促进了地球资源与环境的监测能力（Wulder et al.，2022）。此外，具有高频率对地观测能力的中分辨率成像光谱仪（Moderate Resolution Imaging Spectroradiometer，MODIS）已积累了 20 余年的数据。海量有价值的遥感信息仍有待深入挖掘，以支持不同尺度和区域陆表建模、资源环境监测和可持续发展研究（张兵等，2016）。

光学卫星遥感时间序列是监测陆地生态系统动态的关键数据源，常用的光学卫星遥感数据及相关产品的时空分辨率见表 1-1。陆地生态系统监测主要使用基于地表反射率计算的植被指数或反演的植被参数等时间序列数据。常用的植被指数包括归一化植被指数（Normalized Difference Vegetation Index，NDVI，Rouse et al.，1974）和增强型植被指数（Enhanced Vegetation Index，EVI，Huete et al.，2002）等。

表 1-1 陆地生态系统动态监测主要光学卫星遥感数据

遥感数据	时间跨度	空间分辨率	时间分辨率
AVHRR	1981 年至今	8 km	逐日、15 天
MODIS	2000 年至今	250 m、500 m、1 km、0.05°	逐日、8 天、16 天
VIIRS	2012 年至今	500 m、1 km、0.05°	逐日、8 天、16 天
SPOT/VEGETATION	1998—2014 年	1 km	逐日、10 天
Landsat 4-9	1982 年至今	30 m	16 天
Sentinel-2	2015 年至今	10 m、20m	5 天

受云和云影、大气校正残留的气溶胶、季节性积雪、观测几何、传感器故障，以及植被参数反演算法误差等非生物因素的影响，不同时空分辨率的光学遥感时间序列中包含不同程度的低质量数据或噪声。图 1-1 是 EVI 时间序列示例，时间间隔为 8 天，数据来源于 MODIS MOD09A1 V6 地表反射率产品（Vermote，2015）。本章其他 EVI 时间序列示例也计算自 MOD09A1 数据。序列中的不规则波动与云和观测几何等因素引起的噪声密切相

关。遥感时间序列中存在的噪声制约了真实陆地生态系统变化信息的有效提取，如何弥补时间序列信息缺失和消除辐射特性差异，重建高质量时空一致性时间序列，是高时间分辨率卫星遥感数据处理的关键问题之一（杨刚，2016；Li et al.，2021；Pouliot and Latifovic，2018；Shen et al.，2015）。

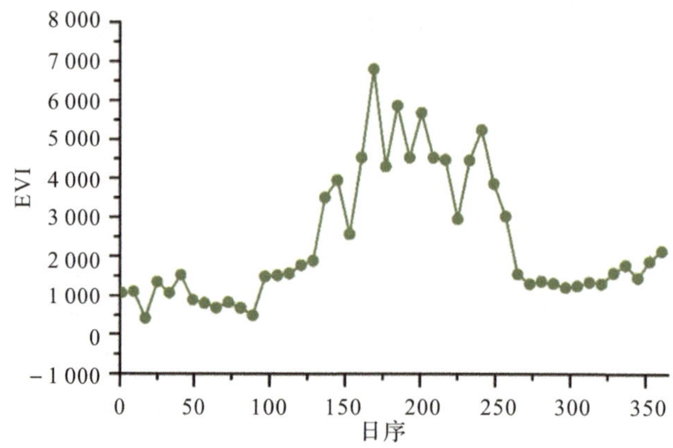

图 1-1　包含噪声的 EVI 时间序列，EVI 已乘系数 10 000

卫星遥感时间序列重建过程主要包括时间序列预处理、时间序列插值以及时间序列平滑（去噪）三个重要环节。由于不同研究问题对时间序列数据的质量要求有所差别，因此，在时间序列数据实际处理环节中根据研究需求采用不同方法。本章将从以下三个方面分别阐述时间序列重建的主要方法和技术。

1）时间序列预处理。当前多数卫星遥感时间序列数据产品已经过辐射定标、几何校正和大气校正等预处理过程，但在使用前用户仍需进一步对数据进行预处理，以减少云、雪以及大气校正残留气溶胶等因素对陆地生态系统变化分析产生的干扰。

2）时间序列插值。时间序列插值（temporal interpolation 或 gap filling）是指对缺失数据或预处理过程中移除的低质量数据进行插补。

3）时间序列平滑。时间序列平滑（time series smoothing）是获得低噪声完整时间序列的关键过程。有时平滑与插值过程并不是分离的。例如，采用全局函数拟合进行时间序列平滑时，时间窗口较短的缺失数据可以不进行单独的插值处理。

1.1　时间序列预处理

1.1.1　多时相数据合成

多时相数据合成从多景时序影像观测值中筛选或计算一个观测值代表该时间窗口的像元观测值，以最小化云、气溶胶和观测几何等因素的影响（肖志强，2019；Cihlar et al.，1994）。多时相数据合成的本质是以降低时间分辨率的方式减弱时间序列噪声。多时相数据合成是当前高时间分辨率遥感数据预处理的重要方法，许多地球观测卫星任务的时间序

列陆地产品以多时相数据合成的方式发布。典型产品，如 MODIS 16 天合成植被指数产品和 8 天合成地表反射率产品等。

多时相数据合成的关键包括两个方面：合成方法和合成时间窗口长度。经典的合成方法为 Tarpley 等（1984）提出的植被指数最大值合成法（Maximum Value Composite, MVC），用于生产美国海洋和大气管理局（National Oceanic and Atmospheric Administration, NOAA）的先进甚高分辨率辐射计（Advanced Very High Resolution Radiometer, AVHRR）的 7 天合成 NDVI 产品。MVC 方法的基本思想是云、气溶胶残留等噪声通常会导致较低的 NDVI 值，因此，选择一个时间窗口内最高的 NDVI 值代替这个时间段的 NDVI 值。MVC 方法是多时相数据合成常用的方法，具有广泛的应用。

值得注意的是，由于植被二向反射效应（Bidirectional Reflectance Distribution Function, BRDF）的影响，观测天顶角较大（即远离星下点）的像元也会有较高的 NDVI，因此产生多时相数据合成误差（Cihlar et al.，1994）。搭载 MODIS 传感器的 Terra 和 Aqua 卫星轨道为近极地太阳同步轨道，其轨道参数与 Landsat 系列卫星轨道相似，重访周期为 16 天。但 MODIS 为宽幅扫描传感器，其视场角为 110°，其高时间分辨率得益于其扫描幅宽而非重访周期。因此，MODIS 时间序列中时间上邻近的观测值可能有较大的观测几何差异，包括太阳高度角、卫星高度角和方位角差异。例如，8 天合成的 MODIS MOD09A1 地表反射率数据，其时间序列的不规则波动不仅与云和气溶胶等噪声因素有关，而且受观测几何，即 BRDF 效应的影响。当前部分卫星数据产品在多时相数据合成时考虑了 BRDF 效应。例如，SPOT-VEGETATION 的 10 天最大值合成 NDVI 产品在计算 NDVI 前对红波段和近红外波段分别进行了 BRDF 校正（León-Tavares et al.，2021）。MODIS 16 天合成植被指数产品在植被指数合成过程中，将远离星下点的观测值标识为低质量观测值（Didan and Munoz, 2019）。

尽管多时相数据合成能够减弱噪声，但难以完全移除噪声。例如，连续的云雨天气会导致多时相数据合成中仍然存在云覆盖现象（见图 1－2）。另外，受合成规则、观测几何和像元自身噪声情况等的影响，多时相数据合成有时会产生影像空间不连续现象（见图 1－3）。

图 1－2　MOD09A1 8 天合成地表反射率影像（红通道：band 1，绿通道：band 2，蓝通道：band 3）

图 1-3　MOD09A1 8 天合成地表反射率影像的空间不连续现象

合成时间窗口长度的选择与应用目的密切相关。例如，植被物候提取对时间序列时间间隔要求较高，通常会选择合成窗口在 16 天以内的产品，这有助于捕捉植被短期生长动态。而对于植被绿度或长势的年际变化分析，其对时间分辨率的要求通常低于植被物候研究。例如，有研究将 15 天合成的 NDVI 值合成为逐月数据进行植被绿度年际变化分析(Piao et al.，2011)。

1.1.2　时间序列噪声检测

时间序列噪声检测是用户处理时间序列产品的关键环节，可能会对后续时间序列重建效果产生重要影响。对于多数高级遥感时间序列数据产品，其主要噪声检测手段包括利用数据质量信息图层和光谱信息，以及时间序列滤波。最直接的噪声检测手段是基于数据产品提供的质量信息图层。例如，MODIS MOD09A1 8 天合成地表反射率产品的 surf_refl_state_500 m 数据层可提供云、云影、气溶胶水平和冰雪等信息。为减少卫星数据产品的质量标识的不确定性，许多研究会选择使用额外的噪声检测方法，如基于光谱信息识别特定的噪声或采用滤波方法检测时间序列异常值。基于光谱信息识别特定的噪声主要是针对云、雪。例如，Lu et al.(2007)在使用 MOD09A1 质量标识的同时，将蓝波段反射率高于 0.1 的观测值也标识为低质量观测值。在识别积雪像元时，Zhang et al.(2004)同时使用了 MODIS 反射率质量标识和地表温度信息。归一化积雪指数(Normalized Difference Snow Index, NDSI, Hall and Riggs, 1995)常用于标识季节性积雪。NDSI 计算公式为

$$\mathrm{NDSI}=\frac{\rho_{\mathrm{Green}}-\rho_{\mathrm{SWIR}}}{\rho_{\mathrm{Green}}+\rho_{\mathrm{SWIR}}} \tag{1-1}$$

式中：ρ_{Green} 和 ρ_{SWIR} 分别是绿波段和短波红外波段(Shortwave Infrared, SWIR)的地表反射率。NDSI$>$0.1 是基于 NDSI 标识时间序列中受到积雪影响植被指数值的常用标准之一(Ding et al.，2022；Riggs et al.，2016)。另外，MODIS MCD12Q2 C6 植被物候产品数据处理过程中，将 NDSI$>-$0.2 的观测值标识为雪(Gray et al.，2019)。

时间序列滤波是检测时间序列局部异常值(outlier)的有效手段。卫星遥感时间序列处理软件 TIMESAT 3.3 中提供了一种中值滤波方法以移除异常值(Eklundh and Jönsson, 2017; Jönsson and Eklundh, 2004)。

对于识别到的噪声,通常的处理方式包括移除、移除后进行插值以及在后续的时间序列函数拟合中对噪声点赋予低权重。Eklundh and Jönsson(2017)建议在使用 TIMESAT 3.3 进行时间序列重建时对低质量数据赋予较低的权重而不是移除,以避免时间间隔过长的数据缺失可能导致的函数拟合结果异常。本节阐述的时间序列噪声检测主要针对可以明显识别的云、雪和其他异常值。通常经过这一环节的噪声检测后,时间序列中仍存在噪声,需通过平滑方法进一步处理。

1.1.3　季节性积雪处理

在中高纬度和高海拔地区,季节性积雪对植被动态分析来说是一种特殊的噪声现象。例如,积雪的 NDVI 值和 EVI 值通常较低,积雪融化过程会导致 NDVI 和 EVI 观测值发生变化,进而影响植被季节性变化特征的准确提取(Delbart et al., 2005; Shabanov et al., 2002)。一般的处理方法是通过遥感数据产品质量信息图层的冰雪标识或使用 NDSI 识别积雪,并将季节性积雪的植被指数观测值从时间序列中移除。与云不同,高纬度和高海拔地区积雪的持续时间通常较长,且积雪融化后植被可能快速返青,因此,高质量的植被休眠期植被指数观测值数量有限,可能会影响休眠期植被指数背景值的准确估算(Beck et al., 2006)。

积雪观测值移除后,时间序列数据存在缺失,植被指数值替代方法包括:①采用植被指数时间序列中与积雪观测值最近的高质量观测值替代(Zhang et al., 2004);②高质量观测值的分位数替代,如 5%分位数(Gray et al., 2019)和 10%分位数(Zhang et al., 2020)。在 MODIS MCD12Q2 C6 植被物候产品中,积雪观测值采用 5 年内所有其余高质量观测值的 5%分位数替代(Gray et al., 2019)。图 1-4 是使用 MOD09A1 surf_refl_state_500 m 图层识别云、NDSI 识别雪,并使用高质量数据的 5%分位数进行 EVI 时间序列预处理的示例。

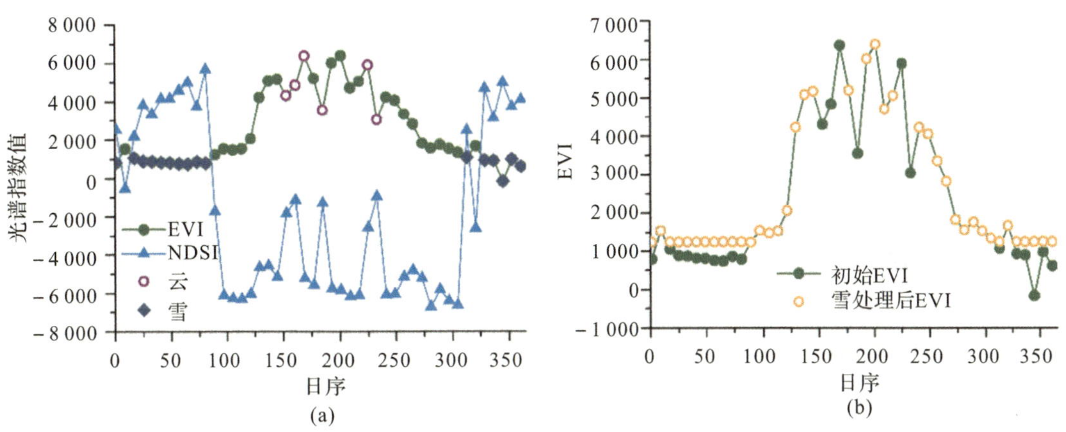

图 1-4　EVI 时间序列预处理示例

(a)云、雪识别;　(b)积雪 EVI 值处理

注:EVI 和 NDSI 计算自 8 天合成 MOD09A1 数据,EVI 和 NDSI 均已乘系数 10 000。

1.2 时间序列插值

植被指数/参数时间序列重建中的一个重要环节是缺失数据插值。遥感数据作为典型的时空数据具有时空两个维度上的相对连续性，因此，其缺失数据一般从时间、空间或时空结合的角度插补。遥感数据插补还包括光谱维插值方法（沈焕锋等，2018），即利用其他电磁谱段的遥感信息插补缺失数据，其在处理植被指数/参数时间序列缺失时应用较少。

从时间序列分析的角度，插值主要针对目标像元（格点）时间序列的缺失数据，通常不处理其他非目标像元的缺失数据。例如，分析植被时间序列时，主要关注植被像元的时间序列，而不会处理水体和建筑像元的缺失数据。从空间维的角度，缺失数据插值主要处理数据在空间上的不连续现象。例如，针对遥感影像上被云覆盖的区域，插值时可能并不关注具体地物类型，而是确保数据的连续性和完整性。尽管空间缺失数据插补后其时间序列必然也将完整，但研究的应用目标不同，侧重点不同，因此，在思想和方法上也有所不同。

本节仅探讨植被指数/参数时间序列的插值方法，其利用的信息也是植被时空变化信息。主要插值方法包括时间序列插值和时空插值两类。

1.2.1 时间序列插值

时间序列插值指仅依赖植被指数/参数时间序列的局部时间维信息进行数据插补。线性插值和三次样条插值是遥感时间序列时间维插值较为常用的方法。一些函数拟合方法也具有预测缺失数据的功能，如 Logistic 函数拟合。但由于函数拟合同时具有预测缺失数据和平滑时间序列的能力，且数据连续缺失间隔较长时仍可能需要在拟合前进行数据插值，本书将函数拟合方法归为典型的时间序列平滑方法，将在第 1.3 节介绍。

1. 线性插值

线性插值（Linear Interpolation，LI）利用缺失数据前后最邻近的两个观测值的直线方程估算缺失值。LI 通常作为处理植被指数时间序列短期内缺失值的方法而广泛应用于遥感时间序列重建算法的预处理阶段，如 S－G 滤波（Chen et al.，2004）、傅里叶谐波分析（Yang et al.，2015）和静态小波变换（Lu et al.，2007）。图 1－5 为利用 LI 插补 EVI 时间序列缺失数据的示例。当时间序列数据出现较多连续缺失情况时，这种简单的插值方法可能会引入较大误差（Borak and Jasinski，2009）。

2. 三次样条插值

三次样条插值（Cubic Spline Interpolation，CSI）是一种获得光滑曲线的插值方法，广泛应用于各学科领域时间序列的插值中。在遥感时间序列重建中，CSI 可用于多时相数据合成时间序列重建后产生逐日时间序列（Ding et al.，2017；Keenan et al.，2014）以满足物候提取需求。CSI 对输入数据的异常值敏感，较少用于时间序列重建的前期插值阶段。

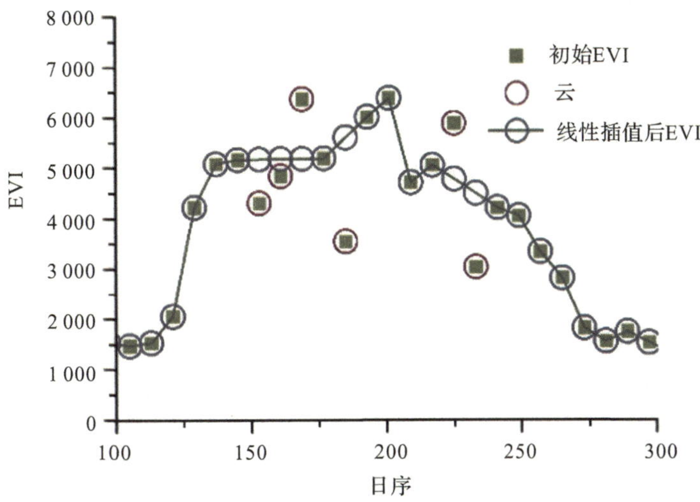

图 1-5 EVI 时间序列中云影响观测值移除后线性插值示例

3. 多年平均序列插值

利用观测数据多年平均时间序列(Climatology Interpolation, CI)插补缺失数据是时间序列插值的另一种方案(Borak and Jasinski, 2009)。假设某一年的时间序列在时间 t 处存在数据缺失,可用多年平均时间序列在时间 t 处的值替代。MODIS C5 版本的植被物候产品数据处理过程中使用了多年平均 EVI 序列替代相应时间点的 EVI 时间序列数据缺失(Ganguly et al., 2010)。CI 方法的基本思想是生态系统在多年间具有相似生长规律,但受气候波动的影响,不同年份之间可能表现出物候期的偏移和植被生长幅度的变化,因此,可能引入插值误差。

Verger et al. (2013)提出了时间序列去噪和插值算法(Consistent Adjustment of the Climatology to Actual Observations,CACAO)。该算法的基本思想是基于多年平均时间序列曲线(climatology 曲线),通过平移和拉伸 climatology 曲线匹配目标年份的时间序列,计算 climatology 曲线与目标时间序列间的均方根误差,以均方根误差最小时的变换系数确定参考时间序列,以插补其缺失数据,并平滑时间序列。该算法采用 1981—2020 年 AVHRR 叶面积指数时间序列进行验证,结果显示 CACAO 具有较好的数据重建性能。目前,该算法已经应用于生产欧洲航天局(European Space Agency, ESA)的叶面积指数(Leaf Area Index,LAI)、光和有效辐射比(Fraction of Absorbed Photosynthetically Active Radiation, FAPAR)等时间序列产品(Verger et al., 2014)。多年观测数据是 CACAO 算法的基本要求,因此,该方法不适于应用目标为短期研究的时间序列重建。另外,CACAO 算法对年际波动较强的生态系统或土地覆盖变化等扰动较为敏感。

1.2.2 时空插值

遥感时间序列与其他时间序列的一个主要不同点为遥感时间序列不是独立存在的,邻近像元同类植被具有相似的生长过程，即其植被指数时间序列间具有较强的相似性。利用一定空间范围内像元的时空关联信息插补目标像元时间序列中的缺失数据是弥补时间信息不足的有效途径(Chen et al.，2017；Moody et al.，2005)。从最终目标的角度讲，尽管时间序列插值中利用了空间信息，但仍属于时间序列插值方法。

利用空间信息最直接的方法是给定邻域窗口，以窗口内同一土地覆盖类型的像元值插补时间 t 处的缺失值。Kang et al. (2005)提出的针对 MODIS 植被光合产品的云插值算法采用了该方法，邻域窗口大小为 5×5 像元，如窗口内没有无云影像，则采用时间序列插值。在进行时间序列插值时，如果云覆盖观测值在时间序列中的前一个观测值不受云污染，或前一个也受云污染但已成功插值，就利用其观测值直接替代。该方法简单，易于实现，但不适用于较大面积的云覆盖。另外，其时间序列插值过程采用前一个观测值替代，没有考虑植被生长状态快速变化的情况。

利用邻域像元的变化信息(时间信息)是遥感数据时空插值的重要方法(Weiss et al.，2014)。Weiss et al. (2014)等利用缺失数据前后时间点数据变化率与其他像元对应时间点或不同年份对应时间点数据变化率进行比较，进而筛选相似变化信息进行插值。但在利用多年数据时，没有考虑不同年份物候差异。另外，在较长时间间隔情况下，相似的变化率并不一定呈现相似的时间序列曲线形态，因此，也会引入误差。

Moody et al. (2005)提出了基于生态系统的时间序列插值技术(Ecosystem - Dependent Temporal Interpolation，EDTI)用于生成时空连续的 MODIS 反照率产品。EDTI 的基本假设为在有限区域内，同一生态系统中的像元通常会表现出相似的物候特征，因此，目标像元时间序列的缺失数据可通过与区域内其他像元时间序列的物候关联插值。EDTI 方法的关键在于构建或选择合适的参考时间序列以及物候关联的量化。在 Moody et al. (2005)提出的方法中，参考序列为多尺度(从 0.5°×0.5°到 10°×10°)区域平均序列，物候关联通过调整参考序列偏置获得。Gao et al. (2008)提出了类似的时序重建方法。首先，采用 TIMESAT 软件中的非对称高斯函数拟合平滑 LAI 时间序列，成功拟合的时间序列可作为候选参考序列。对未成功拟合的时间序列，选择给定邻域内同一生态系统中拟合最好的序列作为参考序列，并通过二项式回归量化两个时间序列的关系，基于此关系估算缺失数据 LAI 值。如果给定区域内(最大为 1°×1°)未发现成功拟合的时间序列，就以同一生态系统在整幅 MODIS 数据中的平均序列作为参考序列。该方法能够在插值缺失数据的同时平滑时间序列。Vuolo et al. (2017)提出了模板匹配方法插补 Landsat 时间序列数据。该方法设置了严格的标准以筛选高质量参考序列(高质量时间点较多且数据缺失间隔较短)，并通过计算时间序列的欧式距离量化时间序列间的相似性。较为严格的标准能够得到高质量参考序列，但可能会导致一些像元没有足够的参考信息。也有研究利用光谱角判别像元时间序列的相似性以插补 Landsat 缺失数据(Yan and Roy，2018)。

对于均质的生态系统，在给定区域内选择一个参考序列或以区域平均序列为参考序列是合理的，但对于异质的生态系统，上述参考序列的选择方法可能会引入较大的不确定性。例如，即使在较小区域内，退化的草地由于不同的群落组成会表现出明显不同的物候特征。Fang et al. (2008)通过引入植被连续场以减弱生态系统内部异质性的影响。

植被连续场考虑了植被覆盖度引起的景观异质性，仍难以解释群落组成不同引起的异质性。另外，通过函数拟合获得参考时间序列可能并不适用于生长季较短的生态系统，如中高纬度草地和高寒草地。第一，在生长季较短情况下难以提供足够多的观测以准确估算拟合函数的众多参数(de Beurs and Henebry, 2010)；第二，草地等生态系统对环境胁迫敏感，其植被指数时间序列可能不符合经典的“S”形曲线特征(Wu et al., 2016)。在不使用区域平均或拟合曲线作为参考序列的情况下，参考序列的有效筛选是进行时空插值需解决的关键问题。

1.3　时间序列平滑

时间序列平滑方法种类繁多。本节重点介绍几种常用的时间序列平滑方法。在植被动态分析领域，许多时间序列平滑方法考虑了植被从春季展叶到秋季枯黄这一周期性的生长节律(见图 1-6)。例如，非对称高斯函数拟合和 logistic 函数拟合具有一个共同点，即通过基于形状的函数拟合植被生长或衰老过程，函数的形状皆近似于“S”形或“铃”形曲线。

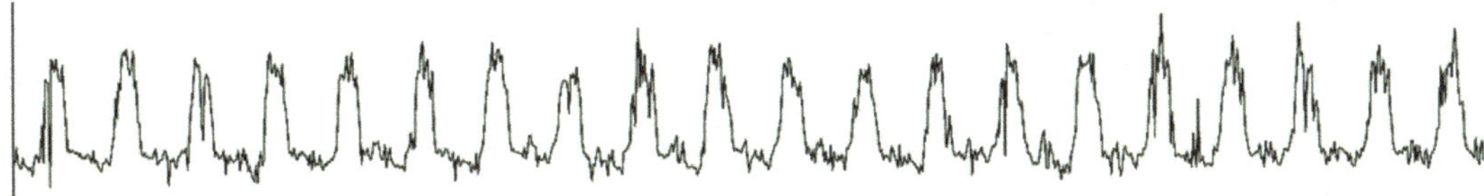

图 1-6　EVI 时间序列的季节性特征

1. 非对称高斯函数拟合

非对称高斯函数拟合(Asymmetric Gaussian, AG)利用高斯函数分区间局部拟合时间序列，再利用全局函数拟合合并局部高斯函数(Jönsson and Eklundh, 2002)。局部高斯函数拟合的公式为

$$f(t)=c_1+c_2 g(t;a_1,\cdots,a_5) \tag{1-2}$$

式中

$$g(t;a_1,\cdots,a_5)=\begin{cases}\exp\left[-\left(\dfrac{t-a_1}{a_2}\right)^{a_3}\right], & t>a_1\\ \exp\left[-\left(\dfrac{a_1-t}{a_4}\right)^{a_5}\right], & t<a_1\end{cases} \tag{1-3}$$

式中：t 为时间；c_1，c_2 分别为高斯函数基准值和振幅；a_1 为极大值或极小值在时间序列中的位置；a_2 和 a_3 分别为函数左半部分的宽度和峭度；a_4 和 a_5 分别为函数右半部分的宽度和峭度。

AG 拟合可在 TIMESAT 3.3 软件中实现(Eklundh and Jönsson, 2017)。图 1-7 为基于 TIMESAT 3.3 中 AG 拟合进行 EVI 时间序列平滑的一个示例。TIMESAT 提供了拟合时间序列上包络线的选项。拟合上包络线是基于以下假设：云、气溶胶等会导致植被指数值偏低(Eklundh and Jönsson, 2017)。

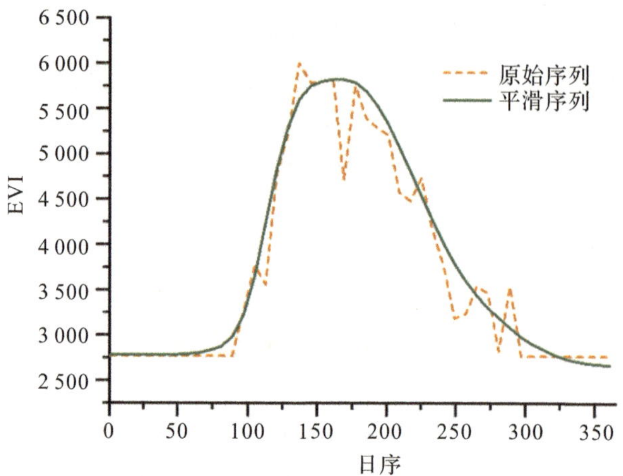

图 1-7　基于 TIMESAT 3.3 提供的 AG 函数拟合方法平滑 EVI 时间序列，拟合 EVI 上包络线迭代次数为 3，相应的适应系数为 2

2. 分段 Logistic 函数拟合

分段 Logistic 函数拟合将生长季植被指数时间序列分为生长阶段和衰老阶段，对两个阶段分别进行 Logistic 函数拟合以平滑时间序列(Zhang et al.，2003)。Logistic 函数拟合最初由 Zhang et al.(2003)引入，用于建模植被指数时间序列，进而通过模型的拐点获取植被关键物候转换期。由于其物候提取的机理相对明确，Logistic 函数拟合已被广泛接受并成为植被指数时间序列平滑的重要方法。Logistic 函数公式为

$$f(t)=\frac{c}{1+e^{a+bt}}+d \tag{1-4}$$

式中：t 为时间；a 和 b 分别与植被生长时间和速率有关；c 为植被指数季节性变化幅度；d 为植被指数背景值(Zhang et al.，2003)。d 值需要在函数拟合前确定，可基于植被休眠期的高质量植被指数值的平均值估算(Zhang，2015)。

Logistic 函数拟合的一个不足是对植被生长和衰老动态的模拟趋于理想化，受环境胁迫等因素的影响，植被指数变化可能难以符合理想的“S”形曲线(Elmore et al.，2012；Klosterman et al.，2014)。为解决这一问题，Zhang(2015) 提出了混合分段 Logistic 拟合(Hybrid Piecewise Logistic Model，HPLM)。HPLM 包括两种生长条件，其函数拟合公式不同。在理想生长条件下，函数拟合公式即式(1-4)。在植被环境胁迫条件下，拟合函数为

$$f(t)=\frac{c+gt}{1+e^{a+bt}}+d \tag{1-5}$$

式中添加了一个环境胁迫项，g 为环境胁迫因子。在实际应用时，通过比较两种生长条件下的拟合效果选择更适合的拟合结果(Zhang，2015)。

3. 双 Logistic 函数拟合

遥感时间序列处理软件 TIMESAT 3.3 中提供了一种双 Logistic 函数拟合，可以实现对整个植被生长周期的拟合(Eklundh and Jönsson，2017)。双 Logistic 拟合函数为

$$f(t)=\frac{1}{1+e^{\left(\frac{a_1-t}{a_2}\right)}}-\frac{1}{1+e^{\left(\frac{a_3-t}{a_4}\right)}} \tag{1-6}$$

式中：a_1 和 a_3 分别决定了植被指数上升和下降阶段的拐点；a_2 和 a_4 则表示相应拐点处的变化速率(Eklundh and Jönsson，2017)。图 1-8 为双 logistic 函数拟合示例。

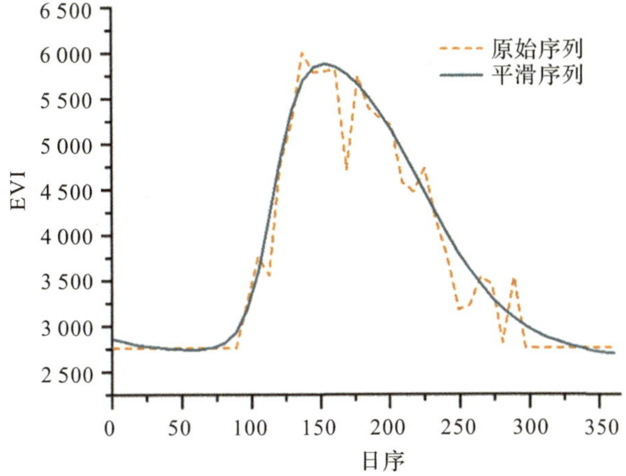

图 1-8　基于 TIMESAT 3.3 提供的双 logistic 函数拟合方法平滑 EVI 时间序列，拟合 EVI 上包络线迭代次数为 3，相应的适应系数为 2

Beck et al. (2006) 针对高纬度地区提出了另外一种双 Logistic 函数以拟合一年的 NDVI 时间序列。拟合函数包括 6 个参数，其公式为

$$f(t)=w+(\max-w)\left[\frac{1}{1+e^{-mS(t-S)}}+\frac{1}{1+e^{mA(t-A)}}-1\right] \tag{1-7}$$

式中：w 为冬季背景值，Beck et al(2006) 基于植被休眠期无雪窗口期 NDVI 的几何平均值估算；max 代表生长季 NDVI 最大值；S 和 A 是左、右拐点位置；mS 和 mA 分别为拐点处的变化速率。

上述双 Logistic 函数没有考虑植被胁迫状态，如夏季植被绿度缓慢下降现象(summer greendown，Elmore et al.，2012)。针对此现象，Elmore et al. (2012) 在双 Logistic 函数拟合中加入了植被胁迫项。函数解析式为

$$f(t)=a_1+(a_2-a_7t)\left[\frac{1}{1+e^{\frac{a_3-t}{a_4}}}-\frac{1}{1+e^{\frac{a_5-t}{a_6}}}\right] \tag{1-8}$$

该函数通过引入 a_7 实现对夏季绿度下降现象的拟合。

Klosterman et al. (2014)引入了更复杂的 Logistic 函数拟合以模拟受环境胁迫引起的非理想“S”形曲线，尤其是对夏季植被绿度下降的拟合。与非对称高斯函数拟合相似，由于模型待估算参数较多，复杂模型可能不适用于生长季较短的植被类型。

4. S-G 滤波

S-G 滤波是一种基于最小二乘拟合卷积的滑动窗口滤波方法(Savitzky and Golay，1964)。Chen et al. (2004)引入 S-G 滤波，并通过迭代过程逐步拟合 NDVI 时间序列上包

络线以重建 NDVI 时间序列。S－G 滤波的结果主要受两个参数的影响：平滑窗口半宽度 m 和平滑多项式次数 d。具体参数设定应考虑植被类型、时间序列分辨率以及噪声水平等因素。Chen et al.(2004)基于 SPOT VGT 10 天合成 NDVI 时间序列对中国区域的试验表明，较小的 m 和较大的 d 的拟合效果较好，推荐的设置为 $m=4,d=6$。

TIMESAT 3.3 提供了一种自适应 S－G 滤波方法(Eklundh and Jönsson, 2017)。对于时间序列中数据点 i，若给定滑动窗口半宽度 m，S－G 滤波对数据点 i 邻近的$(2m+1)$个数据进行式(1－9)的二项式拟合，并将时间点 i 对应的植被指数值替代为相应的二项式拟合值。

$$f(t)=c_1+c_2t+c_3t^2 \tag{1-9}$$

与 Chen et al.(2004)中的 S－G 滤波过程相比，TIMESAT 3.3 中的 S－G 滤波仅使用了二次多项式局部拟合，需要调整的参数仅为滑动窗口半宽度 m。Eklundh and Jönsson (2017)建议 m 的设置需考虑时间序列中每年的数据点个数 n，推荐的 m 估算方法为

$$m=\mathrm{floor}\left(\frac{n}{4}\right) \tag{1-10}$$

式中：floor 为向下取整函数。例如，MOD09A1 8 天合成数据计算的植被指数时间序列，每年共有 46 个数据点，根据式(1－10)得出 m 为 11。另外，自适应 S－G 滤波还包括滑动窗口半宽度 m 的自适应调整过程。当滤波后的数据在一定的时间范围内呈现较大变化时，会采用更小的窗口半宽度对相应数据点进行一次重新拟合(Eklundh and Jönsson, 2017)。需要注意的是，自适应过程仅针对局部变化较大的数据点，不是进行全局的重新拟合。图1－9为自适应 S－G 滤波平滑时间序列示例。

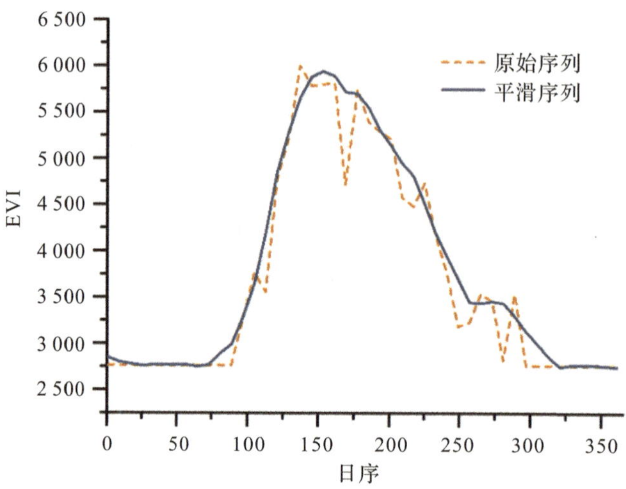

图 1－9　基于 TIMESAT 3.3 提供的自适应 S－G 滤波方法平滑 EVI 时间序列，滑动窗口半宽度 $m=4$，拟合 EVI 上包络线迭代次数为 3，相应的适应系数为 2

5. 傅里叶谐波分析

傅里叶谐波分析通过拟合谐波函数模型以重建平滑曲线(Olsson and Eklundh, 1994; Sellers et al., 1994)。Roerink et al.(2000)提出的 HANTS(The Harmonic ANalysis of

Time Series, HANTS)算法是目前应用比较广泛的傅里叶谐波分析方法,其主要优势在于能够处理非等间距时间序列。HANTS 算法需要 5 个输入参数:分解频率数、离群值剔除标识、低质量数据剔除阈值、拟合误差限和拟合超定度(Roerink et al.,2000)。以上参数的设定没有标准可依,需根据用户的经验或多次尝试设定(Roerink et al.,2000)。Yang et al.(2015)在 HANTS 算法的基础上提出了滑动赋权谐波分析(The Moving Weighted Harmonic Analysis, MWHA)算法,使得分解频率数的设定更为简单,并通过迭代过程拟合 NDVI 上包络线。

6. 小波分析

小波分析(Wavelet Analysis)能够对植被指数/参数时间序列信号进行多尺度分解,已广泛应用于遥感时间序列信号的处理和信息挖掘,如植被动态监测(Martínez and Gilabert, 2009)和时间序列平滑(Sakamoto et al., 2005; Lu et al., 2007; Qiu et al., 2016)等。小波分析也被称为小波变换。静态小波变换(Stationary Wavelet Transformation, SWT)能够在平滑时间序列的同时保留信号的细节信息(Lu et al., 2007; Nason and Silverman, 1995)。Lu et al.(2007)发展了基于 SWT 的遥感时间序列平滑方法。

基于 SWT 进行时间序列平滑的基本原理是将时间序列分解为低频分量和高频分量,高频分量的部分信息可被视为噪声(见图 1-10)。将高频分量的噪声移除后,进行信号重构以得到平滑的时间序列(Lu et al., 2007; Nason and Silverman, 1995)。

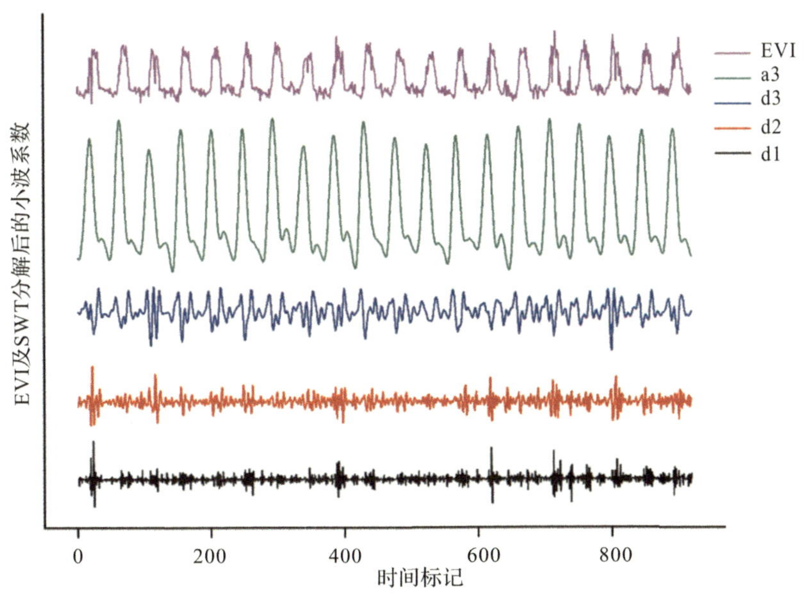

图 1-10　静态小波分解示例,使用的小波基函数为 sym4, 分解层数为 3。EVI 是原始输入信号, a3 为第 3 层分解的近似信号(相对低频分量),d3、d2、d1 为每层分解的细节信号(相对高频分量)。

SWT 平滑效果与小波基函数、分解层数和高频小波系数量化方法等有关。Lu et al.(2007)提出的算法中小波基函数为 Daubechies 小波系中的 db3 小波,分解层数为 3;阈值的设定依赖于相邻尺度的相关系数。Ding et al.(2017)采用了较为简单的噪声处理方法,即

将时间序列分解进行 3 层 db3 小波分解后，将第 3 层和第 2 层的高频信号视为噪声项，在小波重构过程中移除。图 1－11 是对 MOD09A1 计算的 8 天时间分辨率 EVI 时间序列平滑的示例。

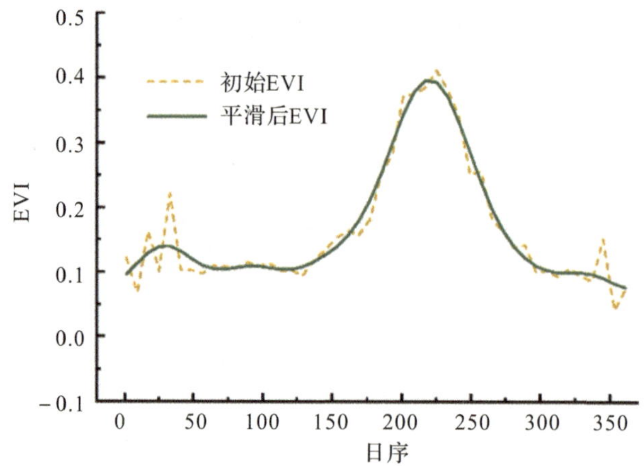

图 1－11　基于 SWT 的 EVI 时间序列平滑示例(改绘自 Ding et al.，2017)

1.4　时间序列重建发展趋势

本章从时间序列预处理、时间序列插值和时间序列平滑三个环节，重点阐述了本领域广泛应用的时间序列重建方法。需要强调的是，时间序列重建的几个环节是密不可分的，很多时间序列重建算法囊括了以上三个处理环节(Gao et al.，2008；Yuan et al.，2011；Vuolo et al.，2017)。

全球和区域尺度遥感时间序列重建方法评估的相关研究表明，受不同生态系统季节性变化特征、环境胁迫以及噪声水平等因素的影响，当前还没有普适于所有地表场景的最佳方法(边金虎等，2010；李儒等，2009；宋春桥等，2011；Atkinson et al.，2012；Cai et al.，2017；Hird and McDermid，2009；Kandasamy et al.，2013；Zhou et al.，2015)。不同植被指数/参数时间序列对噪声敏感程度和响应机理也不尽相同。充分考虑特定生态系统变化特征及其相应的气候背景以及重建方法的基本假设，构建更合理的时间序列重建性能评估体系，明确现有方法的适用条件及性能，发展有针对性的重建方法，是目前遥感时间序列重建研究的重要内容。

光学遥感时间序列重建方法已取得长足发展。但在多云雨区域时间序列数据缺失量较大，时空信息匮乏，很多适用于高时间分辨率数据的重建方法不适用于稀疏时间序列，其重建的不确定性较大(周惠慧等，2016；Chu et al.，2021；Graesser et al.，2022；Pouliot and Latifovicb，2018)。稀疏遥感时间序列重建成为多云雨区域陆地生态系统监测的重要挑战和亟需解决的科学问题。面向稀疏时间序列重建的主要方法包括时间序列拟合(范菁等，2017；Pouliot and Latifovicb，2018；Zhu et al.，2015)、结合时空相似性与平滑算法的混合方法(Vuolo et al.，2017；Yan and Roy，2018)、引入外部数据的重建方法(Baumann et

al.，2017；Peng et al.，2022；Yu et al.，2021；Zhang et al.，2020；Zhu et al.，2022)，以及机器学习方法(Wang et al.，2022)等。

对于时间序列拟合方法，Zhu et al. (2015)提出了针对 Landsat 时间序列重建的谐波拟合方案，对不同的时间序列观测值数量采用复杂程度不同的谐波函数。在此基础上，Pouliot and Latifovicb(2018)针对稀疏和非等间距时间序列拟合提出了改进方法，该方法在时间序列拟合前引入了气候数据建模和 AVHRR 数据替代缺失数据。引入外部数据的重建方法种类繁多，如结合光学和 SAR 数据(Peng et al.，2022)、引入气候数据(Yu et al.，2021)以及时空融合(Zhu et al.，2022)等。时空融合方法用于重建 Landsat 时间序列主要基于 MODIS 时间序列数据的高时间分辨率优势，以及 MODIS 与 Landsat 时空关系建模(Zhu et al.，2022)。但在时间序列数据较为稀疏时，也会引入误差。

稀疏时间序列重建的主要挑战源自时空信息量的匮乏，如何有效挖掘遥感数据中的时空关联，如何耦合数据插补与平滑过程，以及如何量化数据插补的不确定性，是稀疏时间序列重建需解决的关键问题。

参考文献

边金虎，李爱农，宋孟强，等，2010. MODIS 植被指数时间序列 Savitzky-Golay 滤波算法重构[J]. 遥感学报，14(4)：725－741.

范菁，余维泽，吴炜，等，2017. 知识引导的稀疏时间序列遥感数据拟合[J]. 遥感学报，21(5)：749－756.

李儒，张霞，刘波，等，2009. 遥感时间序列数据滤波重建算法发展综述[J]. 遥感学报，13(2)：335－341.

邱炳文，陈崇成，等，2022. 中国大宗农作物时序遥感制图[M]. 北京：科学出版社.

沈焕锋，程青，李星华，等，2018. 遥感数据质量改善之信息重建[M]. 北京：科学出版社.

宋春桥，游松财，柯灵红，等，2011. 藏北地区三种时序 NDVI 重建方法与应用分析[J]. 地球信息科学学报，13(1)：133－143.

杨刚，2016. 遥感数据时域滤波与重建的谐波分析拓展方法研究[D]. 武汉：武汉大学.

张兵，黄文江，张浩，等，2016. 地球资源环境动态监测技术的现状与未来[J]. 遥感学报，20(6)：1470－1478.

周惠慧，王楠，黄瑶，等，2016. 不同时间间隔下的遥感时间序列重构模型比较分析[J]. 地球信息科学学报，18(10)：1410－1417.

肖志强，2019. 数据合成、平滑和填补[M]//梁顺林，李小文，王锦地. 定量遥感：理念与算法. 2 版. 北京：科学出版社.

ATKINSON P M，JEGANATHAN C，DASH J，et al.，2012. Inter-comparison of four models for smoothing satellite sensor time-series data to estimate vegetation phenology [J]. Remote Sensing of Environment，123：400－417.

BAUMANN M，OZDOGAN M，RICHARDSON A D，et al.，2017. Phenology from Landsat when data is scarce：Using MODIS and dynamic time-warping to combine multi-

year Landsat imagery to derive annual phenology curves[J]. International Journal of Applied Earth Observation and Geoinformation, 54: 72 - 83.

BECK P S A, ATZBERGER C, HØGDA K A, et al. , 2006. Improved monitoring of vegetation dynamics at very high latitudes: A new method using MODIS NDVI[J]. Remote Sensing of Environment, 100(3): 321 - 334.

BORAK J S, JASINSKI M F, 2009. Effective interpolation of incomplete satellite-derived leaf-area index time series for the continental United States[J]. Agricultural and Forest Meteorology, 149(2): 320 - 332.

CAPARROS-SANTIAGO J A, RODRIGUEZ-GALIANO V, DASH J, 2021. Land surface phenology as indicator of global terrestrial ecosystem dynamics: A systematic review[J]. ISPRS Journal of Photogrammetry and Remote Sensing, 171: 330 - 347.

CAI ZZ, JÖNSSON P, JIN H X, et al. , 2017. Performance of Smoothing Methods for Reconstructing NDVI Time-Series and Estimating Vegetation Phenology from MODIS Data[J]. Remote Sensing, 9(12): 1271.

CHEN B, HUANG B, CHEN L F, et al. , 2017. Spatially and temporally weighted regression: a novel method to produce continuous cloud-free Landsat imagery[J]. IEEE Transactions on Geoscience and Remote Sensing, 55(1): 27 - 37.

CHEN J, JÖNSSON P, TAMURA M, et al. , 2004. A simple method for reconstructing a high-quality NDVI time-series data set based on theSavitzky-Golay filter[J]. Remote Sensing of Environment, 91(3 - 4): 332 - 344.

CHU D, SHEN H, GUAN X, et al. , 2021. Long time-series NDVI reconstruction in cloud-prone regions viaspatio-temporal tensor completion[J]. Remote Sensing of Environment, 264: 112632.

CIHLAR J, MANAK D, DIORIO M, 1994. Evaluation of compositing algorithms for AVHRR data over land[J]. IEEE Transactions on Geoscience and Remote Sensing, 32(2): 427 - 437.

DELBART N, KERGOAT L, Le TOAN T, et al. , 2005. Determination of phenological dates in boreal regions using normalized difference water index[J]. Remote Sensing of Environment, 97(1): 26 - 38.

de BEURS K M, HENEBRY G M, 2010. Spatio-Temporal Statistical Methods for Modelling Land Surface Phenology[M]//Hudson I L, Keatley M R. Phenological Research: Methods for Environmental and Climate Change Analysis. Dordrecht: Springer Netherlands.

DIDAN K, MUNOZ, A B, 2019. MODIS Vegetation Index User's Guide(MOD13 Series)[EB/OL]. https://lpdaac. usgs. gov/documents/621/MOD13_User_Guide_V61. pdf? _ga=2. 222929304. 2081210081. 1687763361 - 1638037196. 1610521755

DING C, HUANG W, ZHAO S, et al. , 2022. Greenup dates change across a temperate forest-grassland ecotone in northeastern China driven by spring temperature and tree cover

[J]. Agricultural and Forest Meteorology, 314: 108780.

DING C, LIU X, HUANG F, et al., 2017. Onset of drying and dormancy in relation to water dynamics of semi-arid grasslands from MODIS NDWI[J]. Agricultural and Forest Meteorology, 234 - 235: 22 - 30.

EKLUNDH L, JÖNSSON P, 2017. Timesat 3.3 Software Manual [EB/OL]. Lund and Malmö University, Sweden. https://web.nateko.lu.se/timesat/timesat.asp? cat=6

ELMORE A J, GUINN S M, MINSLEY B J, et al., 2012. Landscape controls on the timing of spring, autumn, and growing season length in mid-Atlantic forests[J]. Global Change Biology, 18(2): 656 - 674.

FANG H L, LIANG S L, TOWNSHEND J R, et al., 2008. Spatially and temporally continuous LAI data sets based on an integrated filtering method: Examples from North America[J]. Remote Sensing of Environment, 112(1): 75 - 93.

GANGULY S, FRIEDL M A, TAN B, et al., 2010. Land surface phenology from MODIS: Characterization of the Collection 5 global land cover dynamics product[J]. Remote Sensing of Environment, 114(8): 1805 - 1816.

GAO F, MORISETTE J T, WOLFE R E, et al., 2008. An algorithm to produce temporally and spatially continuous MODIS-LAI time series[J]. IEEE Geoscience and Remote Sensing Letters, 5(1): 60 - 64.

GRAESSER J, STANIMIROVA R, FRIEDL M A, 2022. Reconstruction of satellite time series with a dynamic smoother[J]. IEEE Journal of Selected Topics in Applied Earth Observations and Remote Sensing, 15: 1803 - 1813.

GRAY J, SULLA-MENASHE D, FRIEDL M A, 2019. User Guide to Collection 6 MODIS Land Cover Dynamics(MCD12Q2)Product 6 [EB/OL]. https://landweb.modaps.eosdis.nasa.gov/QA_WWW/forPage/user_guide/MCD12Q2_Collection6_UserGuide.pdf

HALL D K, RIGGS G A, SALOMONSON V V, 1995. Development of methods for mapping global snow cover using moderate resolution imaging spectroradiometer data[J]. Remote Sensing of Environment, 54(2): 127 - 140.

HIRD J N, MCDERMID G J, 2009. Noise reduction of NDVI time series: An empirical comparison of selected techniques[J]. Remote Sensing of Environment, 113(1): 248 - 258.

HUETE A, DIDAN K, MIURA T, et al., 2002. Overview of the radiometric and biophysical performance of the MODIS vegetation indices[J]. Remote Sensing of Environment, 83(1 - 2): 195 - 213.

JÖNSSON P, EKLUNDH L, 2004. TIMESAT: a program for analyzing time-series of satellite sensor data[J]. Computers & Geosciences, 30(8): 833 - 845.

JÖNSSON P, EKLUNDH L, 2002. Seasonality extraction by function fitting to time-series of satellite sensor data[J]. IEEE Transactions on Geoscience and Remote Sensing, 40(8): 1824 - 1832.

KANDASAMY S, BARET F, VERGER A, et al., 2013. A comparison of methods for smoothing and gap filling time series of remote sensing observations-application to MODIS LAI products[J]. Biogeosciences, 10(6): 4055 - 4071.

KANG S, RUNNING S W, ZHAO M, et al., 2005. Improving continuity of MODIS terrestrial photosynthesis products using an interpolation scheme for cloudy pixels[J]. International Journal of Remote Sensing, 26(8): 1659 - 1676.

KEENAN T F, GRAY J, FRIEDL M A, et al., 2014. Net carbon uptake has increased through warming-induced changes in temperate forest phenology[J]. Nature Climate Change, 4(7): 598 - 604.

KLOSTERMAN S T, HUFKENS K, GRAY J M, et al., 2014. Evaluating remote sensing of deciduous forest phenology at multiple spatial scales usingPhenoCam imagery[J]. Biogeosciences, 11(16): 4305 - 4320.

LEÓN-TAVARES J, ROUJEAN J L, SMETS B, et al., 2021. Correction of directional effects in vegetation NDVI time-series[J]. Remote Sensing, 13(6): 1130.

LI S, XU L, JING Y, et al., 2021. High-quality vegetation index product generation: A review of NDVI time series reconstruction techniques[J]. International Journal of Applied Earth Observation and Geoinformation, 105: 102640.

LU X, LIU R, LIU J, et al., 2007. Removal of noise by wavelet method to generate high quality temporal data of terrestrial MODIS products[J]. Photogrammetric Engineering and Remote Sensing, 73(10): 1129 - 1139.

MARTÍNEZ B, GILABERT M A, 2009. Vegetation dynamics from NDVI time series analysis using the wavelet transform[J]. Remote Sensing of Environment, 113(9): 1823 - 1842.

MOODY E G, KING M D, PLATNICK S, et al., 2005. Spatially complete global spectral surface albedos: Value-added datasets derived from terra MODIS land products[J]. IEEE Transactions on Geoscience and Remote Sensing, 43(1): 144 - 158.

NASON G P, SILVERMAN B W, 1995. The Stationary Wavelet Transform and some Statistical Applications[M]//Antoniadis A, Oppenheim G. Wavelets and Statistics. New York: Springer New York.

OLSSON L, EKLUNDH L, 1994. Fourier-series for analysis of temporal sequences of satellite sensor imagery[J]. International Journal of Remote Sensing, 15(18): 3735 - 3741.

PENG T, LIU M, LIU X, et al., 2022. Reconstruction of optical image time series with unequal lengths SAR based on improved sequence-sequence model[J]. IEEE Transactions on Geoscience and Remote Sensing, 60: 5632017.

PIAO S L, WANG X H, CIAIS P, et al., 2011. Changes in satellite-derived vegetation growth trend in temperate and boreal Eurasia from 1982 to 2006[J]. Global Change Biology, 17(10): 3228 - 3239.

POULIOT D, LATIFOVIC R, 2018. Reconstruction of Landsat time series in the presence of irregular and sparse observations: Development and assessment in north-eastern Alberta, Canada[J]. Remote Sensing of Environment, 204: 979 - 996.

QIU B W, FENG M, TANG Z H, 2016. A simple smoother based on continuous wavelet transform: Comparative evaluation based on the fidelity, smoothness and efficiency in phenological estimation[J]. International Journal of Applied Earth Observation and Geoinformation, 47: 91 - 101.

RIGGS G A, HALL D K, ROMÁN M O, 2016. MODIS Snow Products Collection 6 User Guide[EB/OL]. http://modis-snow-ice. gsfc. nasa. gov/uploads/C6_MODIS_Snow_User_Guide. pdf.

ROERINK G J, MENENTI M, VERHOEF W, 2000. Reconstructingcloudfree NDVI composites using Fourier analysis of time series[J]. International Journal of Remote Sensing, 21(9): 1911 - 1917.

ROUSE J W, HAAS R H, SCHELL J A, et al., 1974. Monitoring the vernal advancements and retrogradation of natural vegetation[R]. Greenbelt, MD, USA: NASA/GSFC.

SAKAMOTO T, YOKOZAWA M, TORITANI H, et al., 2005. A crop phenology detection method using time-series MODIS data[J]. Remote Sensing of Environment, 96(3 - 4): 366 - 374.

SAVITZKY A, GOLAY M J E, 1964. Smoothing and differentiation of data by simplified least squares procedures[J]. Analytical Chemistry, 36(8): 1627 - 1639.

SELLERS P J, TUCKER C J, COLLATZ G J, et al., 1994. A global 1-degrees-by-1-degrees NDVI data set for climate studies . 2. the generation of global fields of terrestrial biophysical parameters from the NDVI[J]. International Journal of Remote Sensing, 15(17): 3519 - 3545.

SHABANOV N V, ZHOU L M, KNYAZIKHIN Y, et al., 2002. Analysis of interannual changes in northern vegetation activity observed in AVHRR data from 1981 to 1994[J]. IEEE Transactions on Geoscience and Remote Sensing, 40(1): 115 - 130.

SHEN H F, LI X H, CHENG Q, et al., 2015. Missing information reconstruction of remote sensing data: A technical review[J]. IEEE Geoscience and Remote Sensing Magazine, 3(3): 61 - 85.

TARPLEY J D, SCHNEIDER S R, MONEY R L, 1984. Global vegetation indexes from the NOAA-7 meteorological satellite[J]. Journal of Climate and Applied Meteorology, 23(3): 491 - 494.

VERGER A, BARET F, WEISS M, 2014. Near real-time vegetation monitoring at global scale[J]. IEEE Journal of Selected Topics in Applied Earth Observations and Remote Sensing, 7(8): 3473 - 3481.

VERGER A, BARET F, WEISS M, et al., 2013. The CACAO method for smoothing, gap filling, and characterizing seasonal anomalies in satellite time series[J]. IEEE Transactions on Geoscience and Remote Sensing, 51(4): 1963 - 1972.

VERMOTE E, 2015. MOD09A1 MODIS/Terra Surface Reflectance 8-Day L3 Global

500m SIN Grid V006 [DS]. NASA EOSDIS Land Processes DAAC.

VOGELMANN J E, GALLANT A L, SHI H, et al., 2016. Perspectives on monitoring gradual change across the continuity of Landsat sensors using time-series data[J]. Remote Sensing of Environment, 185: 258 - 270.

VUOLO F, NG W T, ATZBERGER C, 2017. Smoothing and gap-filling of high resolution multi-spectral time series: Example of Landsat data[J]. International Journal of Applied Earth Observation and Geoinformation, 57: 202 - 213.

WANG Y, ZHOU X, AO Z, et al., 2022. Gap-filling and missing information recovery for time series of MODIS data using deep learning-based methods[J]. Remote Sensing, 14 (19): 4692.

WEISS D J, ATKINSON P M, BHATT S, et al., 2014. An effective approach for gap-filling continental scale remotely sensed time-series[J]. ISPRS Journal of Photogrammetry and Remote Sensing, 98: 106 - 118.

WHITE J C, HERMOSILLA T, WULDER M A, et al., 2022. Mapping, validating, and interpretingspatio-temporal trends in post-disturbance forest recovery[J]. Remote Sensing of Environment, 271: 112904.

WU C Y, HOU X H, PENG D L, et al., 2016. Land surface phenology of China's temperate ecosystems over 1999—2013: Spatial-temporal patterns, interaction effects, covariation with climate and implications for productivity[J]. Agricultural and Forest Meteorology, 216: 177 - 187.

WULDER M A, ROY D P, RADELOFF V C, et al., 2022. Fifty years of Landsat science and impacts[J]. Remote Sensing of Environment, 280: 113195.

YAN L, ROY D P, 2018. Large-Area Gap Filling of Landsat Reflectance Time Series by Spectral-Angle-Mapper BasedSpatio-Temporal Similarity(SAMSTS)[J]. Remote Sensing, 10(4): 609.

YANG J, GONG P, FU R, et al., 2013. The role of satellite remote sensing in climate change studies[J]. Nature Climate Change, 3(10): 875 - 883.

YANG G, SHEN H F, ZHANG L P, et al., 2015. A moving weighted harmonic analysis method for reconstructing high-quality SPOT vegetation NDVI time-series data[J]. IEEE Transactions on Geoscience and Remote Sensing, 53(11): 6008 - 6021.

YIN H, PRISHCHEPOV A V, KUEMMERLE T, et al., 2018. Mapping agricultural land abandonment from spatial and temporal segmentation of Landsat time series[J]. Remote Sensing of Environment, 210: 12 - 24.

YU W, LI J, LIU Q, et al., 2021. Gap filling for historical Landsat NDVI time series by integrating climate data[J]. Remote Sensing, 13(3): 484.

YUAN H, DAI Y J, XIAO Z Q, et al., 2011. Reprocessing the MODIS Leaf Area Index products for land surface and climate modelling[J]. Remote Sensing of Environment, 115 (5): 1171 - 1187.

ZHANG X, 2015. Reconstruction of a complete global time series of daily vegetation index trajectory from long-term AVHRR data[J]. Remote Sensing of Environment, 156: 457 - 472.

ZHANG X Y, FRIEDL M A, SCHAAF C B, et al. , 2003. Monitoring vegetation phenology using MODIS[J]. Remote Sensing of Environment, 84(3): 471 - 475.

ZHANG X Y, FRIEDL M A, SCHAAF C B, et al. , 2004. Climate controls on vegetation phenological patterns in northern mid-and high latitudes inferred from MODIS data[J]. Global Change Biology, 10(7): 1133 - 1145.

ZHANG X Y, WANG J M, HENEBRY G M, et al. , 2020. Development and evaluation of a new algorithm for detecting 30m land surface phenology from VIIRS and HLS time series[J]. ISPRS Journal of Photogrammetry and Remote Sensing, 161: 37 - 51.

ZHOU J, JIA L, MENENTI M, 2015. Reconstruction of global MODIS NDVI time series: Performance of HarmonicANalysis of Time Series(HANTS)[J]. Remote Sensing of Environment, 163: 217 - 228.

ZHU X L, ZHAN W F, ZHOU J X, et al. , 2022. A novel framework to assess all-round performances of spatiotemporal fusion models[J]. Remote Sensing of Environment, 274: 113002.

ZHU Z, WOODCOCK C E, HOLDEN C, et al. , 2015. Generating synthetic Landsat images based on all available Landsat data: Predicting Landsat surface reflectance at any given time[J]. Remote Sensing of Environment, 162: 67 - 83.

第 2 章　遥感时间序列变化检测方法概述

陆地生态系统作为多圈层相互作用的综合体，其变化过程受诸多因素复杂交互作用的驱动，其变化动态是多种过程的叠加。

陆地生态系统的变化可分为突变、渐变和季节性变化三类（Verbesselt et al.，2010a，见表 2－1）。

突变（abrupt change）一般指人类或自然因素引起的地表覆盖状态的快速变化，也称为干扰（disturbance）。

渐变（gradual change）指生态系统内部长期变化动态，包括正常的年际波动和整体趋势（Vogelmann et al.，2016）。Vogelmann et al.（2016）强调渐变过程未发生土地覆盖类型的变化，是一种土地覆盖类型内部的变化。

季节性变化（seasonality change），即植被生长过程中的物候现象。

表 2－1　不同类型陆地生态系统变化的典型示例

变化类型	典型示例
突变	森林砍伐、森林草原野火、干旱、耕地撂荒、退耕还林还草、病虫害、洪水等自然灾害
渐变	土地荒漠化与恢复、森林生长、生态系统自然演替
季节性变化	植被返青、展叶、成熟、衰老、落叶、休眠等季节性现象

遥感时间序列分析能够定量描述陆地生态系统变化的过程特征，如变化时间、变化程度以及变化模式等（Pasquarella et al.，2016）。Zhu et al.（2022）提出遥感观测地表覆盖变化可以从五个维度认识：变化地点（where）、变化时间（when）、变化目标（what）、变化度量（how）和变化原因（why）。图 2－1 展示了地表覆盖变化五维认识体系的基本框架。不同的生态问题，由于侧重点不同，其主要的认识维度也会存在差异。

本章重点关注生态系统变化中的渐变和突变过程，从时间序列趋势分析、变化检测算法和变化模式挖掘三个层次介绍遥感时间序列变化分析方法。生态系统的季节性变化（物候）将在第 3 章介绍。趋势分析主要介绍时间序列整体单调趋势（monotonic trend）的分析方法。变化检测算法主要关注能够同时实现突变（断点、转折点）和渐变过程的方法。时间序

列变化模式分析是一种应用层面的分析方法或框架，不单独针对突变或渐变过程，而是将时间序列中蕴含的变化归纳总结为几类典型变化模式以便于分析和阐述。

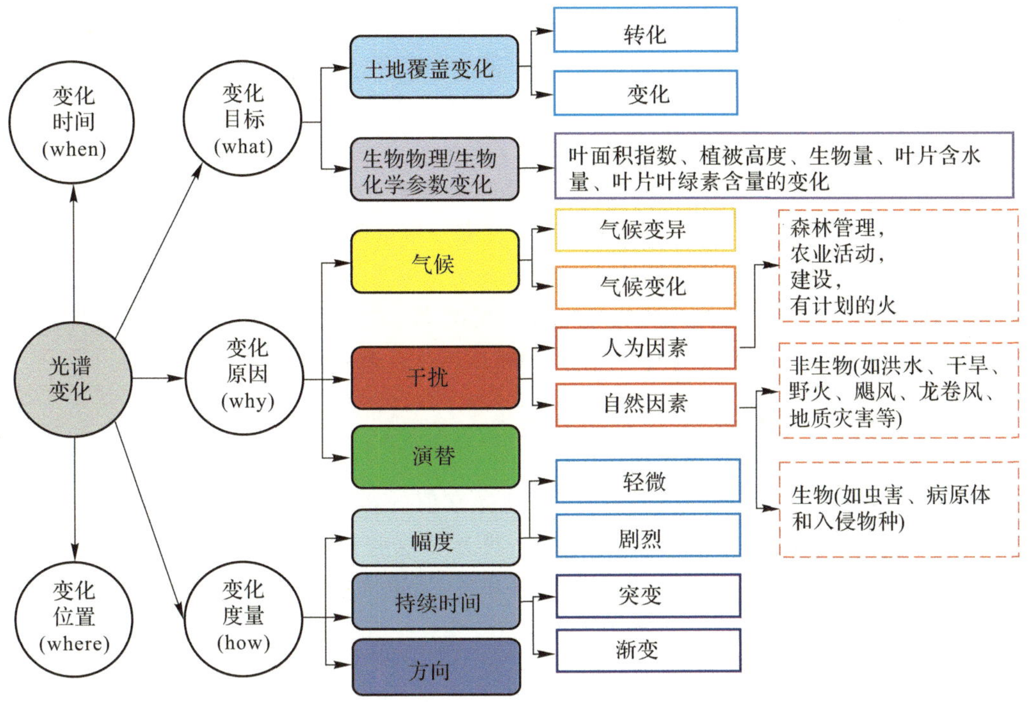

图 2－1　遥感地表变化检测的五维认识体系基本框架(改绘自 Zhu et al.，2022)

2.1　时间序列趋势分析

趋势分析侧重于遥感植被指数/参数长期演变过程，是时间序列整体变化情况的度量。时间序列的单调趋势分析在遥感时间序列渐变分析中具有广泛的应用，如土地荒漠化监测、植被变化分析等(de Beurs et al.，2015；Fensholt et al.，2012；Röder et al.，2008；Vogelmann et al.，2012)。需要指出的是，遥感获取的时间序列通常包括季节项信息，即时间序列中包含周期波动。去除季节项的主要思路包括时间序列分解和时间序列聚合(Forkel et al.，2013)。时间序列分解(Time Series Decomposition，TSD)将时间序列视为趋势项、季节项(周期信号)和不规则变化(短期变化和噪声)项的组合，然后基于一定数学法则将时间序列分解为相应的分量(Verbesselt et al.，2010a)。与时间序列分解的思想不同，时间序列聚合(Time Series Aggregation，TSA)通过简单地求取年度时间序列的均值或累积值去除季节项(Forkel et al.，2013)。TSD 相对于 TSA 的优势在于其提供不同时间尺度的变化信息。对长时间序列年际植被变化分析来说，TSA 方法简单且生态意义明确。

对于 TSA 处理后的植被指数/参数时间序列，常用的时间序列趋势分析方法包括最小二乘回归、Theil-Sen 斜率＋Mann-Kendall(M-K)趋势检验、滑动平均等(程昌秀，2022)。本节主要介绍最小二乘回归和 Theil-Sen 斜率＋M-K 趋势检验。

2.1.1 最小二乘回归

普通最小二乘(Ordinary Least Square, OLS)线性回归是时间序列趋势分析最常用的方法之一。OLS 以时间序列中植被指数/参数值为因变量 y,对应的时间为自变量 x,线性回归方程为

$$y = ax + b \tag{2-1}$$

通常情况下,趋势分析关注两个方面:一是植被指数 / 参数的变化率或变化幅度,变化率即 OLS线性回归的斜率 a,变化幅度可基于斜率 a 和序列的时间跨度计算;二是趋势的统计显著性 p 值,根据回归 p 值和斜率可将趋势分为显著上升、显著下降和趋势不显著三类,或根据不同的 p 值(如 $p=0.1$、$p=0.05$ 和 $p=0.01$ 等)将趋势划分为不同的显著性水平。另外,OLS 回归也常用于非线性趋势分析,如指数型变化趋势。

2.1.2 Theil-Sen 斜率和 M-K 趋势检验

基于 OLS 线性回归的趋势检验易受个别异常值的影响。Theil-Sen 斜率是一种中值斜率,先计算时间序列中所有数据对的斜率,再计算这些斜率的中值(Sen, 1968; Theil, 1992)。Theil-Sen 斜率有效减弱了时间序列中个别异常值对斜率估算的影响,计算公式为

$$S = \mathrm{median}\left(\frac{X_j - X_k}{j - k}\right) \tag{2-2}$$

式中:S 为 Theil-Sen 斜率;X_j 和 X_k 代表时间序列中的数据对;median 为中值函数。

Theil-Sen斜率通常与Mann-Kendall(M-K)趋势检验结合使用。M-K趋势检验是一种检验单调趋势显著性的方法,对个别异常观测值不敏感(Mann, 1945; Kendall, 1975)。M-K 检验结果通常以标准化检验统计量 Z 表示,如 $Z>1.96$ 和 $Z<-1.96$ 分别代表 $p=0.05$ 显著性水平下显著上升和下降趋势。

2.2 时间序列变化检测算法

基于卫星遥感进行地表覆盖状态的变化检测(change detection)由来已久。早期时间序列卫星遥感影像匮乏,变化检测主要依赖双时相或多时相卫星影像的光谱特征或空间特征的差异(Lu et al., 2003; Zhu et al., 2022)。其主要方法包括影像差分、主成分分析、缨帽变换、影像分割、对地物分类后比较和变化矢量分析等(史文中和张鹏林, 2018; Asokan and Anitha, 2019; Ban and Yousif, 2016; Lu et al., 2003)。典型应用,如基于双时相变化检测方法的土地覆盖变化分析(吴炳方等, 2014; Chen et al., 2006),通过对比前后两个时相土地覆盖图,获取变化和未变化以及土地转化类型的信息。然而,使用这些方法进行变化检测的准确性取决于阈值的设定、能否获取相近时相的理想影像或影像的分类精度等(Zhu, 2017)。此外,这些方法通常通过比较不同时相影像的差异来检测变化,而没有考虑生态系统在时间维上的演化过程信息,仅将时间序列中的单幅影像作为一个特征进行处理

(赵忠明等，2016)，缺乏对生态系统的变化规律、变化过程轨迹和发展趋势的研究(张良培和武辰，2017；张立福等，2021；Zhu，2017)。当前，卫星遥感时间序列存档数据已较为丰富，能够满足地表变化过程信息的检测和分析需求。基于时间序列的变化检测已逐渐成为陆地生态系统变化分析的主流方法。

诸多其他领域(如经济、水文气象等)常用的变化检测方法已应用于遥感时间序列分析(Ghaderpour et al.，2021)，如集合经验模态分解(Pan et al.，2018；Wu and Huang，2009)、自回归滑动平均(Farsi et al.，2020)、小波变换(Galford et al.，2008)、Mann-Kendell 突变检验(Meng et al.，2019；Sneyers，1990)等。

卫星遥感时间序列数据的积累，尤其是 2008 年 Landsat 系列影像数据的开放获取，促使遥感领域涌现出了一系列面向遥感时间序列的变化检测方法(Brooks et al.，2017；Ghaderpour and Vujadinovic，2020；Huang et al，2010；Jamali et al.，2015；Kennedy et al.，2010；Verbesselt et al.，2010a；Wu et al.，2022；Zhao et al.，2019；Zhu and Woodcock，2014；Zhu et al.，2020)。本节主要介绍几类经典的遥感时间序列变化检测算法，包括变化轨迹法、模型驱动法，以及融入空间特征的时序变化检测方法。

2.2.1　变化轨迹法

基于时间序列变化轨迹的变化检测方法，即根据变化检测指标的时间轨迹特点，通过设定阈值或参数来确定每个像元的变化类型(Kennedy et al.，2007)。典型方法，如基于时间序列分割思想提出的 LandTrendr(Landsat-based detection of Trends in Disturbance and Recovery，Kennedy et al.，2010)，以及植被变化追踪算法(Vegetation Change Tracker，VCT，Huang et al.，2010)等。本节重点介绍 LandTrendr 的算法原理及计算过程。

LandTrendr 通过分割技术分割光谱轨迹识别 Landsat 时间序列的长期渐变和短期突变。LandTrendr 可检测干扰发生的时间、干扰量级以及恢复速率等时序信息，已被广泛应用于森林干扰-恢复过程以及土地覆盖变化检测(Gelabert et al.，2021；Griffiths et al.，2012；Kennedy et al.，2012，2015；Zhu et al.，2019)。例如，Griffiths et al.(2012)使用 LandTrendr 获取森林干扰以及恢复过程，以分析社会制度的变化和社会经济的转型如何影响森林生态系统的变化；Kennedy et al.(2015)利用 LandTrendr 检测变化，然后使用随机森林分类器对变化事件进行聚类分析，包括城市化、森林管理和自然变化，以监测美国普吉特湾地区栖息地发生的变化。

LandTrendr 的输入是像元光谱反射率或光谱指数的年际时间序列，并通过一系列顶点将光谱轨迹分割为不同的变化(见图 2-2)。计算过程包括消除噪声引起的尖峰(离群值)、识别潜在顶点、拟合轨迹、简化模型和确定最佳模型五个步骤(Kennedy et al.，2010)。

LandTrendr 的输入数据为给定时间序列的所有可用 Landsat 影像，在数据几何校正和辐射归一化后，进行噪声(云、云影、烟雾和雪)检测，然后计算逐年的光谱指数时间序列，即每年一个光谱指数值。该值可通过选择高质量影像或计算每年光谱指数的中值或最大值等确定(Kennedy et al.，2018)。另外，默认要求每年至少有 6 个可用观测值才计算该年的数据(Kennedy et al.，2018)。但由于未检测到的噪声影响，逐年光谱指数时间序列中仍可能存在噪声。Landtrendr 采用一个迭代的过程识别时间序列中的尖峰，并基于尖峰前和尖峰

后的光谱指数差异判断该尖峰是否为噪声。识别噪声阈值由参数 spike thresthold 控制。

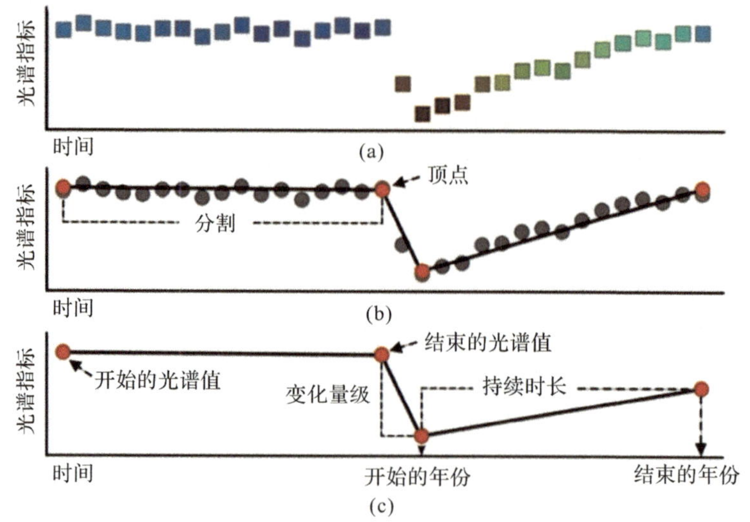

图 2-2　LandTrendr 分割算法原理

(a)像元单个波段或光谱指标时间序列；(b)通过识别顶点将其分割成一系列直线段；(c)各段指标轨迹的重要特征(改绘自 Braaten,2019；https://emapr.github.io/LT-GEE/example-scripts.html)

LandTrendr 采用最小二乘线性拟合识别潜在顶点，然后通过轨迹夹角剔除变化较小的顶点。具体过程如下：先对时间序列进行最小二乘线性拟合，拟合残差绝对值最大的点被标识为顶点。此顶点将时间序列分为两段，分别对这两段进行线性拟合，选择拟合均方误差较大的一段进行进一步顶点识别和时序分割。依此迭代，直到达到预设最大顶点数。然后计算每个顶点的夹角，移除最小夹角后重新计算所有夹角，依此迭代至预设的最大分割数。

对于每一个分段，轨迹拟合可采用线性拟合或点对点连线，具体基于均方根误差判断。每个分段的线性拟合和点对点连线需与前一分段首尾相接。拟合完成后，对轨迹拟合结果进行 F 检验，若 p 值超过给定的阈值，则采用 Levenberg-Marquardt 拟合结果替代之前的结果。

得到拟合轨迹后，通过迭代过程逐步简化轨迹模型，得到不同分段数下的轨迹。然后通过 F 检验的 p 值，选择最优的轨迹模型。轨迹模型简化的原理是假定某个分段的植被快速恢复可能是噪声而非真正的生态系统过程。采用一个恢复阈值判断是否移除某个分段。

LandTrendr 可基于 IDL 代码、ArcGIS Pro 软件(3.0 以上版本)和 Google Earth Engine (GEE)云计算平台实现。GEE 是新一代集成地球科学数据、高性能计算能力和分析应用一体化的全球尺度云服务平台，提供了对所有 Landsat 存档数据进行访问和并行处理的途径(Gorelick et al.，2017)。GEE 平台提供了用户交互使用的 LandTrendr 程序界面，可进行输入数据时间段、光谱指数、掩膜和分割参数等一系列设置(Kennedy et al.，2018)。GEE 平台上 LandTrendr 输入数据为 Landsat Collection 2 地表反射率数据集(Landsat 4～8)，输入数据的年份自 1984 年开始，默认数据日期为每年 6 月 10 日到 9 月 20 日。可供选择的变化检测指标包括各类植被指数和波段反射率等。LandTrendr 应用中较为广泛的光谱指数包括 NBR(Normalized Burn Ratio，Key and Benson，2006)、NDVI(Rouse et al.，1974)和缨帽

变换指标(Crist，1985)等(Pasquarella et al.，2022)。NBR是评价生态系统火烧程度的重要指标(Key and Benson，2006)。在GEE平台上，LandTrendr有8个分割参数需设置(见表2－2)。图2－3和图2－4分别是默认参数设置下LandTrendr拟合同一像元NBR和NDVI时间序列的示例。

表2－2　GEE平台上LandTrendr的默认参数设置(Kennedy et al.，2010，2018)

参　数	默认值	描　述
Max Segments 最大分割段数	6	待拟合的时间序列的最大分割段数
Spike Threshold 去峰值阈值	0.9	去除峰值的阈值(1.0表示没有去除)
Vertex Count Overshoot 顶点数超出最大分割段数	3	基于初始回归函数检测得到的潜在顶点可以超过这个值的[最大分割段数＋1]个顶点
Prevent One Year Recovery 阻止一年恢复	是	将植被扰动后一年恢复的情况视为噪声
Recovery Threshold 恢复阈值	0.25	如果某分段曲线的恢复速率大于1/恢复阈值(几年内)，则舍弃这次分段
p-value Threshold p值	0.05	如果回归模型中的p值超过这个值，则舍弃当前的模型并使用另一个优化的Levenberg-Marquardt算法模型
Best Model Proportion 最佳模型比例	0.75	优先选取p值大部分处于该比例下的且顶点数最多的模型，而舍弃p值最小的模型
Min Observations Needed 年最少观测值个数	6	进行拟合所需的最少观测值个数

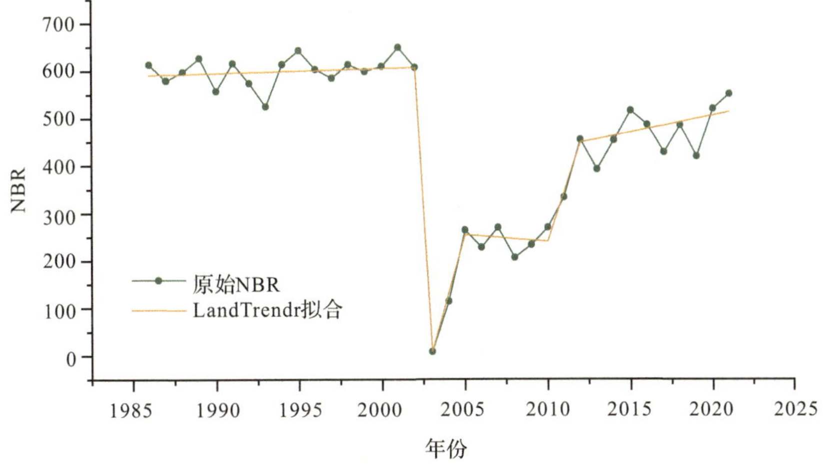

图2－3　GEE平台上LandTrendr拟合NBR时间序列示例(采用默认参数设置)

注：代码链接：https://code.earthengine.google.com/eeb54bb308c4043ba4da9e7109da3a92

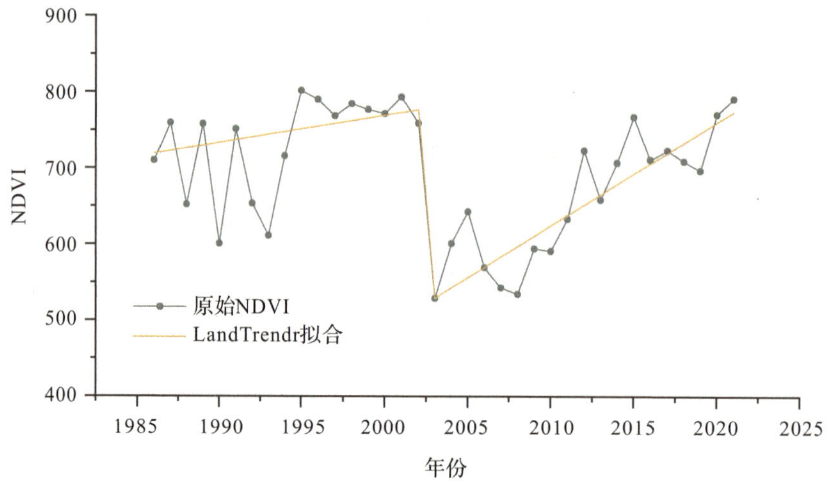

图 2-4　基于 GEE 平台上 LandTrendr 拟合 NDVI 时间序列示例(采用默认参数设置)

注:代码链接:https://code.earthengine.google.com/eeb54bb308c4043ba4da9e7109da3a92

LandTrendr 交互界面可基于变化检测结果进行多种类型变化制图。如时间序列最大下降(Greatest loss)、最长上升(Longest Gain)等。对于每一类感兴趣的变化,可提供发生变化的时间、变化幅度、速率、变化前光谱指数值等一系列参数。

2.2.2　模型驱动法

基于模型的方法通过建立时间变化模型进行变化检测,如将遥感时间序列分解为趋势项(包括突变及其之间的拟合趋势)、季节项和噪声项(汤冬梅等, 2017; Verbesselt et al., 2010a; Zhao et al., 2019)。本节将详细介绍基于模型的遥感时间序列变化检测方法中应用较为广泛的两种算法的基本原理和计算过程,包括 BFAST(Verbesselt et al., 2010a)算法和 CCDC(Zhu and Woodcock, 2014)算法。

1. BFAST 算法

经典的时间序列分解模型将时间序列分解为趋势项、周期项和残差项(Ghaderpour et al., 2021)。Verbesselt et al.(2010a)提出了一种可实现地表突变检测的遥感时间序列分解(Breaks For Additive Seasonal and Trend,BFAST)模型。BFAST 模型适用于具有周期特征的遥感时间序列数据,对获取数据的传感器和卫星没有限定。Verbesselt et al.(2012)在 BFAST 算法基础上,发展了近实时干扰检测方法 BFAST monitoring。BFAST 模型可基于 R 语言包实现(https://cran.r-project.org/web/packages/bfast/index.html)。本节主要介绍 BFAST 模型原理(Verbesselt et al.,2010b)。

BFAST 模型是一个典型的加法模型,基本形式为

$$Y_t = T_t + S_t + e_t (t = 1, \cdots, n) \tag{2-3}$$

式中:Y_t 为时间 t 处的观测数据;T_t 为趋势分量;S_t 为季节性分量;e_t 为剩余分量。

(1) 趋势分量。T_t 由分段线性模型(piecewise linear model)表示(见图2-5)。假设 T_t 分量存在 m 个断点 $\tau_1^*, \cdots, \tau_m^*$,则具有$(m+1)$个不同分段上的特定斜率 β_i 和截距 α_i,使得

$$T_t = \alpha_i + \beta_i t \ (\tau_{i-1}^* < t \leqslant \tau_i^*, \ i = 1, \cdots, m \ \& \ \tau_0^* = 0 \ \& \ \tau_{m+1}^* = n) \tag{2-4}$$

趋势分量中突变点的变化幅度和方向可由回归模型中的分段斜率和截距计算。

(2) 季节分量。S_t 分量也可以包括断点(见图2-5)。最初的BFAST模型中季节分量由季节性虚拟变量表示(Verbesselt et al., 2010a)。为更好地在BFAST中表达植被物候变化,Verbesselt et al. (2010b) 提出使用谐波模型(harmonic model)拟合季节性分量。假设 S_t 分量包括 p 个季节性断点 $\tau_1^{\#}, \cdots, \tau_p^{\#}$,则有谐波模型

$$S_t = \sum_{k=1}^{K} a_{j,k} \sin\left(\frac{2\pi kt}{f} + \delta_{j,k}\right), \ \tau_{j-1}^{\#} < t \leqslant \tau_j^{\#} (j = 1, \cdots, p \& \tau_0^{\#} = 0 \& \tau_{p+1}^{\#} = n) \tag{2-5}$$

式中:K 是用于拟合季节项的谐波函数数目,Verbesselt et al. (2010b) 设定的 K 值为3;f 是频率,即年度观测值数量;未知参数是每个分段的谐波振幅 $a_{j,k}$ 和相位 $\delta_{j,k}$。为便于参数估算,BFAST将式(2-5)变换为线性谐波回归模型:

$$S_t = \sum_{k=1}^{K} \left[\gamma_{j,k} \sin\left(\frac{2\pi kt}{f}\right) + \theta_{j,k} \cos\left(\frac{2\pi kt}{f}\right)\right] \tag{2-6}$$

式中:$\gamma_{j,k}$ 和 $\theta_{j,k}$ 为待估参数,其与 $a_{j,k}$ 和 $\delta_{j,k}$ 的关系为

$$\gamma_{j,k} = a_{j,k} \cos \delta_{j,k} \tag{2-7}$$

$$\theta_{j,k} = a_{j,k} \sin \delta_{j,k} \tag{2-8}$$

最终,频率 f/k 处的振幅和相位的计算公式为

$$a_{j,k} = \sqrt{\gamma_{j,k}{}^2 + \theta_{j,k}{}^2} \tag{2-9}$$

$$\delta_{j,k} = \arctan^1 \frac{\theta_{j,k}}{\gamma_{j,k}} \tag{2-10}$$

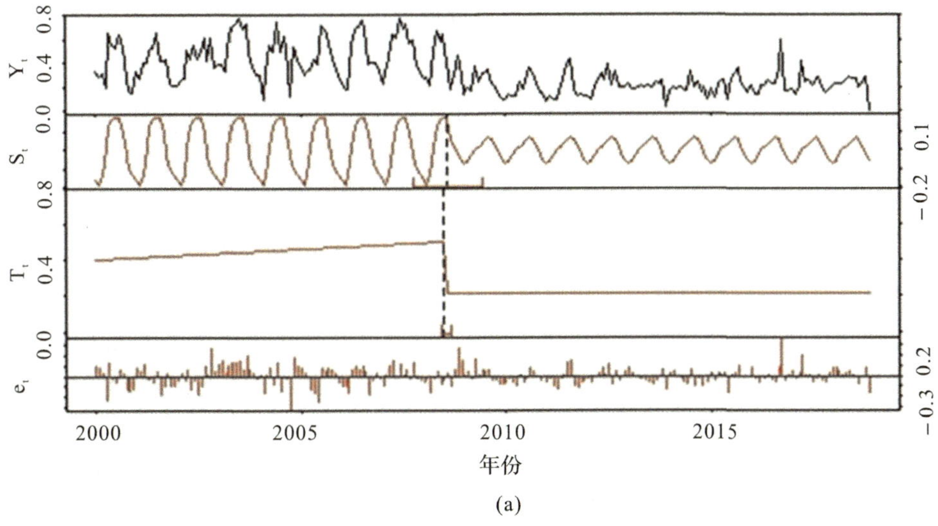

(a)

图2-5 BFAST模型时间序列分解示例(改绘自 Wu et al., 2020)

(a) 森林转变为浅滩(趋势和季节分量中有断点)

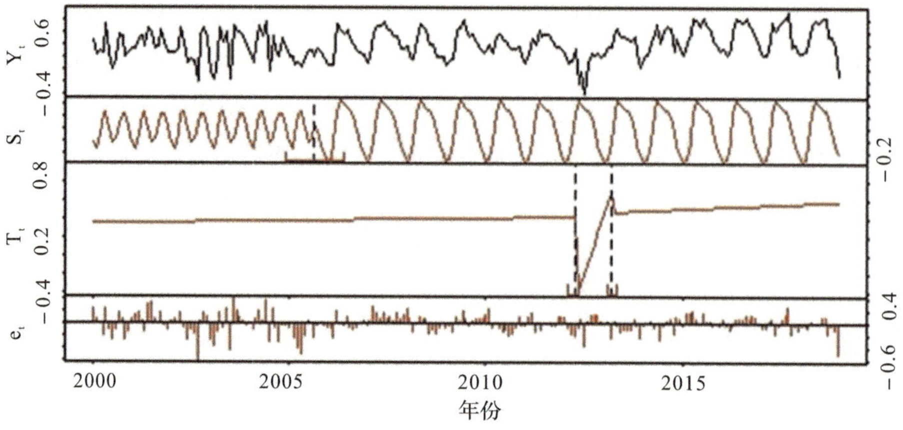

(b)

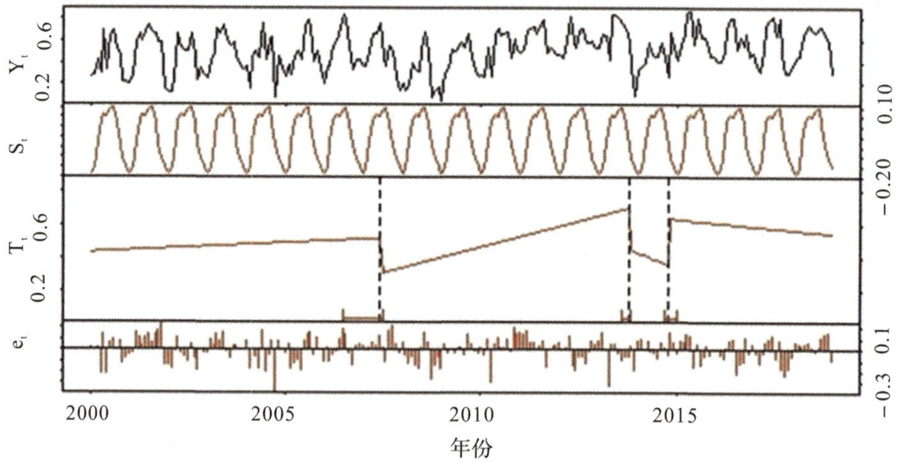

(c)

续图 2-5　BFAST 模型时间序列分解示例(改绘自 Wu et al., 2020)
(b) 作物转变为森林(季节项中有断点),以及洪水后恢复(趋势项有断点);
(c) 森林砍伐后重新种植(趋势项有断点)

(3) 剩余分量。数据中除季节和趋势部分之外的剩余变化。剩余分量没有明确的生态意义,一般认为是遥感时间序列中的噪声项。

BFAST 模型趋势分量和季节分量的参数估计是逐步进行的,其模型参数估算包括断点检测和回归参数估计两个主要步骤(Verbesselt et al., 2010a, 2010b)。其中断点检测用于确定断点数量和断点位置。它是一个迭代过程,直到断点的数量和位置不再变化。判断趋势分量和季节分量中是否存在断点的方法为基于最小二乘回归残差的移动求和检验(moving sum, MOSUM)。当趋势分量中存在断点时,则使用最小二乘法从季节性分量调整后的时间序列数据($Y_t-\hat{S}_t$)估算趋势分量中断点的数量和位置。断点数量由贝叶斯信息准则判断。接下来使用稳健回归估计各个趋势项系数 α_i 和 β_i。对于季节分量中断点的

数量和位置，采用最小二乘法从已移除趋势项的时间序列数据($Y_t - \hat{T}_t$)中估算。季节分量的参数估计也采用稳健回归。

2. CCDC

Landsat 系列卫星具有长时序数据存档和中空间分辨率(30 m)等优势，是土地覆盖变化研究的重要数据源。针对 Landsat 土地覆盖变化分析，Zhu and Woodcock(2014)提出了连续变化检测和分类(Continuous Change Detection and Classification，CCDC)算法。CCDC 变化检测的基本思想是通过“时间序列模型训练-预测”机制识别突变。该思想在 Zhu et al.(2012)提出的森林干扰检测算法(Continuous Monitoring of Forest Disturbance Algorithm，CMFDA)中也有所体现。

CCDC 算法以所有 Landsat 数据作为输入，可以同时实现土地覆盖变化检测和土地覆盖分类，进而给出土地覆盖变化的类型。另外，该算法可实现任何给定时段的土地覆盖分类。与多数遥感时间序列变化检测方法使用植被指数/参数时间序列作为算法输入不同，CCDC 算法最初输入为 Landsat 数据共 7 个波段的反射率和亮温。目前，一些 CCDC 应用已拓展到各类光谱指数(Pasquarella et al.，2022)。

CCDC 算法可在 GEE 平台实现(Google，2020)。Arévalo et al.(2020)在 GEE 平台上开发了一个交互式 CCDC 工具，能够可视化和分析一系列 CCDC 拟合和模型输出结果，如 CCDC 时间序列拟合示例、CCDC 模型系数等。ArcGIS Pro 3.0 以上版本可实现 CCDC 算法。CCDC 已广泛应用于各类土地覆盖变化检测研究(Brown et al.，2020；Bullock et al.，2020；Guan et al.，2020)。下文将介绍 CCDC 算法基本原理和计算过程(Zhu and Woodcock，2014)。

CCDC 算法共包括 3 个模块：数据预处理、变化检测和土地覆盖分类。

(1)数据预处理。数据预处理主要包括大气校正和噪声检测。在噪声检测过程中，先使用 Fmask 算法检测云、云影以及雪。然后基于云、雪移除后的影像，使用鲁棒迭代加权最小二乘回归(RIRLS)拟合蓝光波段和近红外波段的地表反射率时间序列，以减弱残余噪声的影响。Landsat 反射率时间序列模型为

$$\hat{\rho}(x) = a_0 + a_1\cos\left(\frac{2\pi}{T}x\right) + b_1\sin\left(\frac{2\pi}{T}x\right) + a_2\cos\left(\frac{2\pi}{NT}x\right) + b_2\cos\left(\frac{2\pi}{NT}x\right) \tag{2-11}$$

式中：$\hat{\rho}$ 为模型估算的地表反射率；x 为日期；T 为每年的天数，即 365；N 为时间序列数据的年数。需估算的参数共 5 个：a_0 为反射率总体值；a_1 和 b_1 为反射率年内变化系数；a_2 和 b_2 为反射率的年际变化系数。

CCDC 算法是一种近实时的变化检测算法，可以随时添加最新数据以检测最新的地表变化状况。因此，算法初始化过程至关重要。RIRLS 拟合仅在 CCDC 算法初始化过程中使用，其触发条件是时间序列已包括 15 个有效观测值。RIRLS 使用整个时间序列中的前 12 个有效观测值进行拟合，后 3 个有效观测值不参与拟合过程，以保证 CCDC 算法可以检测时间序列末端地表覆盖变化。CCDC 算法采用原观测反射率与 RIRLS 模型拟合反射率的差值作为噪声判断依据。波段 2 的差值大于 0.04 或波段 5 的差值小于−0.04 的观测值视为噪声，具体为

$$\rho(2,x) - \hat{\rho}(2,x)_{\mathrm{RIRLS}} > 0.04 \text{ 或 } \rho(5,x) - \hat{\rho}(5,x)_{\mathrm{RIRLS}} < -0.04 \tag{2-12}$$

式中：x 为日期；$\rho(i,x)$ 为在日期 x 时的第 i 个 Landsat 波段的反射率值；$\hat{\rho}(i,x)_{\text{RIRLS}}$ 为第 i 个 Landsat 波段在日期 x 的 RIRLS 预测值。

（2）变化检测。与噪声检测方法类似，CCDC 计算实际观测反射率值（全部 7 个波段，包括 6 个光学波段、一个热红外波段）与时间序列模型模拟反射率值的差值，并通过一定的阈值判断是否发生突变。

CCDC 时间序列模型包括季节性变化、趋势和突变三个分量，其季节性分量使用谐波模型表达。模型系数估计采用普通最小二乘法（OLS）拟合。在断点区间$[\tau_{k-1}^*,\tau_k^*]$内，第 i 个 Landsat 波段的地表反射率时间序列模型可表达为

$$\hat{\rho}(i,x)_{\text{OLS}}=a_{0,i}+a_{1,i}\cos\left(\frac{2\pi}{T}x\right)+b_{1,i}\sin\left(\frac{2\pi}{T}x\right)+c_{1,i}x \tag{2-13}$$

式中：x 表示日期；$\hat{\rho}(i,x)_{\text{OLS}}$ 为时间 x 处第 i 个 Landsat 波段的模型预测值；T 为每年天数（$T=365$）。该模型共有 4 个参数需要估算：$a_{0,i}$ 为反射率总值系数；$a_{1,i}$，$b_{1,i}$ 为季节项系数；$c_{1,i}$ 为年际变化系数，表达时间序列的趋势。

CCDC 以时间序列中前 12 个非云雪观测值作为模型初始化的输入数据，在经过 RIRLS 拟合去除噪声后，进行如式（2－13）的时间序列模型 OLS 拟合。模型初始化对后续变化检测至关重要。但模型初始化所在的时间段内也可能发生突变，CCDC 采用三种方式分别判断模型初始化时间段内不同的突变情况，包括基于时间序列模型斜率（$c_{1,i}$）判断时间段中间的突变、以及基于观测值与预测值差值判断时间序列首尾突变的情况。

$$\frac{1}{k}\sum_{i=1}^{k}\frac{|C_{1,i}(x)|}{3\times\frac{\text{RMSE}_i}{t_{\text{model}}}}>1 \text{ 或 } \frac{1}{k}\sum_{i=1}^{k}\frac{|\rho(i,x_1)-\hat{\rho}(i,x_1)_{\text{OLS}}|}{3\times\text{RMSE}_i}>1 \text{ 或}$$

$$\frac{1}{k}\sum_{i=1}^{k}\frac{|\rho(i,x_n)-\hat{\rho}(i,x_n)_{\text{OLS}}|}{3\times\text{RMSE}_i}>1 \tag{2-14}$$

式中：x 为日期；x_1 为模型初始化期间第一个观测值的日期；x_n 为模型初始化期间最后一个观测值的日期，即第 12 个观测值的日期；k 为 Landsat 波段数（$k=7$）；RMSE_i 是 Landsat 波段 i 反射率模型初始化拟合的均方根误差；T_{model} 是模型初始化 12 个观测值所占的时间段长度；$C_{i,j}$ 是年际变化系数，即时间序列模型的斜率；$\rho(i,x)$ 为日期 x 时 Landsat 波段 i 的观测值；$\hat{\rho}(i,x)_{\text{OLS}}$ 为基于 OLS 拟合的 Landsat 波段 i 的预测值。

模型初始化后，判断后续 3 个非云雪观测值是否发生突变。以 3 个观测值为一组进行突变检测是为了减少短期噪声的干扰。突变检测以 7 个波段归一化差值的均值（M）为判断指标，M 的计算方法见下式。若后续 3 个观测的 M 值均大于 1，则认为时间序列发生了突变，否则将个别 M 值大于 1 的观测视为噪声。初始突变判断结束后，重新拟合时间序列，依此循环实现整个时间序列的突变检测（见图 2－6）。

$$M=\frac{1}{k}\sum_{i=1}^{k}\frac{|\rho(i,x)-\hat{\rho}(i,x)_{\text{OLS}}|}{3\times\text{RMSE}_i}>1 \tag{2-15}$$

式中：k 为 Landsat 波段数 7；$\rho(i,x)$ 为日期 x 时 Landsat 波段 i 的观测值；$\hat{\rho}(i,x)_{\text{OLS}}$ 为基于 OLS 拟合的 Landsat 波段 i 的预测值；RMSE_i 是波段 i 的模型拟合均方根误差。

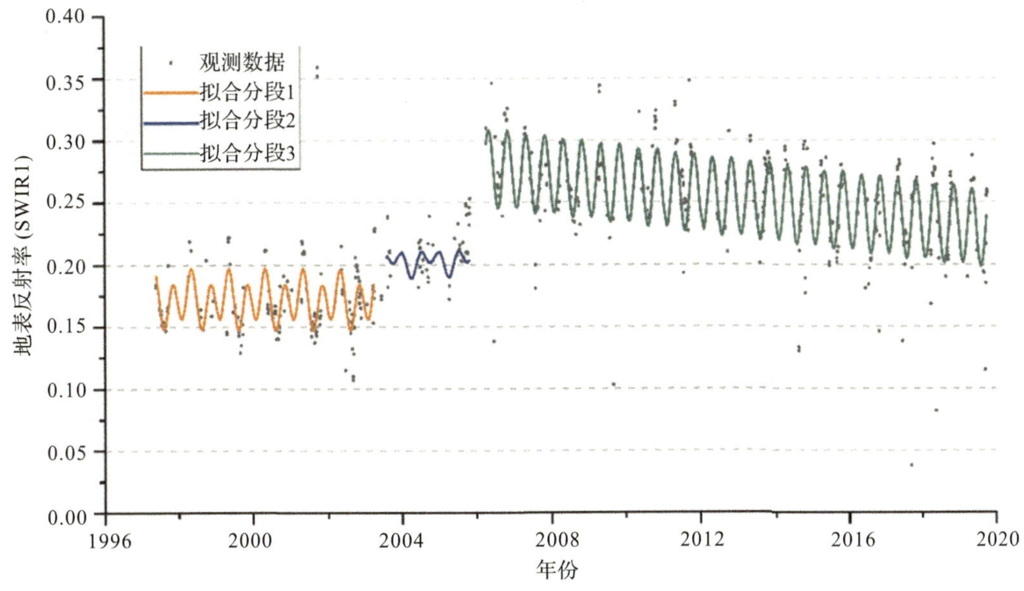

图 2-6　基于 GEE 平台的 CCDC 时间序列拟合示例

(3) 土地覆盖分类。CCDC 算法可实现任意年份的土地覆盖分类，其分类方式为基于随机森林算法的监督分类，训练样本可采集于相应时段内未发生土地覆盖变化的像元。与传统 Landsat 土地覆盖分类主要以地表发射率作为输入不同，CCDC 土地覆盖分类以时间序列模型的拟合参数等作为输入数据，既利用了各波段的反射率信息，又考虑了不同土地覆盖类型的季节性差异。使用的模型拟合参数包括式(2-13) 中的 $a_{1,i}$、$b_{1,i}$、$c_{1,i}$、模型拟合的均方根误差 RMSE_i，以及时间序列模型中间时段的总体反射率 $\bar{\rho}(i)$。其计算公式为

$$\bar{\rho}(i)=a_{0,i}+c_{1,i}\times\frac{t_{\text{start}}+t_{\text{end}}}{2} \tag{2-16}$$

式中：$a_{0,i}$ 和 $c_{1,i}$ 是式(2-13) 的拟合系数；t_{start} 和 t_{end} 分别是模型初始化的开始时间和结束时间。

(4)COLD 扰动检测。针对 CCDC 在检测较微弱扰动事件上的不足，Zhu et al.(2020) 在 CCDC 基础上发展了面向扰动检测的(Continuous Monitoring of Land Disturbance, COLD)算法。COLD 算法的基本原理及框架与 CCDC 类似，主要包括数据预处理、模型初始化和变化检测三个模块，在噪声移除、模型初始化、模型拟合以及变化检测等方面在 CCDC 基础上做了改进。Cohen et al.(2020)比较了 COLD 与 LandTrendr 在森林干扰检测上的性能，表明结合两种算法和多种输入光谱特征，能够有效提高森林干扰检测精度。

2.2.3　融入空间特征法

地表覆盖变化检测精度受生态系统变化复杂性、检测算法基本假设和遥感数据质量等因素的综合影响(Hamunyela et al.，2016；Zhu et al.，2022)。地表覆盖变化通常不是孤

立存在的，一定范围内的空间邻域像元对干扰事件的响应具有相似性（Lhermitte et al.，2011；Ye et al.，2023）。因此，引入空间信息是提高变化检测精度的有效途径（Hamunyela et al.，2016；Hermosilla et al.，2015；Kennedy et al.，2015；Ye et al.，2023）。此外，地表动态除地表覆盖类型的变化之外，还包括地表覆盖空间格局的变化，即景观格局的变化，如斑块扩展、缩减、形状改变、破碎化等多种生态过程（张璐等，2023；Barbier et al.，2006）。像元尺度变化无法与区域尺度的景观格局与生态过程变化建立相应的响应关系，仅基于像元尺度开展时序分析是不够全面的。综上，在时间序列分析的过程中获取地表空间结构而融入空间上下文信息，是提高变化检测精度和认识生态系统过程的重要途径（Barbier et al.，2006；Lhermitte et al.，2011；Zhu，2017）。

融入空间信息的遥感时间序列分析主要包括以下几类。

1. 基于时序相似性的变化检测

在一定的空间邻域范围内，像元会在时间序列中表现出相似的动态变化。通过比较时间序列之间的相似度可判断时间序列异常变化（赵忠明等，2016）。例如，通过匹配植被指数时间序列与工业种植园收获或种植阶段的人工林时序曲线特点之间的相似性，可识别橡胶和桉树种植园的扩张变化（Fagan et al.，2018；le Maire et al.，2014；Qiao et al.，2016）。Qiu et al.（2017）通过年际植被指数时间序列的相似性轨迹来检测三北防护林的变化。另外，基于逐像元的邻域窗口对像元属性的统计指标进行量化，可以排除季节性变化的影响，并有效减少变化检测结果中的伪变化，提高变化检测的精度（Hamunyela et al.，2016；Hamunyela et al.，2017；Lhermitte et al.，2011；Reiche et al.，2018）。

2. 基于空间格局的变化检测

基于空间格局的变化检测在提取像元尺度变化特征（如森林干扰检测、土地利用类型转化识别等）的基础上，利用地物在空间邻域内的空间上下文信息替代单一光谱指数。例如，对局部空间格局指数（如莫兰指数、空间热点指数、空间纹理）进行时间序列分析以描述局部空间特征的变化（Barbier et al.，2006；Fan et al.，2017；Meng et al.，2021）。

Meng et al.（2021）在 LandTrendr 算法基础上，发展融入空间特征的稠密 Landsat 时间序列检测方法。该方法将空间纹理特征（灰度共生矩阵计算的纹理对比度）作为 LandTrendr 算法的输入特征。通过比较纹理特征指标和 NBR 变化检测结果发现，基于空间纹理的 LandTrendr 能够更好地检测干扰后的恢复过程、特定类型的土地覆盖变化，以及斑块边缘处的变化过程（见图 2－7）。

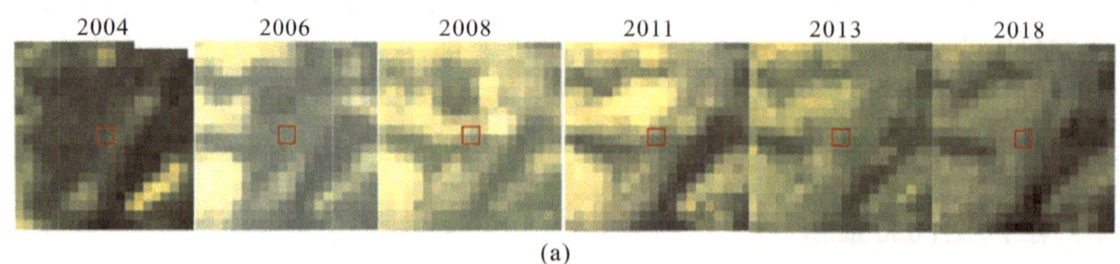

图 2－7　密闭森林生态系统转化为农田生态系统的景观斑块边缘像元变化过程

(a)变化像元周围 Landsat 真彩色合成影像切片，红框为目标检测像元

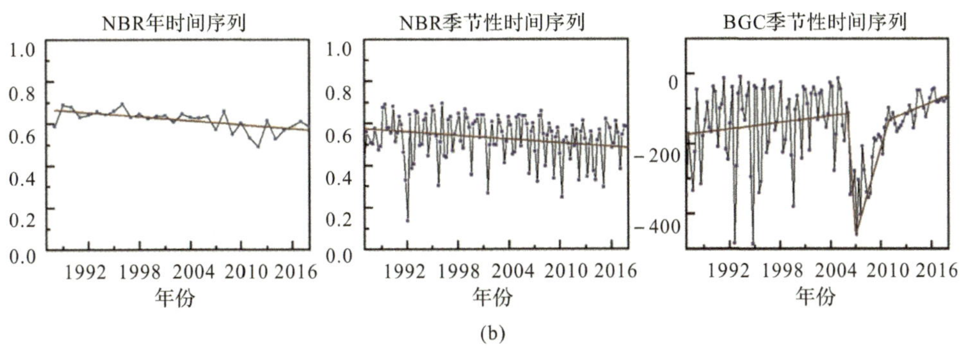

续图 2 - 7　密闭森林生态系统转化为农田生态系统的景观斑块边缘像元变化过程

(b)NBR-L、NBR-DL、BGC-DL 三种时间序列分析方法下的植被指标曲线和对应的算法拟合趋势(Meng et al.，2021)

3. 面向对象的变化检测

面向对象的变化检测方法关注局部区域内具有共同属性特征像元的集成对象(Chen et al.，2012)。已有研究通过提取斑块的景观特征指数记录并描述景观空间格局的动态变化(Xie et al.，2014；Tran et al.，2017)。还有研究基于时空分割技术提取斑块的边界和面积的变化及穿孔、缩小、破碎化等生态变化过程，通过演化过程图谱来描述景观的动态变化过程(Guttler et al.，2017；Hughes et al.，2017)。Ye et al.(2023)在 COLD 突变检测算法的基础上，提出了面向对象的突变检测算法(Object-Based COntinuous monitoring of Land Disturbance，OB-COLD)，提高了突变检测精度。Wang et al.(2022)提出了基于对象的干扰和恢复趋势变化检测方法(Object-LT)，将邻域窗口内像元 NDVI 的中值指标集成到当前的 LandTrendr 方法中，通过去除椒盐噪声和伪变化显著提高了突变检测的用户精度(见图 2 - 8 和 2 - 9)。面向对象的 LandTrendr 变化检测结果的空间格局更为清晰(Wang et al.，2022)。

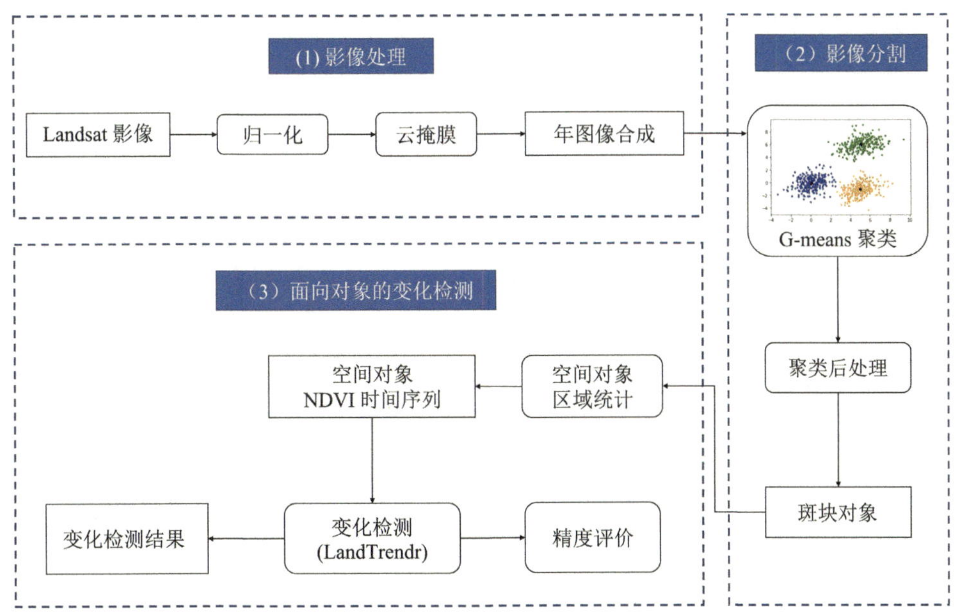

图 2 - 8　面向对象的 LandTrendr 算法流程图(改绘自 Wang et al.，2022)

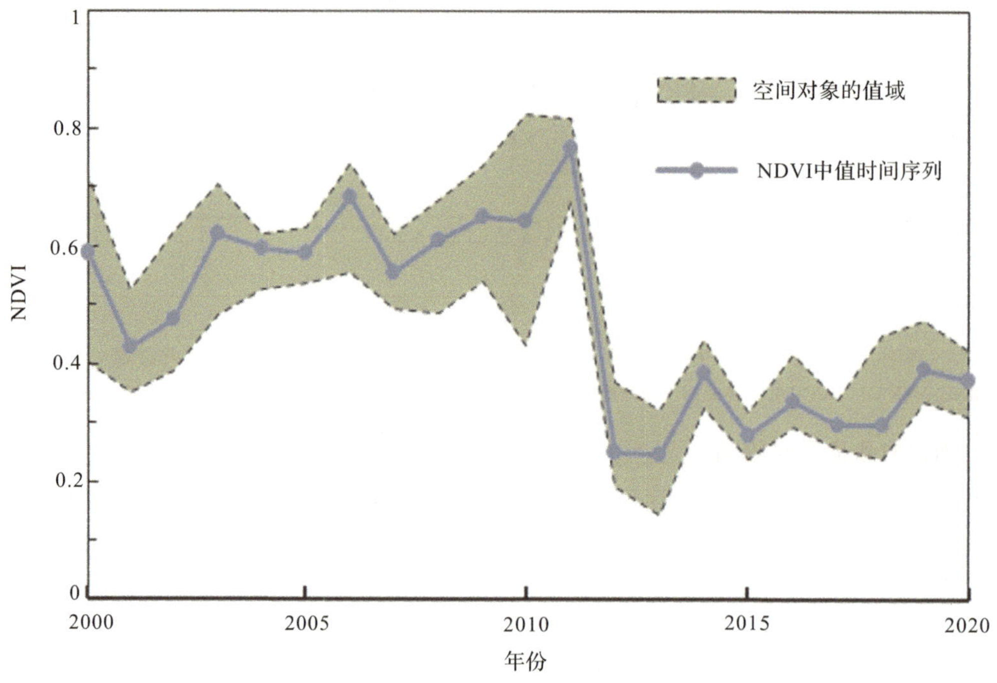

图 2-9　空间对象的 NDVI 中值时间序列(改绘自 Wang et al.，2022)

4. 基于时空统计方法的变化检测

时空统计方法能够挖掘时空规律和异常信息，动态地反映地理空间的变化过程，逐渐被应用于各类变化检测分析中(王劲峰等，2014；Behling et al.，2016；Frazier et al.，2018；Lu et al.，2016；Sales et al.，2017)。例如，时空立方体可将遥感时间序列的空间维和时间维的变化融为一体，Behling et al.(2016)采用时空立方体的异常特征进行山体滑坡灾害识别。Zhang et al.(2021)将时空立方体和植被指数相结合，建立了森林生态系统结构和功能变化检测模型，能够表达不同时空尺度下的生态系统变化过程。

融合时空信息的变化检测方法弥补了逐像元时间序列变化检测算法的部分不足，提高了遥感时序分析的精度。但如何融入空间上下文信息，将时间维和空间维信息紧密关联以挖掘时空变化信息，是陆地生态系统遥感时序变化检测研究面临的一个重要问题。

2.2.4　变化检测精度评价

遥感时间序列变化检测精度评价主要从验证数据源、评价指标和评价方法等方面展开(汤冬梅等，2017；Zhu et al.，2012)。在验证数据源上，目前主要采用 Landsat 数据和其他更高空间分辨率的影像数据，例如 Google Earth 提供的高分辨率影像(沈文娟等，2018；汤冬梅等，2017；Cohen et al.，2010)。在评价指标与对象方面，可从空间和时间两个维度分别评价时序变化检测的真实性与有效性(Zhu et al.，2012)。空间维度的地表变化检测精度评价主要基于生产者精度、用户精度、总体精度和 kappa 系数等(Cohen et al.，2010；Zhu

et al.，2012）。时间维的精度评价主要是分析变化检测算法捕捉到的突变时间相对于实际突变时间的延迟或提前（Zhu et al.，2012）。在评价方法方面，通常采用实地验证或交叉比对策略（Cohen et al.，2010；Ohmann et al.，2012），借助与高空间分辨率影像数据的对比，目视解译 Landsat 影像与更高空间分辨率影像，选取发生渐变和未发生渐变、发生突变和未发生突变样本点，通过计算各精度评价指标来验证遥感时序变化检测可信度（Cohen et al.，2010；Vogelmann et al.，2016）。

2.3 时间序列变化模式分析

时间序列单调趋势分析是评价一定时间段内生态系统状态长期趋势的重要方法。单调趋势分析可能会掩盖一些重要的短期变化过程（de Jong et al.，2012；Ding et al.，2020）。非线性趋势近年来得到广泛应用。基于卫星遥感的非线性趋势分析表明，近几十年全球陆地生态系统呈现多样的非线性变化特征（de Jong et al.，2013；Horion et al.，2016；Liu et al.，2016；Pan et al.，2018；Piao et al.，2011）。相较于线性趋势分析，这些研究揭示了更为复杂的植被时空变化模式，并证明了非线性变化分析在理解植被与环境复杂交互作用方面的优势（de Jong et al.，2013；Horion et al.，2016；Liu et al.，2016；Pan et al.，2018；Piao et al.，2011）。

考虑到非线性趋势的复杂性，许多研究将非线性趋势归纳为若干预设的变化类别，即时间序列变化模式分类。本节将介绍基于多项式拟合、分段线性拟合、时间序列分解模型和聚类分析的变化模式分类几种方法。

2.3.1 多项式拟合

Jamali et al.(2014)提出了一种基于多项式函数拟合的植被指数时间序列变化分析方法。该方法采用多项式拟合（多项式最高次数为 3）分析非线性变化类型，同时基于线性拟合分析整体变化的趋势。该方法框架下，时间序列变化模式被分为 8 类（见表 2－3）。

基于多项式拟合探测非线性变化的优势是简单易用，且时间序列变化模式的分类体系清晰。其主要不足在于难以准确捕捉非线性变化的断点或转折点。图 2－10 为多项式拟合方法检测三次变化的示例。

表 2－3 多项式函数拟合方法下时间序列变化类型（Jamali et al.，2014）

变化类型	描 述
三次变化，上升	三次变化，总体趋势上升
三次变化，下降	三次变化，总体趋势下降
二次变化，上升	二次变化，总体趋势上升
二次变化，下降	二次变化，总体趋势下降
线性上升	线性变化，上升

续表

线性下降	线性变化，下降
趋势隐藏	时间序列呈现三次或二次多项式变化，但单调趋势不显著
变化不显著	时间序列变化不显著

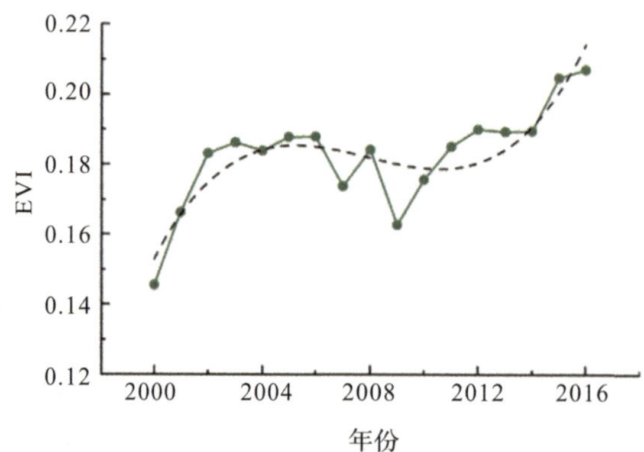

图 2－10　基于多项式拟合的时间序列变化模式：三次变化，总体趋势上升（改绘自 Ding et al.，2020）

多项式拟合进行变化类型检测的基本流程如下（Jamali et al.，2014）：

1）对时间序列进行三次多项式拟合。拟合结果需满足以下条件：三次拟合的三次项系数通过 t 检验，且三次函数的局部极大值和极小值点出现在研究时段内。三次函数也可能是单调函数，不存在局部极值点，但在该方法中，仅考虑包括极大值点和极小值点的形式。

2）若时间序列没有被标识为三次变化，则检验其是否呈现二次多项式变化。二次变化需满足以下条件：二次多项式拟合的二次项系数通过 t 检验，且二次多项式函数的极大值（或极小值）点出现在研究时段内。

3）对时间序列进行线性趋势拟合以检验其整体趋势。若时间序列已经被标识为三次或二次变化，则基于其整体趋势将其划分为不同的亚类。否则，认为时间序列不存在非线性变化，其变化类型被标识为线性或不显著。

2.3.2　分段线性回归

分段线性回归（Piecewise Linear Regression，PLR）是陆地生态系统非线性动态遥感分析的经典方法（Piao et al.，2011；Toms and Lesperance，2003）。PLR 能够检测时间序列转折点，并进行分段回归以检测时间序列趋势转换模式。常用的 PLR 模型为 1 个转折点的模型。

$$y=\begin{cases}\beta_0+\beta_1 t+\varepsilon_t, & t\leqslant t_0\\ \beta_0+\beta_1 t+\beta_2(t-t_0)+\varepsilon_t, & t>t_0\end{cases} \tag{2-17}$$

式中：y 为输入植被指数 / 参数值；t 为时间，一般以年为单位；t_0 为时间序列转折点所在位置；β_0、β_1、β_2 为回归系数，其中 β_1、$\beta_1+\beta_2$ 分别定义转折点之前和之后的趋势斜率；ε_t 为在时间 t 处的不可观测误差项（具有标准偏差 σ）。

PLR 方法有效促进了对长时间序列陆地生态系统变化的理解。例如，Piao et al.

(2011)基于 1982—2006 年期间 AVHRR GIMMS NDVI 时间序列，采用上述分段线性回归模型分析了欧亚大陆温带和寒带地区植被变化。研究发现对于整个研究区，NDVI 时间序列呈现上升—下降过程，即 1982—1997 年期间 NDVI 呈现上升趋势，1997—2006 年期间 NDVI 有所下降。Pan et al. (2018)使用了包含上述分段线性回归模型的 3 种非线性变化分析方法，发现在 1982—2013 年期间北半球地区呈现广泛分布 NDVI 整体趋势上升，但伴随着 NDVI 上升—下降过程，其中 NDVI 下降过程主要始于 20 世纪 90 年代。图 2 - 11 为基于 PLR 方法检测分段变化的示例。

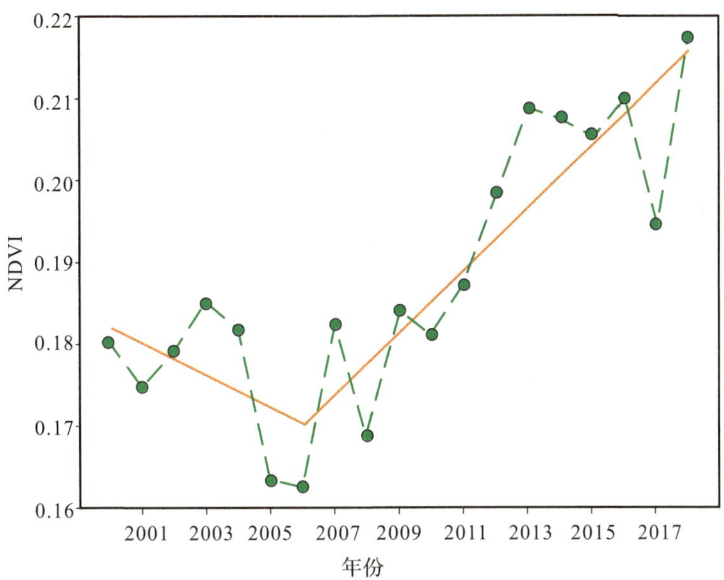

图 2 - 11　基于分段线性回归的 NDVI 时间序列变化检测，NDVI 计算自 MOD13A3 数据(见第 4.2 节)

2.3.3　时序分解模型

为了分析植被指数/参数时间序列中的主要趋势转换，de Jong et al. (2013)采用了 BFAST 算法中的季节-趋势模型，但模型仅检测趋势分量中的一个断点，其实现方式也与 BFAST 略有差别。该方法的季节-趋势模型为

$$Y_t = \alpha_1 + \alpha_2 t + \sum_{j=1}^{k} \gamma_j \sin\left(\frac{2\pi j t}{f} + \delta_j\right) + \varepsilon_t \tag{2-18}$$

式中：Y_t 为时间 t 处的植被指数 / 参数值；α_1 和 α_2 分别是趋势项的截距和斜率；γ_j 和 δ_j 分别是谐波函数的振幅和相位；k 为谐波数，设为 3；f 为已知频率，即每年的观测值数量；ε_t 是时间 t 处的误差项。

趋势项的断点检测过程如下(de Jong et al., 2013)：先采用季节-趋势模型对时间序列进行 OLS 回归，然后使用 MOSUM 检验方法在 OLS 回归残差($\hat{\varepsilon}_t$)的基础上识别断点(见式 2 - 19)。MOSUM 检测过程中 M_t 接近于 0 并且随机波动表明没有发生突变。而发生突变时 M_t 将偏离 0(de Jong et al., 2013)。得到断点后，对断点两侧分别进行季节趋势模型拟合得到两侧的趋势项系数。

$$M_t = \frac{1}{\hat{\sigma}\sqrt{n}} \sum_{s=t-h+1}^{t} \hat{\varepsilon}_s \tag{2-19}$$

式中：h 为MOSUM检验带宽，取值为40，以确保检测到断点后，断点左、右两侧均有足够的观测值估算季节-趋势模型参数。

得到分段趋势后，趋势类型分为6类，包括单调上升或下降、跳跃上升或下降、趋势反转（见图2-12）。de Jong et al.(2013)基于AVHRR GIMMS数据分析了全球尺度1981—2011年的NDVI趋势类型，研究结果发现了大面积的地表变绿-变褐（greening to browning）现象。

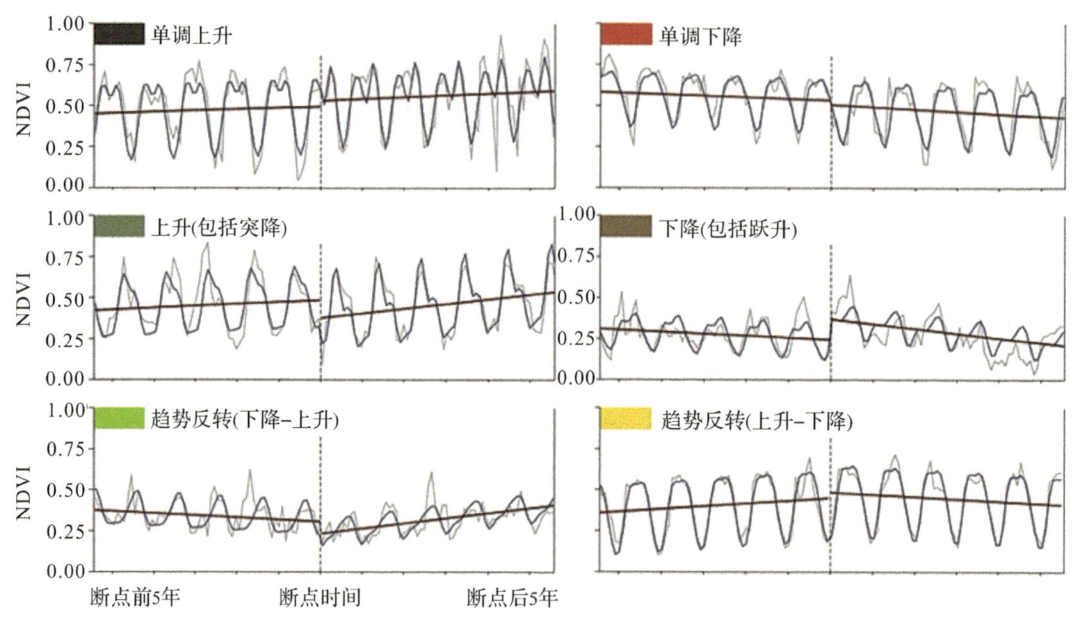

图2-12　基于季节-趋势模型断点的趋势类型示例（改绘自de Jong et al.，2013）

2.3.4　聚类分析模型

为了建立景观格局与生态过程之间的联系并揭示景观格局的演变模式，Hou et al.(2023)采用了遥感时间序列数据与Toeplitz逆协方差聚类（Toeplitz Inverse Covariance-Based Clustering，TICC）模型相结合的方法，构建了一种能够识别森林景观演变模式的遥感时间序列分析方法。该方法基于遥感时间序列数据中森林的空间分布特征，建立了多个景观指数的时间序列。基于TICC模型对景观指数的遥感时间序列数据进行自动分割，从而提取出长时间跨度下景观格局的多种变化过程，包括退化、恢复和稳定三种景观动态过程。这三种景观动态过程揭示了景观格局的长期演变模式，包括增长、波动、下降和无趋势四种。最终，通过对四种长时序演变模式的特征进行分析，评估了森林生态系统的稳定性（见图2-13）。

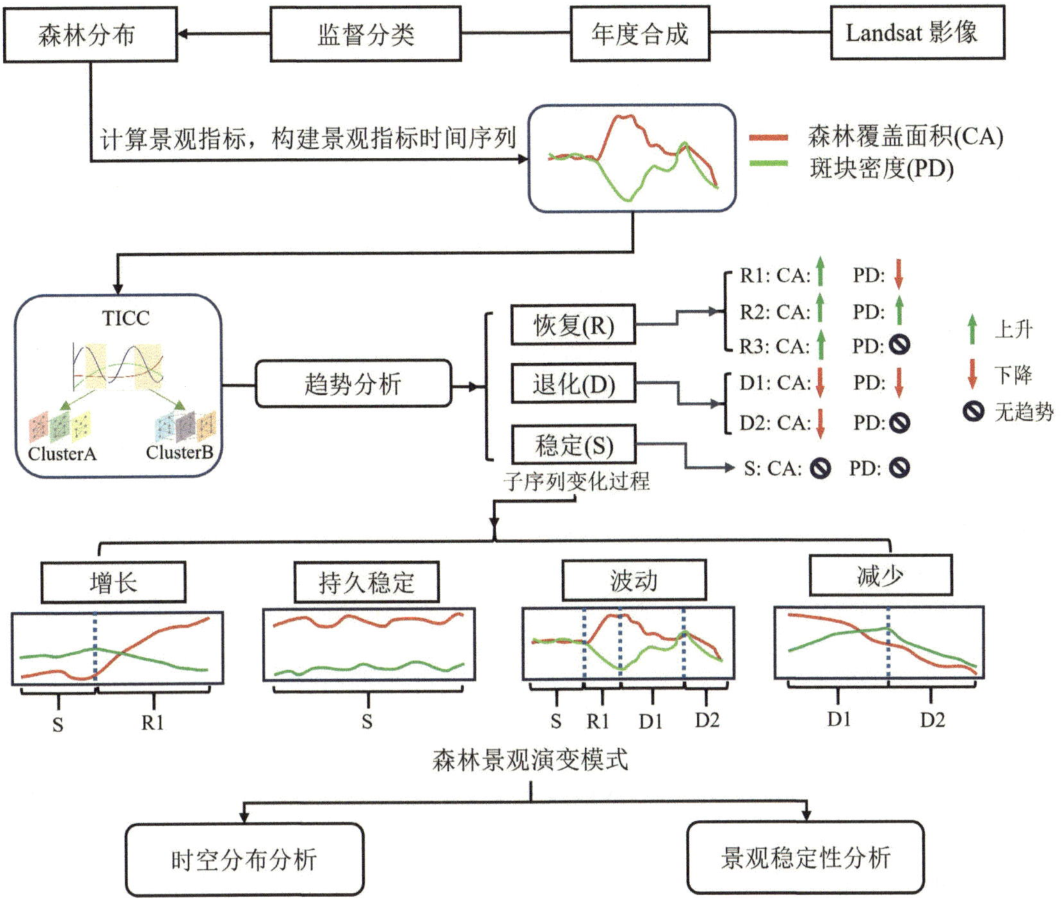

图 2-13　基于 Toeplitz 逆协方差聚类的景观格局演变模式分析框架(改绘自 Hou et al.，2023)

参考文献

程昌秀，2022. 时空统计分析：陆地表层系统研究的实践工具[M]. 北京：商务印书馆.

沈文娟，李明诗，黄成全，2018. 长时间序列多源遥感数据的森林干扰监测算法研究进展[J]. 遥感学报，22(6)：1005-1022.

史文中，张鹏林，2018. 光学遥感影像变化检测研究的回顾与展望[J]. 武汉大学学报(信息科学版)，43(12)：1832-1837.

汤冬梅，樊辉，张瑶，2017. Landsat 时序变化检测综述[J]. 地球信息科学学报，19(8)：1069-1079.

王劲峰，葛咏，李连发，等，2014. 地理学时空数据分析方法[J]. 地理学报，69(9)：1326-1345.

吴炳方，苑全治，颜长珍，等，2014. 21 世纪前十年的中国土地覆盖变化[J]. 第四纪研究，34(4)：723-731.

赵忠明，孟瑜，岳安志，等，2016. 遥感时间序列影像变化检测研究进展[J]. 遥感学报，20(5):1110-1125.

张立福，王飒，刘华亮，等，2021. 从光谱到时谱:遥感时间序列变化检测研究进展[J]. 武汉大学学报(信息科学版)，46(4): 451-468.

张良培，武辰，2017. 多时相遥感影像变化检测的现状与展望[J]. 测绘学报，46(10): 1447-1459.

张璐，吕楠，程临海，2023. 干旱区生态系统稳态转换及其预警信号:基于景观格局特征的识别方法[J]. 生态学报，43(15):6486-6498.

ARÉVALO P, BULLOCK E L, WOODCOCK C E, et al., 2020. A suite of tools for continuous land change monitoring in google earth engine[J]. Frontiers in Climate, 2: 1-19.

ASOKAN A, ANITHA J, 2019. Change detection techniques for remote sensing applications: a survey[J]. Earth Science Informatics, 12(2): 143-160.

BAN Y, YOUSIF O, 2016. Change Detection Techniques: A Review[M]//Ban Y. Multitemporal Remote Sensing: Methods and Applications. Cham: Springer International Publishing.

BARBIER N, COUTERON P, LEJOLY J, et al., 2006. Self-organized vegetation patterning as a fingerprint of climate and human impact on semi-arid ecosystems[J]. Journal of Ecology, 94(3): 537-547.

BEHLING R, ROESSNER S, GOLOVKO D, et al., 2016. Derivation of long-term spatiotemporal landslide activity-A multi-sensor time series approach[J]. Remote Sensing of Environment, 186: 88-104.

BRAATEN J, 2019. LT-GEE Guide[EB/OL]. https://emapr. github. io/LT-GEE/index. html

BROOKS E B, YANG Z, THOMAS V A, et al., 2017. Edyn: Dynamic signaling of changes to forests using exponentially weighted moving average charts[J]. Forests, 8(9): 1-18.

BROWN J F, TOLLERUD H J, BARBER C P, et al., 2020. Lessons learned implementing an operational continuous United States national land change monitoring capability: The Land Change Monitoring, Assessment, and Projection(LCMAP) approach[J]. Remote Sensing of Environment, 238: 111356.

BULLOCK E L, WOODCOCK C E, OLOFSSON P, 2020. Monitoring tropical forest degradation using spectral unmixing and Landsat time series analysis[J]. Remote Sensing of Environment, 238: 110968.

CHEN G, HAY G J, CARVALHO L M T, et al., 2012. Object-based change detection [J]. International Journal of Remote Sensing, 33(14): 4434-4457.

CHEN X L, ZHAO H, LI P, et al., 2006. Remote sensing image-based analysis of the

relationship between urban heat island and land use/cover changes[J]. Remote Sensing of Environment, 104(2): 133 - 146.

COHEN W B, HEALEY S P, YANG Z, et al., 2020. Diversity of algorithm and spectral band inputs improves Landsat monitoring of forest disturbance[J]. Remote Sensing, 12(10): 1 - 15.

COHEN W B, YANG Z, KENNEDY R, 2010. Detecting trends in forest disturbance and recovery using yearly Landsat time series: 2. TimeSync-Tools for calibration and validation[J]. Remote Sensing of Environment, 114(12): 2911 - 2924.

CRIST E P, 1985. A TM Tasseled Cap equivalent transformation for reflectance factor data[J]. Remote Sensing of Environment, 17(3): 301 - 306.

de BEURS K M, HENEBRY G M, OWSLEY B C, et al., 2015. Using multiple remote sensing perspectives to identify and attribute land surface dynamics in Central Asia 2001 - 2013[J]. Remote Sensing of Environment, 170: 48 - 61.

de JONG R, VERBESSELT J, SCHAEPMAN M E, et al., 2012. Trend changes in global greening and browning: Contribution of short-term trends to longer-term change[J]. Global Change Biology, 18(2): 642 - 655.

de JONG R, VERBESSELT J, ZEILEIS A, et al., 2013. Shifts in global vegetation activity trends[J]. Remote Sensing, 5(3): 1117 - 1133.

DING C, HUANG W, LI Y, et al., 2020. Nonlinear changes in dryland vegetation greenness over east inner Mongolia, China, in recent years from satellite time series[J]. Sensors, 20(14): 3839.

FAGAN M E, MORTON D C, COOK B D, et al., 2018. Mapping pine plantations in the southeastern US using structural, spectral, and temporal remote sensing data[J]. Remote Sensing of Environment, 216: 415 - 426.

FAN C, MYINT S W, REY S J, et al., 2017. Time series evaluation of landscape dynamics using annual Landsat imagery and spatial statistical modeling: Evidence from the phoenix metropolitan region[J]. International Journal of Applied Earth Observation & Geoinformation, 58: 12 - 25.

FARSI N, MAHJOURI N, GHASEMI H, 2020. Breakpoint detection in non-stationary runoff time series under uncertainty[J]. Journal of Hydrology, 590: 125458.

FENSHOLT R, LANGANKE T, RASMUSSEN K, et al., 2012. Greenness in semi-arid areas across the globe 1981 - 2007-an earth observing satellite based analysis of trends and drivers[J]. Remote Sensing of Environment, 121: 144 - 158.

FORKEL M, CARVALHAIS N, VERBESSELT J, et al., 2013. Trend Change detection in NDVI time series: Effects of inter-annual variability and methodology[J]. Remote Sensing, 5(5): 2113 - 2144.

FRAZIER R J, COOPS N C, WULDER M A, et al., 2018. Analyzing spatial and temporal variability in short-term rates of post-fire vegetation return from Landsat time series [J]. Remote Sensing of Environment, 205: 32-45.

GALFORD G L, MUSTARD J F, MELILLO J, et al., 2008. Wavelet analysis of MODIS time series to detect expansion and intensification of row-crop agriculture in Brazil[J]. Remote Sensing of Environment, 112(2): 576-587.

GELABERT P J, RODRIGUES M, de la RIVA J, et al., 2021. LandTrendr smoothed spectral profiles enhance woody encroachment monitoring[J]. Remote Sensing of Environment, 262: 112521.

GHADERPOUR E, PAGIATAKIS S D, HASSAN Q K, 2021. A survey on change detection and time series analysis with applications[J]. Applied Sciences, 11(13): 6141.

GHADERPOUR E, VUJADINOVIC T, 2020. Change detection within remotely sensed satellite image time series via spectral analysis[J]. Remote Sensing, 12(23): 1-27.

GOOGLE, 2020. Google Earth Engine API Documentation: ee. Algorithms. TemporalSegmentation. Ccdc[Z]. Google Developers. https://developers. google. com/earth-engine/apidocs/ee-algorithmstemporalsegmentation-ccdc.

GORELICK N, HANCHER M, DIXON M, et al., 2017. Google Earth Engine: Planetary-scale geospatial analysis for everyone[J]. Remote Sensing of Environment, 202: 18-27.

GRIFFITHS P, KUEMMERLE T, KENNEDY R E, et al., 2012. Using annual time-series of Landsat images to assess the effects of forest restitution in post-socialist Romania [J]. Remote Sensing of Environment, 118: 199-214.

GUAN Y, ZHOU Y, HE B, et al., 2020. Improving land cover change detection and classification with BRDF correction and spatial feature extraction using Landsat time series: A case of urbanization in Tianjin, China[J]. IEEE Journal of Selected Topics in Applied Earth Observations and Remote Sensing, 13: 4166-4177.

GUTTLER F, LENCO D, NIN J, et al., 2017. A graph-based approach to detect spatiotemporal dynamics in satellite image time series[J]. ISPRS Journal of Photogrammetry and Remote Sensing, 130: 92-107.

HAMUNYELA E, REICHE J, VERBESSELT J, et al., 2017. Using space-time features to improve detection of forest disturbances from Landsat time series[J]. Remote Sensing, 9(6): 515.

HAMUNYELA E, VERBESSELT J, HEROLD M, 2016. Using spatial context to improve early detection of deforestation from Landsat time series[J]. Remote Sensing of Environment, 172: 126-138.

HERMOSILLA T, WULDER M A, WHITE J C, et al., 2015. Regional detection, characterization, and attribution of annual forest change from 1984 to 2012 using Landsat-de-

rived time-series metrics[J]. Remote Sensing of Environment, 170: 121 - 132.

HORION S, PRISHCHEPOV A V, VERBESSELT J, et al., 2016. Revealing turning points in ecosystem functioning over the Northern Eurasian agricultural frontier[J]. Global Change Biology, 22(8): 2801 - 2817.

HOU B, WEI C, LIU X, et al., 2023. Assessing forest landscape stability through automatic identification of landscape pattern evolution in Shanxi Province of China[J]. Remote Sensing, 15(3): 545.

HUANG C, GOWARD S N, MASEK J G, et al., 2010. An automated approach for reconstructing recent forest disturbance history using dense Landsat time series stacks[J]. Remote Sensing of Environment, 114(1): 183 - 198.

HUGHES M J, KAYLOR S D, HAYES D J, 2017. Patch-based forest change detection from Landsat time series[J]. Forests, 8(5): 166.

le MAIRE G, DUPUY S, NOUVELLON Y, et al., 2014. Mapping short-rotation plantations at regional scale using MODIS time series: case of eucalypt plantations in Brazil [J]. Remote Sensing of Environment, 152: 136 - 149.

LHERMITTE S, VERBESSELT J, VERSTRAETEN WW, et al., 2011. A comparison of time series similarity measures for classification and change detection of ecosystem dynamics[J]. Remote Sensing of Environment, 115(12): 3129 - 3152.

LIU Y, WANG Y, DU Y, et al., 2016. The application of polynomial analyses to detect global vegetation dynamics during 1982—2012[J]. International Journal of Remote Sensing, 37(7): 1568 - 1584.

LU D, MAUSEL P, BRONDÍZIO E, et al., 2003. Change detection techniques[J]. International Journal of Remote Sensing, 25(12): 2365 - 2401.

LU M, PEBESMA E, SANCHEZ A, et al., 2016. Spatio-temporal change detection from multidimensional arrays: Detecting deforestation from MODIS time series[J]. ISPRS Journal of Photogrammetry and Remote Sensing, 117: 227 - 236.

JAMALI S, SEAQUIST J, EKLUNDH L, et al., 2014. Automated mapping of vegetation trends with polynomials using NDVI imagery over the Sahel[J]. Remote Sensing of Environment, 141: 79 - 89.

JAMALI S, JÖNSSON P, EKLUNDH L, et al., 2015. Detecting changes in vegetation trends using time series segmentation[J]. Remote Sensing of Environment, 156: 182 - 195.

KENDALL M G, 1975. Rank Correlation Methods, 4th Edition[M]. Charles Griffin, London.

KENNEDY R E, COHEN W B, SCHROEDER T A, 2007. Trajectory-based change detection for automated characterization of forest disturbance dynamics[J]. Remote Sensing of Environment, 110(3): 370 - 386.

KENNEDY R E, YANG Z, COHEN W B, 2010. Detecting trends in forest disturbance and recovery using yearly Landsat time series: 1. LandTrendr-Temporal segmentation algorithms[J]. Remote Sensing of Environment, 114(12): 2897－2910.

KENNEDY R E, YANG Z, GORELICK N, et al., 2018. Implementation of the LandTrendr algorithm on Google Earth Engine[J]. Remote Sensing, 10(5): 691.

KENNEDY R E, YANG Z, BRAATEN J, et al., 2015. Attribution of disturbance change agent from Landsat time-series in support of habitat monitoring in the Puget Sound region, USA[J]. Remote Sensing of Environment, 166: 271－285.

KENNEDY R E, YANG Z, COHEN W B, et al., 2012. Spatial and temporal patterns of forest disturbance and regrowth within the area of the Northwest Forest Plan[J]. Remote Sensing of Environment, 122: 117－133.

KEY C H, BENSON N C, 2006. Landscape assessment: ground measure of severity, the composite burn index; and remote sensing of severity, the normalized burn ratio [R]. FIREMON: Fire Effects Monitoring and Inventory System. In, USDA Forest Service General Technical Report RMRS-GTR-164-CD. Fort Collins: USDA Forest Service Rocky Mountain Research Station.

MANN H B, 1945. Nonparametric Tests Against Trend[J]. Econometrica, 13(3): 245－259.

MENG Y, LIU X, WANG Z, et al., 2021. How can spatial structural metrics improve the accuracy of forest disturbance and recovery detection using dense Landsat time series? [J]. Ecological Indicators, 132: 108336.

MENG Y, LIU X, WU L, et al., 2019. Spatio-temporal variation indicators for landscape structure dynamics monitoring using dense normalized difference vegetation index time series[J]. Ecological Indicators, 107: 105607.

OHMANN J L, GREGORY M J, ROBERTS H M, et al., 2012. Mapping change of older forest with nearest-neighbor imputation and Landsat time-series[J]. Forest Ecology & Management, 272: 13－25.

PAN N, FENG X, FU B, et al., 2018. Increasing global vegetation browning hidden in overall vegetation greening: Insights from time-varying trends[J]. Remote Sensing of Environment, 214: 59－72.

PIAO S, WANG X, CIAIS P, et al., 2011. Changes in satellite-derived vegetation growth trend in temperate and boreal Eurasia from 1982 to 2006[J]. Global Change Biology, 17(10): 3228－3239.

PASQUARELLA V J, ARÉVALO P, BRATLEY K H, et al., 2022. Demystifying LandTrendr and CCDC temporal segmentation[J]. International Journal of Applied Earth Observation and Geoinformation, 110: 102806.

PASQUARELLA V J, HOLDEN C E, KAUFMAN L, et al., 2016. From imagery to ecology:

leveraging time series of all available Landsat observations to map and monitor ecosystem state and dynamics[J]. Remote Sensing in Ecology and Conservation, 2(3): 152 – 170.

QIAO H, WU M, SHAKIR M, et al., 2016. Classification of small-scale Eucalyptus plantations based on NDVI time series obtained from multiple high-resolution datasets[J]. Remote Sensing, 8(2): 117.

QIU B, CHEN G, TANG Z, et al., 2017. Assessing the Three-North Shelter Forest Program in China by a novel framework for characterizing vegetation changes[J]. ISPRS Journal of Photogrammetry and Remote Sensing, 133: 75 – 88.

REICHE J, HAMUNYELA E, VERBESSELT J, et al., 2018. Improving near-real time deforestation monitoring in tropical dry forests by combining dense Sentinel-1 time series with Landsat and ALOS-2 PALSAR-2[J]. Remote Sensing of Environment, 204: 147 – 161.

RÖDER A, UDELHOVEN T, HILL J, et al., 2008. Trend analysis of Landsat-TM and ETM+imagery to monitor grazing impact in a rangeland ecosystem in Northern Greece [J]. Remote Sensing of Environment, 112(6): 2863 – 2875.

ROUSE J W, HAAS R H, SCHELL J A, et al., 1974. Monitoring the vernal advancements and retrogradation ofnatural vegetation[R]. Greenbelt, MD, USA: NASA/GSFC.

SALES M, de BRUIN S, HEROLD M, et al., 2017. A spatiotemporal geostatistical hurdle model approach for short-term deforestation prediction[J]. Spatial Statistics, 21: 304 – 318.

SEN P K, 1968. Estimates of the regression coefficient based on Kendall's Tau[J]. Journal of the American Statistical Association, 63(324): 1379 – 1389.

SNEYERS R, 1990. On the statistical analysis of series of observations[R]. WMO. Technical Note(143). World Meteorological Organization, Geneve.

THEIL H, 1992. A Rank-Invariant Method of Linear and Polynomial Regression Analysis [M]//Raj B, Koerts J. Henri Theil's Contributions to Economics and Econometrics: Econometric Theory and Methodology. Dordrecht: Springer Netherlands.

TOMS J D, LESPERANCE M L. 2003. Piecewise regression: A tool for identifying ecological thresholds[J]. Ecology, 84(8): 2034 – 2041.

TRAN L X, FISCHER A, 2017. Spatiotemporal changes and fragmentation of mangroves and its effects on fish diversity in Ca Mau Province(Vietnam)[J]. Journal of Coastal Conservation, 21(3): 355 – 368.

VERBESSELT J, HYNDMAN R, NEWNHAM G, et al., 2010a. Detecting trend and seasonal changes in satellite image time series[J]. Remote Sensing of Environment, 114 (1): 106 – 115.

VERBESSELT J, HYNDMAN R, ZEILEIS A, et al., 2010b. Phenological change detection while accounting for abrupt and gradual trends in satellite image time series[J]. Remote Sensing of Environment, 114(12): 2970 – 2980.

VERBESSELT J, ZEILEIS A, HEROLD M, 2012. Near real-time disturbance detection using satellite image time series[J]. Remote Sensing of Environment, 123: 98－108.

VOGELMANN J E, GALLANT A L, SHI H, et al., 2016. Perspectives on monitoring gradual change across the continuity of Landsat sensors using time-series data[J]. Remote Sensing of Environment, 185: 258－270.

VOGELMANN J E, XIAN G, HOMER C, et al., 2012. Monitoring gradual ecosystem change using Landsat time series analyses: Case studies in selected forest and rangeland ecosystems[J]. Remote Sensing of Environment, 122: 92－105.

WANG Z, WEI C, LIU X, et al., 2022. Object-based change detection for vegetation disturbance and recovery using Landsat time series[J]. GIScience and Remote Sensing, 59 (1): 1706－1721.

WU Z, HUANG N E, 2009. Ensemble empirical mode decomposition: a noise-assited data analysis method [J]. Advances in Adaptive Data Analysis, 1(1): 1－41.

WU L, LI Z, LIU X, et al., 2020. Multi-type forest change detection using BFAST and monthly Landsat time series for monitoring spatiotemporal dynamics of forests in subtropical wetland[J]. Remote sensing, 12(2): 341.

WU L, LIU X, LIU M, et al., 2022. Online Forest Disturbance Detection at the Sub-Annual Scale Using Spatial Context from Sparse Landsat Time Series[J]. IEEE Transactions on Geoscience and Remote Sensing, 60: 1－14.

YE S, ZHU Z, CAO G, 2023. Object-based continuous monitoring of land disturbances from dense Landsat time series[J]. Remote Sensing of Environment, 287: 113462.

XIE Y, GONG J, SUN P, et al., 2014. Oasis dynamics change and its influence on landscape pattern on Jinta oasis in arid China from 1963a to 2010a: Integration of multi-source satellite images[J]. International Journal of Applied Earth Observation and Geoinformation, 33: 181－191.

ZHANG Y, LIU X, LIU M, et al., 2021. Multi-scale spatiotemporal change characteristics analysis of high-frequency disturbance forest ecosystem based on improved spatiotemporal cube model[J]. Remote Sensing, 13(13): 2537.

ZHAO K, WULDER M A, HU T, et al., 2019. Detecting change-point, trend, and seasonality in satellite time series data to track abrupt changes and nonlinear dynamics: A Bayesian ensemble algorithm[J]. Remote Sensing of Environment, 232: 111181.

ZHU L, LIU X, WU L, et al., 2019. Long-term monitoring of cropland change near Dongting Lake, China, using the LandTrendr algorithm with Landsat imagery[J]. Remote Sensing, 11(10): 1234.

ZHU Z, 2017. Change detection using Landsat time series: A review of frequencies, preprocessing, algorithms, and applications[J]. ISPRS Journal of Photogrammetry and Re-

mote Sensing, 130: 370－384.

ZHU Z, QIU S, Ye S, 2022. Remote sensing of land change: a multifaceted perspective [J]. Remote Sensing of Environment, 282: 113266.

ZHU Z, WOODCOCK C E, 2014. Continuous change detection and classification of land cover using all available Landsat data[J]. Remote Sensing of Environment, 144: 152－171.

ZHU Z, WOODCOCK C E, OLOFSSON P, 2012. Continuous monitoring of forest disturbance using all available Landsat imagery[J]. Remote Sensing of Environment, 122: 75－91.

ZHU Z, ZHANG J, YANG Z, et al., 2020. Continuous monitoring of land disturbance based on Landsat time series[J]. Remote Sensing of Environment, 238: 111116.

第3章　引入时空相似性的时间序列重建与草地物候变化分析

物候学是“研究自然界的植物（包括农作物）、动物和环境条件（气候、水文、土壤条件）的周期变化之间相互关系的科学”（竺可桢和宛敏渭，1973）。自然界周期（季节性）事件发生的时间是物候学关注的核心内容（竺可桢和宛敏渭，1973），例如树木何时抽青和落叶，河湖何时结冰及融化等。

物候事件的发生是对过去一段时间内环境状况累积的响应（施奈勒，1965；竺可桢和宛敏渭，1973）。物候信息在农业生产管理中具有重要价值（蒙继华等，2014）。利用物候知识指导农业生产在我国已有几千年的历史（竺可桢和宛敏渭，1973）。

在全球变暖的背景下，作为反映气候变化对陆地生态系统影响的敏感指标（Körner and Basler，2010；Walther et al.，2002），植被物候（Vegetation phenology）逐渐受到全球变化研究领域的重视（郑景云等，2002；Piao et al.，2019；Schwartz，1999）。植被物候变化影响生态系统的结构和功能，对生态系统过程（如碳循环、水循环和能量循环）有重要影响（Keenan et al.，2014；Piao et al.，2008；Richardson et al.，2013a），是研究生态系统与环境交互的重要切入点（葛全胜等，2010；Penuelas et al.，2009；Piao et al.，2019）。例如，生态系统内物种间物候对环境变化敏感性的差异可能会引起物种间竞争关系的变化，进而导致植物群落组成变化（Augspurger et al.，2005；Chuine et al.，2010）。植被物候是影响特定物种栖息地适宜性的关键因素（Ettinger et al.，2022；Viña et al.，2016），是地球观测组织提出的生物多样性核心监测指标之一（任淯等，2022；Pereira et al.，2013）。另外，植被物候变化可能影响候鸟迁徙格局进而影响流行病的传播（Friedl et al.，2006）；植被物候作为典型的季节性特征，也是基于遥感的土地覆盖分类（Zhao et al.，2020）、入侵物种识别（Weisberg et al.，2021）和病虫害监测（Guzmán Q et al.，2023）等领域的重要信息。

物候观测数据是物候研究的基础。植被物候主要观测手段包括地面人工观测、近地面仪器观测和卫星遥感观测。传统地面人工物候观测能够获取植物个体或物种水平的物候信息，对物候现象的观测较为精细。地面人工观测空间覆盖范围有限，在人迹罕至地区获取数据困难。近地面仪器观测主要基于定位物候相机、光谱仪、通量观测设备以及无人机等进行物候观测。相较于定位物候相机和光谱仪，无人机近地面观测在空间位置上更为灵活。近地面的物候观测是关联人工观测与卫星观测物候的纽带（Richardson et al.，2013b）。卫星遥感能够获取时空相对连续的陆表特征以描述像元分辨单元内植被变化动态，已成为大尺

度时空连续植被物候观测不可或缺的手段(Piao et al.，2019)。

高质量时间序列遥感数据是植被物候研究的必要条件。本章先概述了遥感观测植被物候的基本原理,随后构建了一种耦合时空约束插值与静态小波变换的卫星遥感时间序列重建方法,最后分析了松嫩草地物候的时空变化特征及其影响因素。

3.1　植被物候遥感观测概述

自 1973 年地球资源技术卫星(Earth Resource Satellite Experiment，ERSE-1,即 Landsat 1)首次应用于植被物候提取以来(Dethier et al.，1973),遥感物候研究迄今已有 50 年的历史。高时间分辨率遥感数据(NOAA/AVHRR)应用于植被物候研究始于 20 世纪 80 年代(Justice et al.，1985)。Schwartz(1999)认为 Reed et al.(1994)关于植被物候提取的论文是遥感物候观测领域奠基性的研究。近二十几年,遥感物候研究得到了长足发展,尤其是在长时间序列高时间分辨率遥感数据集的生成,以及植被物候度量提取方法上(Caparros-Santiago et al.，2021；Henebry and de Beurs，2013；Reed et al.，2009；Zeng et al.，2020)。

遥感观测植被物候的基本原理是卫星遥感植被指数/参数时间序列能够捕捉植被冠层生物物理或生物化学特征(如叶面积指数、色素含量、含水量等)的季节性变化。在实际应用中,遥感物候观测主要包括两个重要步骤:①时间序列重建,目的是获得低噪声的植被指数/参数时间序列;②物候指标提取,一般通过一定的数学法则提取时间序列中的特征点,如特定阈值或拐点等(Zhang et al.，2012)。本书第 1 章概述了遥感时间序列重建的主要方法,本节主要介绍植被物候提取的数据和方法等方面。

3.1.1　植被物候观测卫星数据

1. 粗空间分辨率卫星数据

植被物候遥感观测依赖于高时间分辨率卫星数据。NOAA/AVHRR 数据是当前长时间序列遥感物候研究中常用的数据之一,其最大的优势在于提供了 1982 年至今的存档数据。目前已发布多种类型的 AVHRR 数据产品，GIMMS $NDVI_{3g}$ 产品(15 天合成,约 8 km 空间分辨率,Pinzon and Tucker，2014)是其中的典型代表。该数据适于分析大尺度植被物候的长期变化特征,但只能提供 NDVI 时间序列且空间分辨率较低是其主要不足。

美国国家航空航天局(National Aeronautics and Space Administration，NASA)的 MODIS 数据是近年来物候研究中应用最为广泛的数据源(Caparros-Santiago et al.，2021；Henebry and de Beurs，2013)。相较于 AVHRR,MODIS 在空间和光谱分辨率上均有显著提高。MODIS 共有 36 个光谱通道,涵盖光学和热红外波段,能够提供更丰富的陆表变化信息,其红光和近红外波段空间分辨率为 250 m,可见光和短波红外波段空间分辨率为 500 m。MODIS 标准数据产品体系相对比较完整,在植被物候观测方面,可供选择的数据产品主要有 16 天合成 NDVI/EVI,8 天合成反射率、逐日反射率,以及 8 天合成 LAI 等产品。搭载 MODIS 传感器的卫星将于 2026 年左右退役。其后继卫星数据(Visible Infrared Imaging Radiometer Suite,VIIRS)于 2011 年发射,现已积累 10 余年的数据,多种标准化时间序列数据产品已发布(Justice et al., 2013),将在未来物候研究中发挥重要作用(Zhang et al., 2018)。

除 MODIS 和 AVHRR 之外,其他适用于物候研究的粗分辨率遥感数据主要为 SPOT/VEGETATION 和 ENVISAT/MERIS。SPOT/VEGETATION 数据包括 4 个波段,即蓝光、红光、近红外和短波红外波段,可以计算 NDVI、EVI 和 NDWI 等光谱指数。SPOT/VEGETATION 10 天合成 1 km 分辨率 NDVI 产品在物候研究中应用相对广泛(Caparros-Santiago et al., 2021)。

被动微波遥感能够测量地表含水量和植被结构参数的季节性变化,且对云雨等气象因素不敏感(Frolking et al., 2006; Guan et al., 2014; Lu et al., 2013)。被动微波遥感估算的植被光学厚度(Vegetation Optical Depth, VOD)已应用于大尺度植物物候研究(Guan et al., 2014; Jones et al., 2011; Tong et al., 2019)。VOD 的主要不足是空间分辨率较低,一般在 0.25°左右。另外,被动微波数据可探测土壤冻融状态等非生物物候,对气候变化研究具有重要意义(Frokling et al., 1999; Kim et al., 2011)。

2. 中高分辨率卫星数据

基于 Landsat 系列数据的植被物候研究近年来受到重视(Henebry and de Beurs, 2013; Zhu et al., 2021)。Landsat 数据的优势主要包括两个方面:一是较高的空间分辨率(30 m),二是较长时间序列的存档数据(1973 年起),是目前存档数据时间跨度最长的卫星遥感数据。对于植被物候研究,Landsat 数据的主要不足为其 16 天的重访周期,若出现数据缺失或影像获取日期有云覆盖,则其时间序列的时间间隔会过长,影响特定物候期的观测。

近年来,欧洲航天局(European Space Agency, ESA)的 Sentinel-2 数据在植被物候研究中的应用逐渐展开(Misra et al., 2020)。相较于 Landsat 数据,Sentinel 数据的优势在于更短的重访周期、更高的空间分辨率,以及更多的光谱波段。Sentinel-2A 卫星发射于 2015 年,重访周期为 10 天。自 2017 年 Sentinel-2B 卫星发射后,Sentinel-2 数据的重访周期在赤道地区缩短至 5 天,部分高纬度地区的重访周期更短(Li and Roy, 2017)。除具有可见光(空间分辨率 10 m)、近红外(10 m)和短波红外(20 m)等多数光学卫星常设波段之外,Sentinel-2 还包括 3 个对植被叶片色素敏感的红边波段(20 m)。时空谱三个维度的提升将有效促进精细尺度的植被物候研究(Misra et al., 2020; Vrieling et al., 2018)。

NASA 于 2018 年发布了 Landsat 8 和 Sentinel-2A/B 的归一化地表反射率数据集(Harmonized Landsat and Sentinel-2, HLS, Claverie et al., 2018)。HLS 数据集的时间分辨率约为 2~3 天。目前 HLS 数据已更新至第二版。HLS 数据采用 Sentinel-2 的空间参考坐标系统和数据分幅系统,空间分辨率为 30 m。地表反射率经过 BRDF 校正。另外,Sentinel-2 和 Landsat 8 的波段宽度设置不同,HLS 产品中 Sentinel-2 可见光和红外波段的反射率已调整至 Landsat 8 的波段设置,调整方法为经验公式(Claverie et al., 2018)。时空分辨率的双重优势使得 HLS 将是未来植被物候研究的重要数据源(Bolton et al., 2020; Ding et al., 2023; Zhang et al., 2020)。

主动微波遥感数据,如合成孔径雷达(Synthetic Aperture Radar, SAR)数据具有较高的空间分辨率且不受云的影响,在植被物候提取上具有独特优势(Canisius et al., 2018; Yang et al., 2017)。极化 SAR 数据能够探测植被冠层生物量和植被结构特征(Canisius et al., 2018)。

例如,有研究使用 RADARSAT-2 不同极化模式和极化分解参数提取作物物候(Canisius et al., 2018)。但 RADARSAT-2 获取经济成本较高,且存档数据不足,不适于长时间序列大尺度植被物候研究。ESA 的 Sentinel-1 卫星搭载了 C 波段极化 SAR 传感器可采集不同极化模式的时间序列影像,且数据面向全球用户开放获取,已在植被物候研究中显示出较好的应用潜力(Meroni et al., 2021)。已有的研究表明 VH 和 VV 两种极化模式的比值能够有效描述温带森林和作物的生长动态(Ling et al., 2022; Meroni et al., 2021; Soudani et al., 2020)。

3.1.2　植被指数/参数时间序列

当前,植被物候遥感观测主要基于 NDVI(Rouse et al., 1974)、EVI(Huete et al., 2002)和 EVI2(Jiang et al., 2008)时间序列,即像元绿度(Greenness)的季节性变化(Caparros-Santiago et al., 2021; de Beurs and Henebry, 2010; Reed et al., 2009; Zhang et al., 2012)。一般认为绿度变化反映了植被长势的变化(Huete et al., 1997; Reed et al., 2009)。NDVI、EVI 和 EVI2 计算公式为

$$NDVI=\frac{\rho_{NIR}-\rho_{Red}}{\rho_{NIR}+\rho_{Red}} \tag{3-1}$$

$$EVI=2.5\times\frac{\rho_{NIR}-\rho_{Red}}{\rho_{NIR}+6\times\rho_{Red}-7.5\times\rho_{Blue}+1} \tag{3-2}$$

$$EVI2=2.5\times\frac{\rho_{NIR}-\rho_{Red}}{\rho_{NIR}+2.4\times\rho_{Red}+1} \tag{3-3}$$

式中:ρ_{NIR}、ρ_{Red} 和 ρ_{Blue} 分别是近红外、红和蓝波段的反射率。

表 3-1 总结了植被物候遥感观测中常用的植被指数/参数。实际上,不同植被指数/参数季节变化的生态意义可能不同,对特定物候期的提取能力也存在差异(Ding et al., 2017; Ulsig et al., 2017; Wu et al., 2014)。例如,Ulsig et al. (2017)发现在芬兰常绿针叶林,相较于 NDVI,光化学反射指数(Photochemical Reflectance Index, PRI,Gamon et al., 1992)能够更精确地获取生长季开始日期。Jeong et al. (2017)发现在北半球高纬度地区基于叶绿素荧光(Solar-Induced Chlorophyll Fluorescence,SIF)和 NDVI 的秋季物候对秋季温度有不同的响应。

表 3-1　植被物候遥感观测常用的植被指数/参数

植被指数/参数	植被特征	主要来源
NDVI	绿度	几乎全部光学遥感数据
EVI	绿度	几乎全部光学遥感数据
EVI2	绿度	几乎全部光学遥感数据
NDWI	水分	MODIS、VIIRS、SPOT/VGT、Landsat、Sentinel-2 等
PRI	光能利用率	MODIS
LAI	绿度/冠层结构	MODIS、VIIRS、SPOT/VGT 等

续表

植被指数/参数	植被特征	主要来源
FAPAR	植被生产力	MODIS、VIIRS、SPOT/VGT 等
SIF	植被生产力	TROPOMI、GOME-2 等
VOD	生物量、水分	AMSR、SMOS 等

在有季节性积雪覆盖的区域，春季积雪融化会导致 NDVI 和 EVI 值上升，而初冬降雪导致其值下降，因此，生长季开始和结束的提取易受到积雪的干扰(Chang et al.，2019；Delbart et al.，2005；Reed et al.，2009)。本书第 1 章介绍了植被指数积雪观测值的一些处理方法。为进一步解决季节性积雪覆盖区植被物候提取问题，遥感物候研究领域学者使用或构建了若干针对植被物候提取的植被指数。

归一化水分指数 NDWI(Normalized Difference Water Index，NDWI，Gao，1996)是季节性积雪区域植被物候提取的一种替代方案(Chang et al.，2019；Delbart et al.，2005，2006；de Beurs et al.，2009)。NDWI 也称为 NDII(Normalized Difference Infrared Index，Townsend et al.，2012)或 LSWI(Land Surface Water Index，Boles et al.，2004)。MODIS 数据包括三个短波红外(SWIR)波段，即波段 5、6 和 7，但波段 5 有条带噪声，目前应用最为普遍的是波段 6(1 628～1 652 nm)。

$$\mathrm{NDWI}=\frac{\rho_{\mathrm{NIR}}-\rho_{\mathrm{SWIR}}}{\rho_{\mathrm{NIR}}+\rho_{\mathrm{SWIR}}} \tag{3-4}$$

式中：ρ_{NIR} 和 ρ_{SWIR} 分别是近红外和短波红外波段的反射率。

Delbart et al. (2005)提出基于 NDWI 提取寒带地区植被物候。由于冰雪具有较高的 NDWI 值，积雪融化后地表 NDWI 值下降，而植被返青后冠层含水量上升导致 NDWI 上升(见图 3－1)，因此，利用 NDWI 提取春季物候能够减弱冰雪融化的干扰，秋季物候提取的原理相同。图 3－1 为 NDWI 时间序列示例，冬春时节的 NDWI 高值由积雪导致。

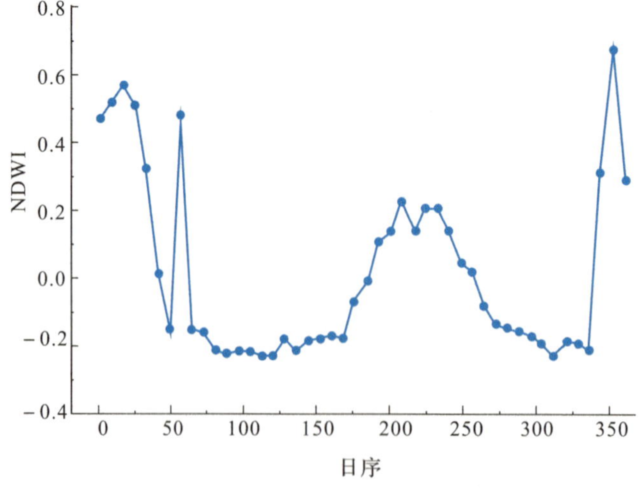

图 3－1　NDWI 时间序列，数据来源于 MOD09A1

Gonsamo et al. (2015)结合 NDVI 和 NDWI 构建了植被物候指数(Phenological Index, PI),提高了针叶林、落叶阔叶林和农作物生长季开始和结束的提取精度,但该指数的生态意义难以解释。

$$PI = NDVI^2 - NDWI^2 \tag{3-5}$$

Thompson et al. (2015)则基于 NDVI 和 NDWI 时间序列构建了 NDVI－NDWI 相空间,以减少降雪和融雪对生长季开始和结束提取的影响。相空间能够直观表达植被及陆表积雪变化过程,但其相空间参数化方法机理不明确,依赖于多像元在相空间中聚类特征,逐像元的针对性不强,且难以获取生长季中其他物候指标。

基于红光、近红外和短波红外波段构建的归一化物候指数(Normalized Difference Phenology Index, NDPI)相对简单,且能够有效减弱冰雪和土壤的影响(Wang et al., 2017)。

$$NDPI = \frac{\rho_{NIR} - (0.74 \times \rho_{Red} + 0.26 \times \rho_{SWIR})}{\rho_{NIR} + (0.74 \times \rho_{Red} + 0.26 \times \rho_{SWIR})} \tag{3-6}$$

为移除积雪覆盖对植被季节性特征提取的影响, Yang et al. (2019)基于混合像元的线性解混方法,构建了基于近红外、绿和红波段反射率的归一化植被绿度指数(Normalized Difference Greenness Index, NDGI)。其计算公式为

$$NDGI = \frac{a\rho_{Green} + (1-a)\rho_{NIR} - \rho_{Red}}{a\rho_{Green} + (1-a)\rho_{NIR} + \rho_{Red}} \tag{3-7}$$

式中:ρ_{Green} 为绿波段的反射率;a 为调节系数。通过调整绿波段和近红外波段的相对系数,使得冰雪、裸土和干草等非植被绿度相关的地物的指数值接近 0。因此,该指数对冰雪覆盖等因子的相对覆盖度变化不敏感(Yang et al., 2019)。对于 MODIS 数据,其预设的调节系数 a 为 0.65,是针对草地和苔原植被设定。相关评估研究表明该指数能够有效移除积雪对植被返青期和休眠期的影响,适用于季节性积雪覆盖区域(Cao et al., 2020; Yang et al., 2019)。

3.1.3　植被物候度量与提取方法

植被物候度量是植被季节性变化的最终表现形式,基本物候度量主要包括生长季开始(返青)、生长季峰值、生长季结束(休眠)、生长季长度、成熟和衰老等(Ganguly et al., 2010; White et al., 1997; Zhang et al., 2012)。

遥感能够提供高频率地表参数变化信息,地表参数变化的时间序列曲线不仅能提取植被状态转换期,而且包括植被状态本身和由物候期、相应植被状态,以及时间序列变化特征构建的衍生物候度量,即遥感物候过程信息,或称为衍生植被物候度量,如返青速率、衰老速率、生长季植被指数积分、生长季植被指数振幅,以及各物候期植被指数值等(Eklundh and Jönsson, 2017; Gray et al., 2019)。

植被物候提取主要方法一般可分为两类,即阈值法和导数法(Zhang et al., 2012)。阈值法可分为绝对阈值和相对阈值。绝对阈值,即植被指数到达某一阈值时,表明植被进入某一物候相。例如,春季 NDVI 值达到 0.2 代表生长季开始(White et al., 2009)。相对阈值法以生长季植被指数振幅为基础,当植被指数值发展到振幅一定百分比时认为植被进入某

物候期(Zhang et al.，2012)。返青期的相对阈值一般为10%、20%、30%和50%。图3-2为基于相对阈值提取生长季开始和结束的示例。

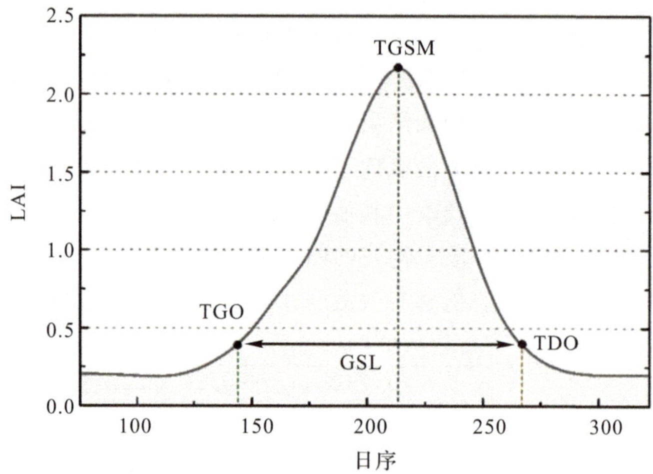

图3-2　基于相对阈值方法提取植被物候示例，阈值为10%
(原始LAI数据来源自MCD15A2H，见第3.3节)

在导数法中，以返青为例，有研究以生长季一阶导数最大值为返青期开始，其意义为此时绿度上升速率最快(Balzter et al.，2007；Piao et al.，2006)。导数法要求输入平滑的时间序列。Zhang et al.(2003)以植被指数时间序列经Logistic函数拟合后二阶导数局部极值点确定物候期，其意义为此时植被指数的变化率出现拐点，是植被状态改变转折点。

AGDD(Accumulated Growing Degree Days)方法与阈值法和导数法仅对植被指数时间序列的分析不同，其根据NDVI与累积生长有效积温的二项式回归模型提取返青期开始(de Beurs and Henebry，2010)。该方法的发展自基于热机制的植物物候模型(Goodin and Henebry，1997)。每日有效积温(Effective Accumulated Temperature，EAT)的计算方法为

$$\mathrm{EAT} = T_{\mathrm{Avg}} - T_{\mathrm{ET}} \tag{3-8}$$

式中：T_{Avg}为每日平均气温；T_{ET}为有效温度，即植物在高于此温度时才生长。不同植物有效温度不同。

日序为t时累积有效积温AGDD_t，以及NDVI_t与AGDD_t的回归方程为

$$\mathrm{AGDD}_t = \mathrm{AGDD}_{t-1} + \mathrm{EAT}_t \tag{3-9}$$

$$\mathrm{NDVI}_t = \alpha + \beta * \mathrm{AGDD}_t + \gamma * \mathrm{AGDD}_t^2 \tag{3-10}$$

AGDD模型探测返青期的原理是仅将生长季NDVI考虑在回归方程中时，模型拟合效果最好。

AGDD模型生长季开始的确定方法如下：

假设有NDVI时间序列NDVI_1，NDVI_2，…，NDVI_t，分别以NDVI_1，NDVI_2，NDVI_3等为参与回归NDVI时间序列的起点，当以NDVI_n为起点时回归效果最好，则以NDVI_n对

应的日期为生长季开始(de Beurs and Henebry, 2010)。尽管AGDD模型具有一定的机理性,但仅适用于温度驱动下的植物,没有考虑降水等因素的影响。另外,AGDD模型不能提取生长季结束。

目前,没有任何一种方法普适于所有生态系统,且不同方法之间物候提取的差异明显(White et al., 2009),发展适用于不同生态系统的特定方法逐渐成为植被物候遥感观测领域的共识(陈效逑和王林海, 2009; 范德芹等, 2016; 夏传福等, 2013; Henebry and de Beurs, 2013; White et al., 2009)。本质上,植被物候遥感提取方法的区别在于对植被物候定义的区别。

3.2 基于生态系统物候关联的叶面积指数时间序列插值

叶面积指数(LAI),即单位水平地表面积上绿叶面积的总和(Chen and Cihlar, 1996),是描述植被冠层结构的关键参数之一,植物生理活动和生态系统过程与LAI密切相关。太阳光入射植被冠层后的辐射传输过程受冠层LAI差异的影响产生不同的反射率,是遥感估算LAI的物理基础(Chen and Cihlar, 1996)。基于卫星遥感的LAI数据已成为陆地生态系统变化监测、过程模拟和农业监测等研究的重要数据源(Chen et al., 2019; Ganguly et al., 2008; Myneni et al., 2002; Verger et al., 2016)。

本节以LAI数据为例发展时间序列重建方法。云、气溶胶和算法误差等因素的影响,导数卫星遥感LAI产品在不同时空尺度下都存在时空不连续性,数据质量与完整性问题制约了LAI数据在生态系统和气候建模、植被动态分析和物候提取等方面的实用性(Borak and Jasinski, 2009; Yuan et al., 2011)。高精度且可操作性强的数据插值技术是卫星遥感LAI产品应用过程中面临的关键技术问题之一。

从时间维的角度,遥感时间序列较长数据缺失间隔下的插值由于信息量不足而通常存在较大的不确定性。基于一定空间范围内生态系统物候关联的插值方法在解决时间信息量不足问题上具有独特优势。本节在生态系统时间插值算法(EDTI, Moody et al., 2005)的基础上,发展面向异质景观(生态系统内部异质性,以异质草地为例)的增强生态系统时间插值算法(Enhanced Ecosystem-Dependent Temporal Interpolation, EEDTI)。

EEDTI算法在异质景观下参考时间序列的选择、缺失数据插值条件和长缺失间隔处理等方面提出解决方案,提高较长数据缺失间隔下LAI插值精度。

3.2.1 实验区与数据

1. 实验区概况

实验区包括两个亚区,分别位于中国东北松嫩平原和辽河平原(见图3-3),大小皆为100 km×100 km。实验区处于温带大陆性季风气候区,雨热同季,植被具有典型的季节性特征。实验区内草地不同程度的盐碱化和沙化导致草地群落处于不同的演替阶段。群落组成差异导致其景观尺度下陆表物候特征不同,而呈现典型的生态系统内部异质性,如2007

年 A 区和 B 区草地 LAI 时间序列中值的空间变异系数(标准差/平均值)分别约为 38%和 34%,适于评价 LAI 时间序列时空插值算法在异质景观下的插值性能。

2. MODIS LAI 数据

MODIS 数据具有较高的时空分辨率,其 LAI 反演精度已经过全球不同时空位置数据的验证,产品精度较高(Yan et al., 2016),且数据更新速度较快。MODIS C6 版本 500 m 8 天合成 LAI 产品共包括 3 类子产品(见表 3-2)。

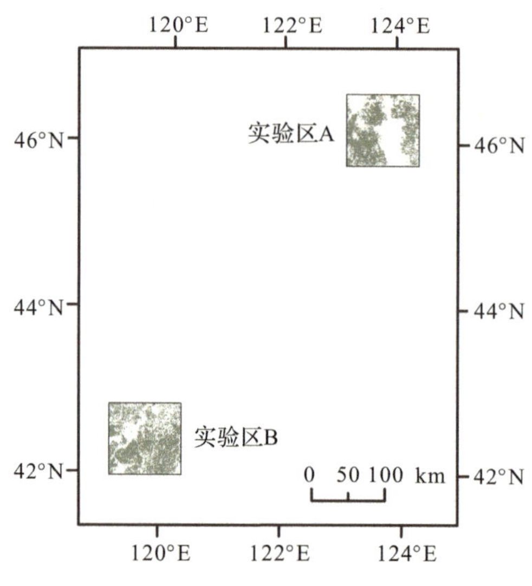

图 3-3 实验区地理位置

表 3-2 MODIS C6 500 m 8 天合成 LAI 产品概况(Myneni, 2015)

产品数据集	数据源	开始时间
MODIS C6 MOD15A2H	MOD09GA	2000 年 2 月
MODIS C6 MYD15A2H	MYD09GA	2002 年 7 月
MODIS C6 MCD15A2H	MOD09GA 和 MYD09GA	2002 年 7 月

MODIS C6 LAI 产品的主要反演算法为查找表法(Knyazikhin et al., 1998; Myneni et al., 2002; Myneni, 2015)。如果主要反演算法未能有效估算 LAI,则采用 LAI-NDVI 经验公式估算(Myneni, 2015)。

MODIS C6 MCD15A2H LAI 产品基于 Terra(上午星)和 Aqua(下午星)卫星的逐日地表反射率数据(MOD09GA 和 MYD09GA)估算 LAI 值,在此基础上进行了 8 天合成以减少噪声干扰,在 MODIS LAI 系列产品中低质量数据比例最低(Yang et al., 2006)。尽管该产品已进行了多时相数据合成,但由于合成时段内持续云和高气溶胶以及算法局限性等因素的影响,产品时间序列中仍包含低质量数据。移除低质量数据后,需要进行缺失数据插值以获得完整 LAI 时间序列。

为评价算法在不同气象条件下的插值精度，本书选择实验区 2007 年和 2008 年的 MCD15A2H LAI 产品(Myneni, 2015)。数据下载自 NASA EOSDIS 分布式数据存档中心之一的 The Level-1 and Atmosphere Archive & Distribution System(LAADS)Distributed Active Archive Center(DAAC)(https://ladsweb.modaps.eosdis.nasa.gov/)。MCD15A2H 8 天合成产品每年共 46 幅，以每个 8 天合成期间的第 1 天为相应日序。起始日序(Day of year, DOY)为 1，终止日序为 361。由于实验区生长季较短，因此，仅选择了日序 121(平年 5 月 1 日)—281(平年 10 月 8 日)期间的数据评价插值算法，每年 21 幅。

3. MODIS 土地覆盖数据

土地覆盖数据为 MODIS C5.1 MCD12Q1 产品，提供逐年 500 m 空间分辨率全球土地覆盖类型(Frield et al., 2010)。该产品的分类算法为基于决策树的整体监督分类方法，共包括 5 种土地覆盖分类体系：国际地圈生物圈计划分类体系(IGBP，17 类)、马里兰大学分类体系(UMD，14 类)、MODIS LAI/FPAR 算法分类体系(LAI/FPAR，11 类)、生物圈分类体系(BGC，9 类)和植物功能型分类体系(PFT，12 类)，其中 IGBP 分类体系的应用比较广泛。另外，以上 5 种分类体系中仅 IGBP 分类体系包括湿地。由于松嫩平原具有分布广泛的湿地，因此，为减少土地覆盖产品中湿地与草地的混淆，本书选择了 IGBP 分类体系。基于 2007—2008 年草地分布数据，采用逻辑运算得到 2007—2008 年未变化的草地空间分布(见图 3-4)，实验区 A 的草地像元数约为 17 000，实验区 B 约为 20 000。

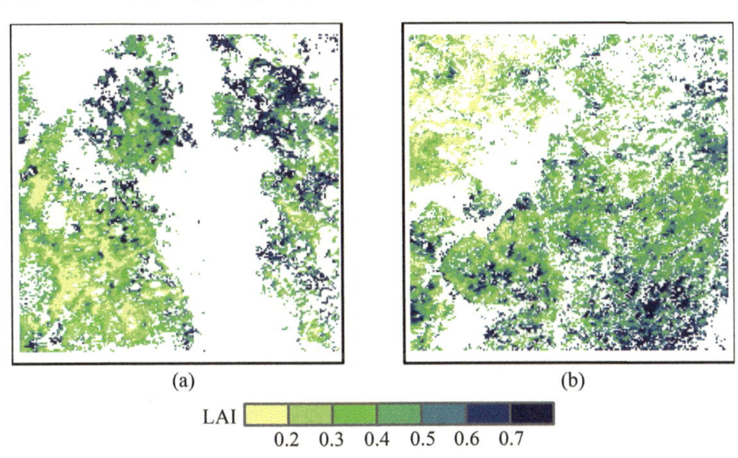

图 3-4　实验区草地 2007 年 LAI 时间序列中值空间分布

(a)实验区 A；(b)实验区 B

3.2.2　面向异质景观的 EEDTI 算法

EEDTI 算法包括两个主要步骤：LAI 时间序列的高质量数据筛选和基于物候关联的缺失数据插值。算法基本流程如图 3-5 所示。

1. 高质量 LAI 数据筛选

MODIS LAI 产品提供了两个数据质量控制图层(Quality Control, QC)以帮助用户判断数据质量，包括一个基础层和一个详细层。本书从两个图层选择了 4 类质量标识筛选高质量数据：算法可信度、云、云影和气溶胶，不包括雪覆盖状态。由于 MODIS LAI 产品中雪覆盖像元的 LAI 值为基底值，且草地生长季一般在春季融雪和冬季初雪期间，因此，雪覆盖不会影响草地 LAI 时间序列。所选质量标识的具体信息见表 3－3。

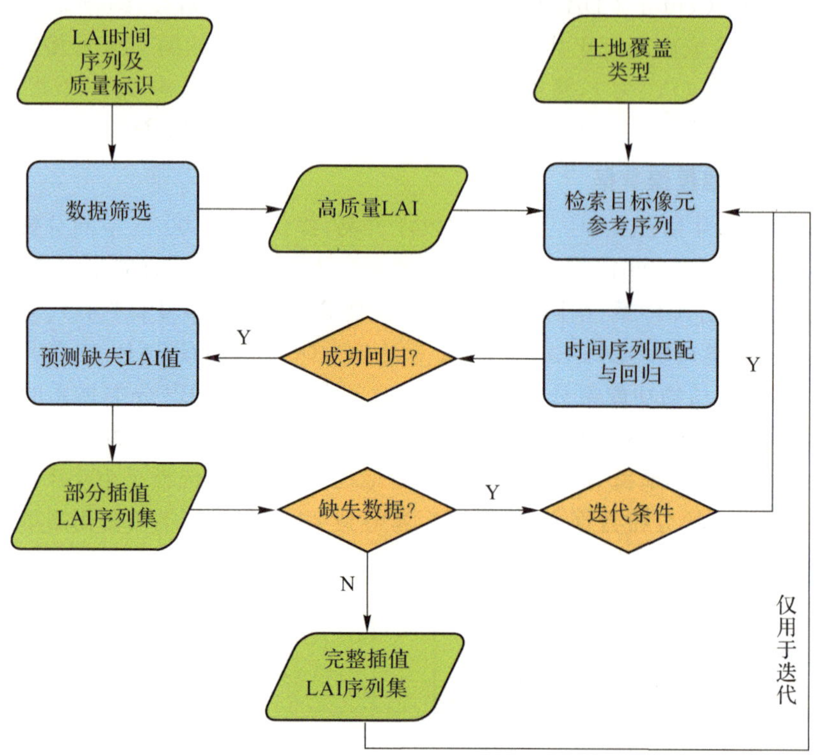

图 3－5　EEDTI 算法流程

表 3－3　筛选高质量 LAI 数据的质量标识(Myneni, 2015)

标识类型	状　态
LAI 反演算法可信度 (Five-level confidence score)	1 主算法，未饱和； 2 主算法，饱和； 3 观测几何因素导致主算法失败，使用经验算法； 4 非观测几何因素导致主算法失败，使用经验算法； 5 未估算 LAI 值
云(Cloud state)	1 晴朗； 2 有云； 3 混合云； 4 云状态未定义，假定晴朗
云影(Cloud shadow)	1 非云影； 2 云影

续表

标识类型	状　态
气溶胶(Aerosol)	1 低气溶胶水平； 2 中高气溶胶水平

对于每一类质量标识，高质量数据筛选标准如下：

(1)云状态。LAI时间序列中标识为云、混合云和云影的观测值直接移除。为减少观测数据误差，将云状态未定义假定晴朗的观测值也视为低质量数据。

(2)算法可信度。对于算法可信度，仅选取主算法(查找表法)估算的LAI值为高质量数据。主算法估算值包括未饱和与饱和两种状态，饱和指根据观测输入估算的一系列可能的LAI值的标准差较大，仍认为其为高质量数据。

(3)气溶胶。MODIS LAI产品的输入数据(MOD09GA和MYD09GA反射率)已经过大气校正，可认为低和中气溶胶水平对LAI估算无显著影响，但大气校正过程高气溶胶的影响可能并未完全消除。MODIS LAI产品的中等气溶胶和高气溶胶状态提供在同一标识中(见表3-3)，难以直接利用质量标识识别受高气溶胶影响的观测值。因此，本书采用了一种替代方案剔除时间序列中受高气溶胶影响的观测值。高气溶胶通常导致低LAI估算值，因此，在LAI时间序列中受高气溶胶影响的观测值一般表现为“V”形谷。若一个观测值位于“V”形谷谷底，且被标识为中高气溶胶，则认为此观测值受气溶胶的影响。

另外，LAI时间序列中大于均值+3倍标准差的异常高值被剔除。移除全部低质量数据后，得到存在缺失数据的高质量LAI观测值序列。缺失数据超过70%的时间序列不进行进一步处理。

2. 引入物候关联的缺失数据插值

EEDTI仅针对主要生长季，即日序(DOY)121—281，完整生长季LAI时间序列应包括21个观测值。以(t_i, LAI_i)表示目标像元时间序列，t_i为日序，LAI_i为相应LAI值，$i=1, 2, \cdots, 21$。序列(t_i, LAI_i)中缺失数据的插值包括以下4步：

(1)候选参考序列检索。若(t_i, LAI_i)存在缺失数据，则搜索给定半径内所有草地像元，相应LAI时间序列为候选参考时间序列。由于异质景观下较邻近像元物候特征未必与目标像元物候特征具有更高的相似性，且云和气溶胶等噪声影响的空间范围通常较大，所以，搜索半径不宜过小。当搜索半径较大时，很可能会显著增加运算次数，尤其是在气候空间变异显著区域可能会导致大量无效运算，且受土地覆盖空间格局、生态系统内部异质性和噪声水平等因素的影响，可能并不存在普适于所有场景的最佳搜索半径。因此，本书未分析最佳搜索半径，给定搜索半径为25 km，最多可提供约7 800个候选时间序列，实际候选参考序列数由草地分布空间格局决定。

(2)时间序列匹配与回归。在给定时间窗口内按时序日期匹配目标时间序列与候选参考时间序列，以目标序列LAI值为因变量，候选参考序列LAI值为自变量进行最小二乘线性回归，相应回归方程用于量化目标序列与候选序列间的物候关联。

较短的时间窗口能捕捉时间序列的局部变化，但不能提供足够的观测值以支持可靠且稳定的回归。由于实验区的生长季较短，所以本书选择的时间窗口为整个生长季，即 t_i 到 t_{21}. 参考序列的选择依赖于回归的决定系数 R^2 和归一化均方根误差(Normalized Root Mean Square Error，NRMSE)。NRMSE 的计算公式如下：

$$\text{NRMSE}=\frac{\text{RMSE}}{\overline{\text{LAI}_T}} \tag{3-11}$$

式中：RMSE 为回归的均方根误差；LAI_T 为目标时间序列 LAI 值。

当线性回归 $R^2>0.95$ 且 $\text{NRMSE}<0.15$ 时，即目标序列与候选序列具有较强的线性物候关联，相应的候选序列入选参考序列(见图 3－6)。若不满足上述条件，则进行二项式回归，其回归 R^2 和 NRMSE 满足上述条件时，相应序列入选参考序列。若线性和二项式回归均不能满足入选条件，则放弃此参考序列。在遍历所有候选序列后，生成目标序列的参考序列集及物候关联集。

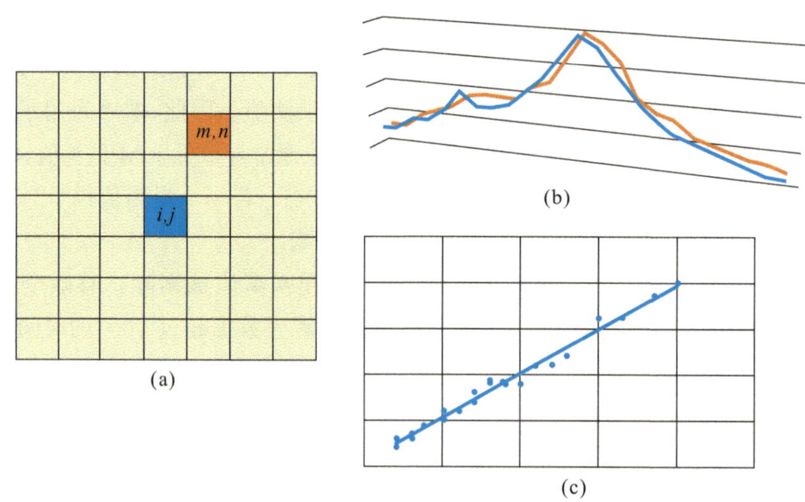

图 3－6　EEDTI 参考时间序列选择示意图

(3)缺失数据插值。针对目标序列在日序 t_i 的缺失数据，遍历每个参考序列，进行以下判断：

1) 参考序列 j 在日序 t_i 有观测值；

2) 参与回归的数据日序与 t_i 的最小间隔不大于 16 天；

3) 参与回归的数据中与 t_i 最邻近的数据的残差小于 20%；

若同时满足上述条件，则利用相应回归方程估算一个 t_i 处的 LAI 值，即

$$\text{LAI}P_{i,j}=a_j\text{LAI}R_{i,j}+b_j \tag{3-12}$$

$$\text{LAI}P_{i,j}=a_j\text{LAI}R_{i,j}^2+b_j\text{LAI}R_{i,j}+c_j \tag{3-13}$$

式中：$\text{LAI}R_{i,j}$ 为参考序列 j 在 t_i 处的 LAI 值；$\text{LAI}P_{i,j}$ 为由参考序列 j 预测的 LAI 值；a_j，b_j 和 c_j 分别为相应回归方程系数。

遍历所有参考序列后，若日序 t_i 的 LAI 估算值的数量超过 10 个，则以所有估算值的平

均值作为最终估算值 $LAIP_i$，低于 10 个，则不对 t_i 处进行插值。处理实验区所有序列的缺失数据后，生成实验区新的 LAI 时间序列集。

(4) 迭代插值。检查插值后的实验区 LAI 时间序列是否仍存在缺失值，若存在缺失值，则继续执行第(2)和(3)步进行迭代插值。由于第一次插值后 LAI 时间序列集已得到更新，因此，迭代过程能够为缺少时空参考信息的序列提供更丰富的参考信息。若第 n 次迭代较上一次迭代新增完整时间序列比例低于 1%，则停止迭代过程。

3.2.3 EEDTI 插值性能分析

本书从高质量时间序列中随机移除观测数据产生验证数据集(Borak and Jasinski, 2009; Gao et al., 2008)。首先，在实验区内随机选择 50%高质量时间序列(超过 80%观测值)作为验证时间序列。其次，在每个验证序列中随机移除 1～14 个观测值，产生具有不同缺失数据比例的验证序列。移除过程保证验证序列的缺失数据比例不超过 70%，这些移除的观测值将作为验证数据。

本书比较了 EEDTI 与 EDTI 的性能。EDTI 利用多尺度区域平均时间序列通过调整偏移量匹配目标像元时间序列。本书给定的候选尺度分别为 15 km 和 25 km(搜索半径)，同时将调整偏移量匹配改为线性回归匹配，回归 NRMSE 较低的区域平均时间序列被选为参考时间序列，并利用回归关系预测目标序列缺失值。由于区域平均序列一般为完整时间序列，所以该方法中没有迭代插值过程。

1. 插值过程分析

实验数据中大部分像元的时间序列经过筛选后包括 12～16 个高质量观测值，缺失数据比例为 20%～40%(见图 3-7)。对所有 4 组验证数据集，首次迭代后均能完整插值超过实验区 50%像元的时间序列(见表 3-4)。实验区 B 完整插值时间序列比例始终高于实验区 A。一次迭代后，不完整时间序列的观测值数大部分为 18～20。除 2007 年实验区 B 之外(3 次)，其他数据集的终止迭代次数均为 4 次。数据集最后完整插值的比例分别为 85%(A-2007)、93%(B-2007)、84%(A-2008)和 94%(B-2008)。实验区 B 完整插值比例高于实验区 A 约 10%，这可能与异质性水平或噪声水平有关。总而言之，实验结果表明 EEDTI 算法能够插值绝大部分缺失数据。

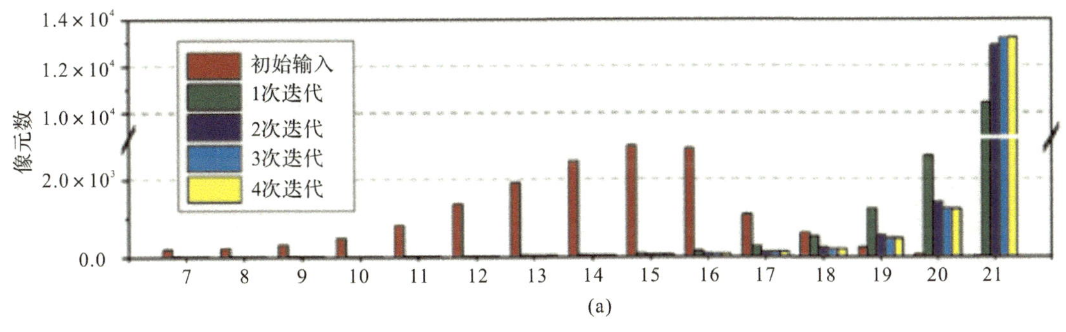

图 3-7　迭代过程中 LAI 时间序列观测值统计

(a) A-2007

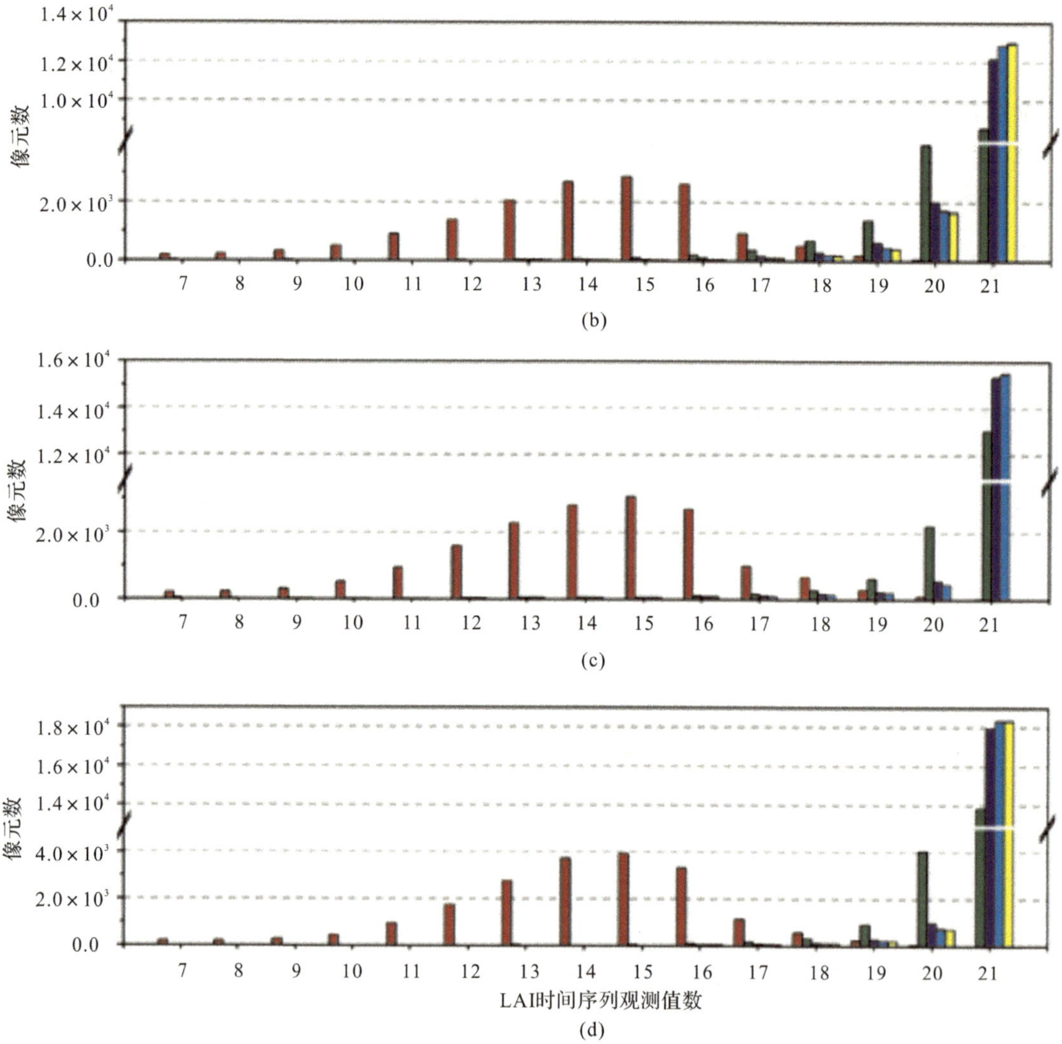

续图 3-7　迭代过程中 LAI 时间序列观测值统计

(b)A-2008；　(c)B-2007；　(d)B-2008

迭代 3 次和 4 次后，实验区 A 在 2007 年和 2008 年均存在一些包括 19～20 个观测值的 LAI 时间序列，已接近完整。迭代终止后，不完整时间序列的可能原因主要包括以下几个方面：

1)每次迭代后异常值剔除过程导致不完整；

2)迭代插值过程引入误差，导致后续迭代过程中像元 LAI 时间序列与其他像元序列相关性降低，进而难以继续插值；

3)植被生长过程遭遇环境胁迫或扰动，时间序列曲线异常；

4)空间分布位置比较孤立，参考信息量不足；

5)混合像元现象明显，与周围草地物候特征不同。

表 3-4　迭代过程时间序列完整插值情况统计

输入数据	第 1 次/(%)	第 2 次/(%)	第 3 次/(%)	第 4 次/(%)
A-2007	67.1	82.9	84.8	84.9
A-2008	55.3	78.4	82.8	83.6
B-2007	77.6	92.1	93.0	—
B-2008	71.0	92.0	93.8	93.9

2. 插值精度评价

由于 EEDTI 不能完全插值所有缺失数据，因此，精度评价时仅利用已插值数据，最终验证数据集的观测值个数分别为 10 782(A-2007)、9 668(A-2008)、13 567(B-2007)和 11 532(B-2008)。对于所有 4 组验证数据集，EEDTI 均表现出较高的插值精度，R^2 最低为0.90，最高为 0.93，NRMSE 为 0.19 左右(见图 3-8 和图 3-9)。而 EDTI 的最大 R^2 仅为 0.84，数据集 A-2007 和 A-2008 的 R^2 不到 0.8，NRMSE 超过 0.3。

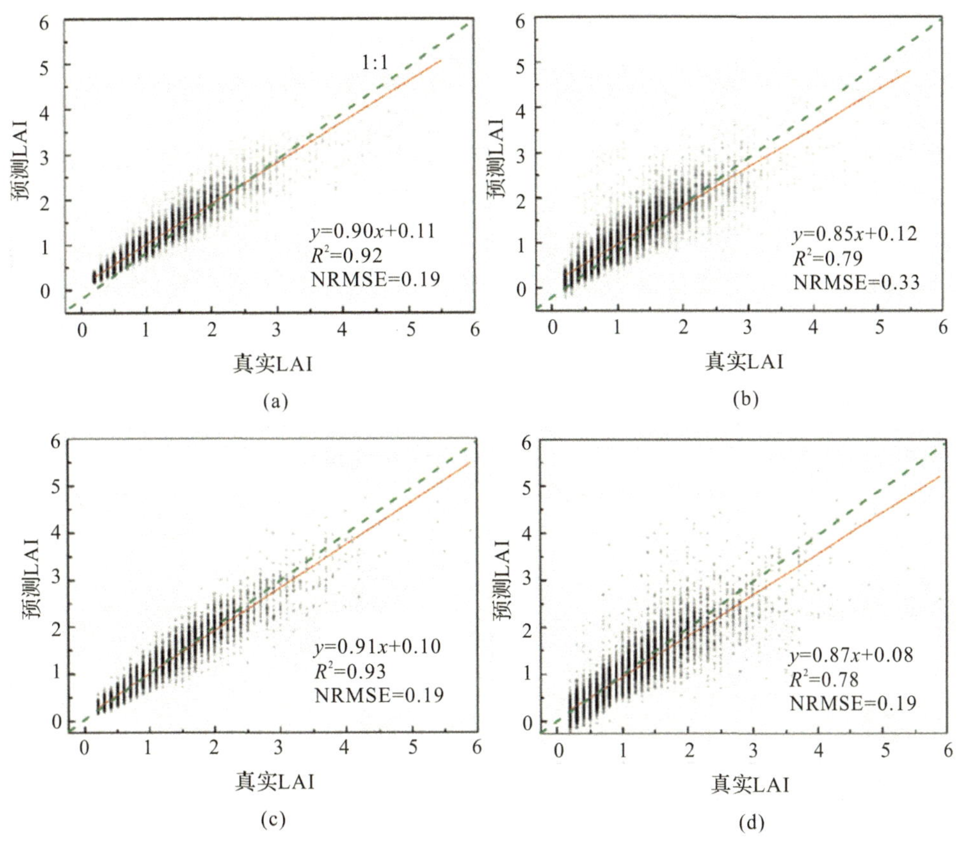

图 3-8　LAI 时间序列插值算法整体插值精度(实验区 A)

(a)EEDTI-A-2007；(b)EDTI-A-2007；(c)EEDTI-A-2008；(d)EDTI-A-2008

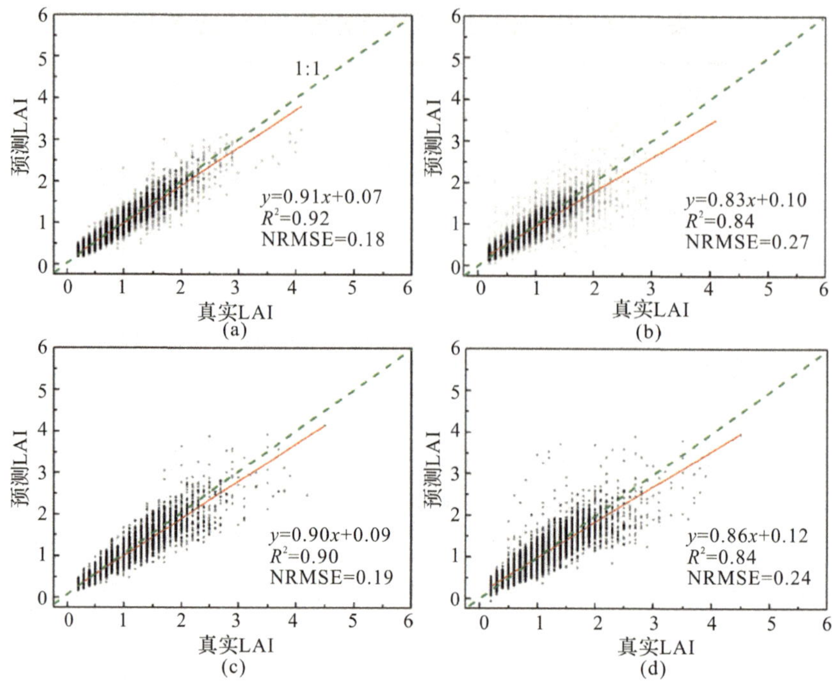

图 3-9　LAI 时间序列插值算法整体插值精度(实验区 B)

(a)EEDTI-B-2007；　(b)EDTI-B-2007；　(c)EEDTI-B-2008；　(d)EDTI-B-2008

图 3-10 图和 3-11 分别给出了插值结果的残差分布情况。EEDTI 在真实 LAI 值较大时预测残差的绝对值较大,而 EDTI 在真实 LAI 较低时仍有较大插值误差,且通常会过高估算 LAI 值,如图 3-10(b)中,LAI 值约为 1 时其预测残差可超过 2。另外,真实 LAI 值较高时,EEDTI 与 EDTI 插值精度整体偏低,多数残差值为负,该现象在 4 组验证数据集中都比较明显。在草地区域,高 LAI 值(LAI>3)像元较少,如在时间 t_i 处高值缺失时,其时间序列与低 LAI 值像元时间序列也能够匹配得到较强的线性或非线性关系,而参考序列在 t_i 处 LAI 值较低,进而导致偏低的预测值。该现象在异质景观下相对明显,而 EDTI 在低值处预测值偏高主要是异质景观下平均 LAI 时间序列值偏高引起的。

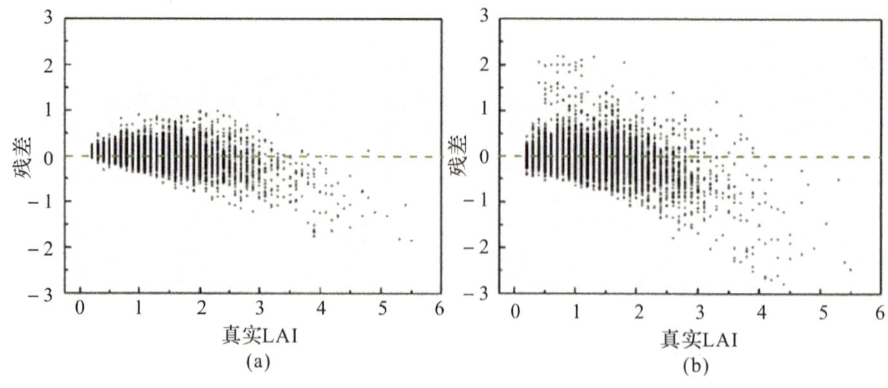

图 3-10　LAI 时间序列插值算法残差分布(实验区 A)

(a)EEDTI-A-2007；　(b)EDTI-A-2007

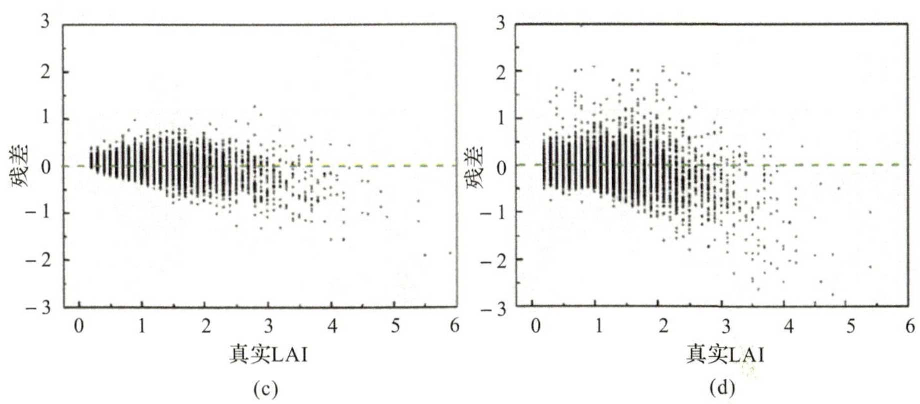

续图 3－10　LAI 时间序列插值算法残差分布(实验区 A)

(c)EEDTI－A－2008；　(d)EDTI－A－2008

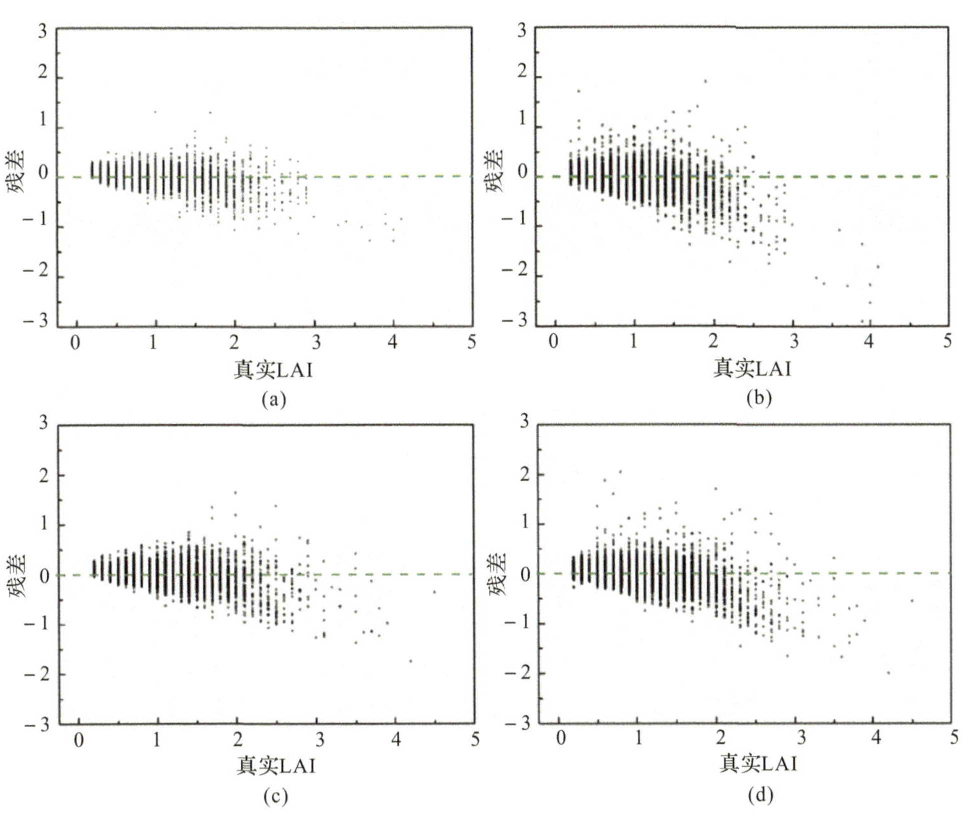

图 3－11　LAI 时间序列插值算法残差分布(实验区 B)

(a)EEDTI－B－2007；　(b)EDTI－B－2007；　(c)EEDTI－B－2008；　(d)EDTI－B－2008

各像元时间序列与区域平均序列之间线性回归 R^2 的空间分布如图 3－12 所示。R^2 分布表现出一定的空间聚集特征，但其值域变化较大。对 4 组实验数据，$R^2>0.9$ 的比例分别为 44％(A－2007)、29％(A－2008)、40％(B－2007)和 60％(B－2008)。较低的 R^2 能够解释 EDTI 在异质景观区较低的插值性能，同时说明了改进参考序列构建或选择方式的必要性。

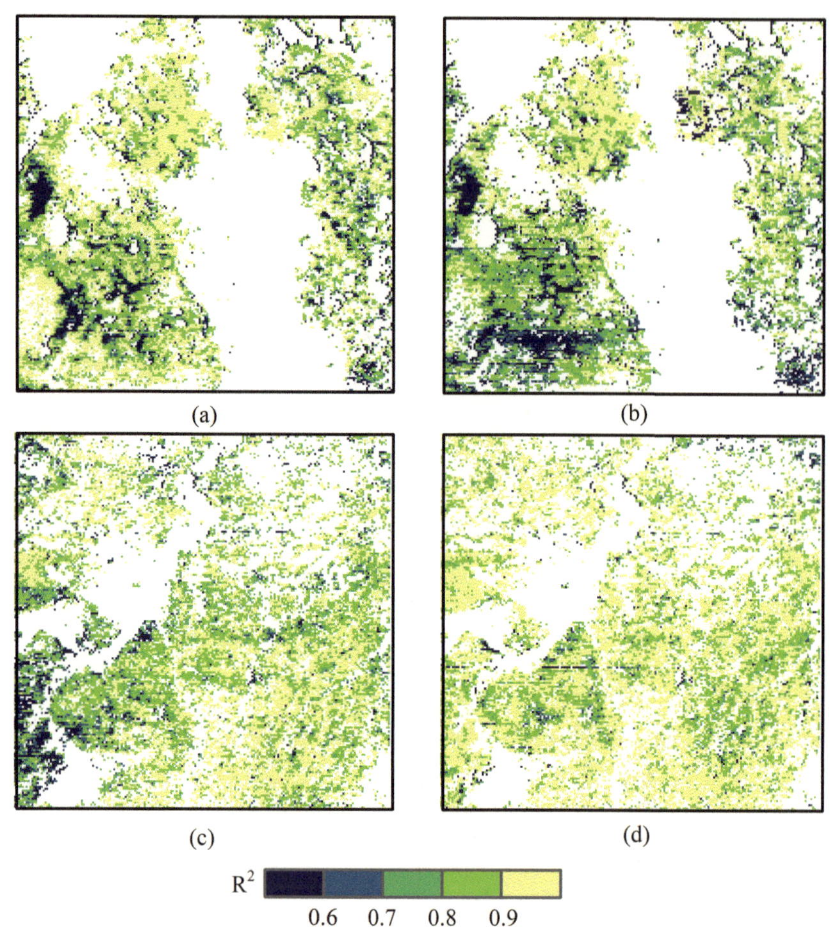

图 3－12 EDTI 算法像元 LAI 时间序列与区域平均序列线性回归 R^2 空间分布

(a)A－2007； (b)A－2008； (c)B－2007； (d)B－2008

不同数据缺失比例(Proportion of Missing Data，PMD)下算法插值精度如图 3－13 所示。EEDTI 在所有 PMD 下都获得了明显高于 EDTI 的插值精度。随着 PMD 的增加，EEDTI 与 EDTI 的插值精度均呈下降趋势，但 EEDTI 在高 PMD 下仍能获得较高的插值精度，如在 PMD 60%～70%下 R^2 约为 0.9，NRMSE 约为 0.2。在多数验证数据集中，EEDTI 在 PMD 60%～70%下的插值精度甚至高于 EDTI 在 PMD<20%下的插值精度。

为分析算法在不同季节的插值精度，将每组验证数据集按数据缺失日序(DOY)分为春秋(DOY 121～151，244～281)和夏季(DOY 152～243)。虽然春季和秋季的物候特征趋势相反，但曲线形态相似，因此，应合并分析。对所有验证数据集，EEDTI 在春秋和夏季的插值精度无显著差异(见图 3－14)，但在实验区 A(2007－A 和 2008－A)，EDTI 在春秋季的插值精度明显低于夏季插值精度，如数据集 2008－A 在春秋季的 R^2 低于 0.6。这可能与实

验区 A(松嫩平原)春季和秋季草地物候特征的异质性水平有关。受草地盐碱化的影响,区域内草地群落组成多样,在春季返青和秋季休眠时间以及长势状况差异显著。在不同数据缺失季节,EEDTI 较 EDTI 具有更稳定的插值性能。综上,在异质景观下 EEDTI 能够更精确地利用时空信息插值缺失数据。图 3 - 15 为 EEDTI 与 EDTI 插值结果示例。

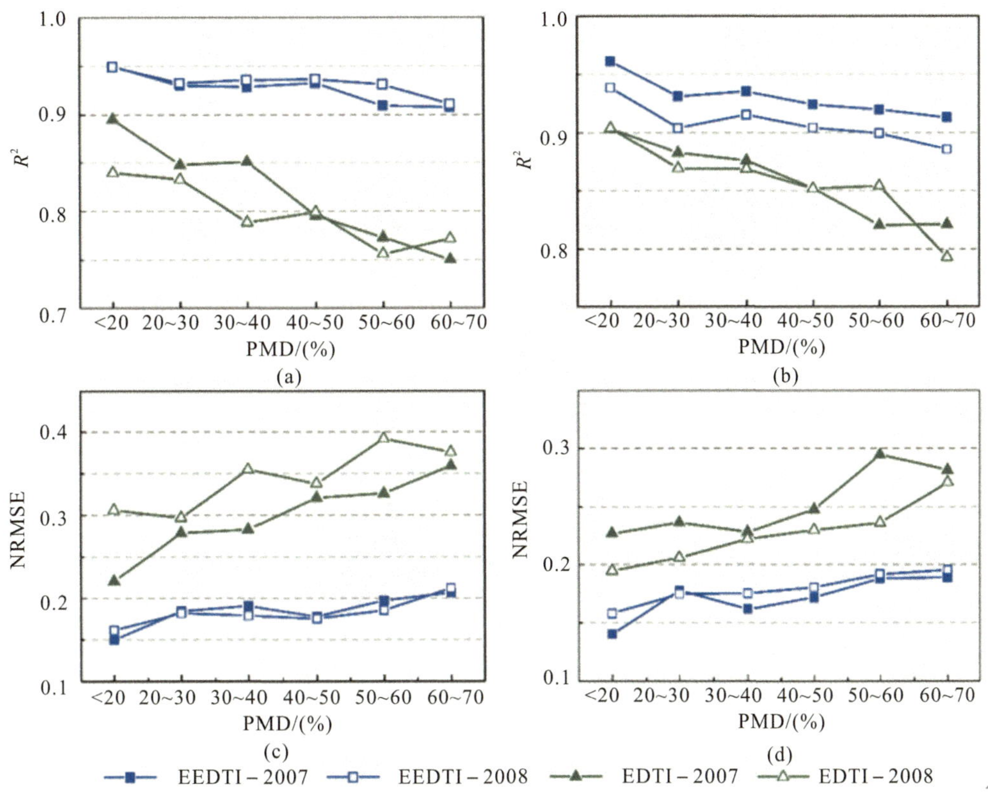

图 3 - 13　不同数据缺失比例(Proportions of Missing Data, PMD)下算法插值精度

(a)R^2 - A;　(b)R^2 - B;　(c)NRMSE - A;　(d)NRMSE - B

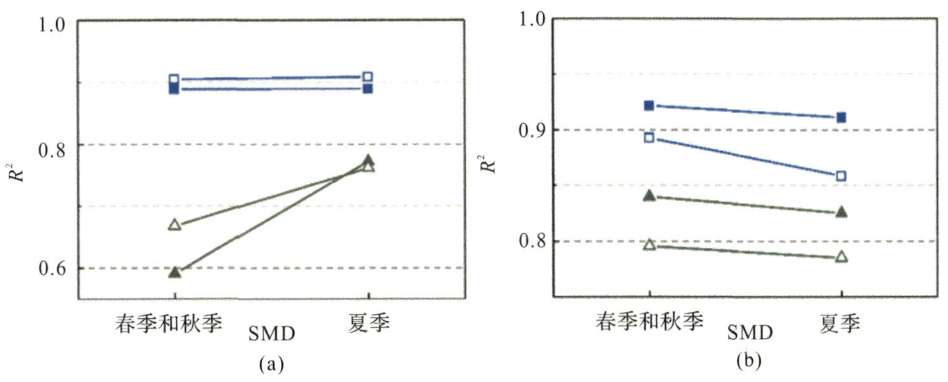

图 3 - 14　不同数据缺失季节(Seasons of Missing Data, SMD)算法插值精度

(a)R^2 - A;　(b)R^2 - B

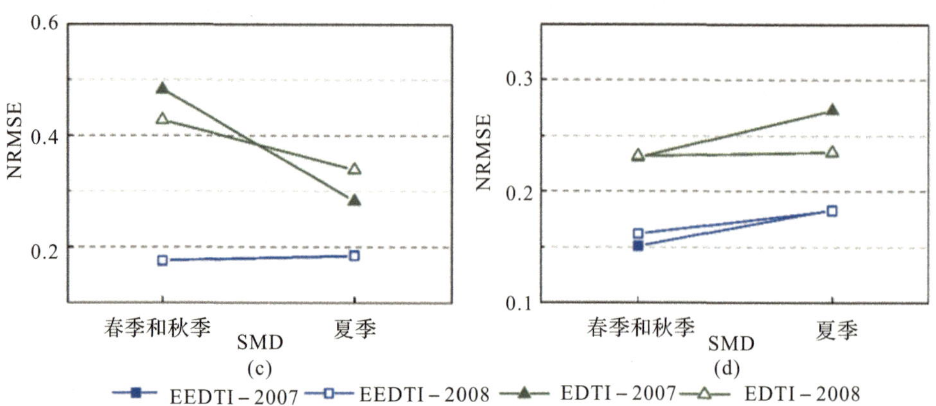

续图 3－14　不同数据缺失季节(Seasons of Missing Data，SMD)算法插值精度

(c)NRMSE－A；　(d)NRMSE－B

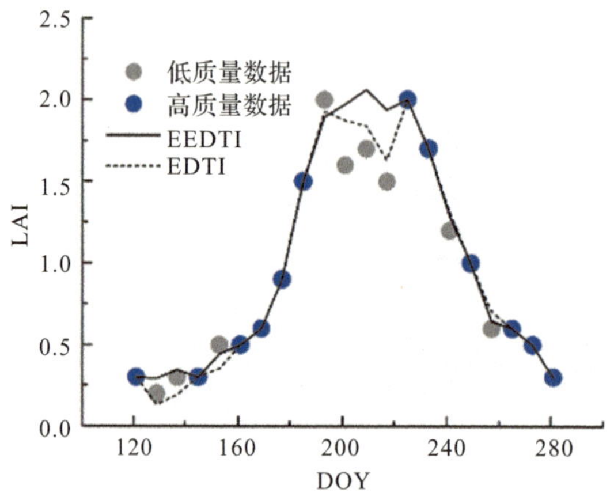

图 3－15　EEDTI 与 EDTI 插值结果示例

3. EEDTI 的优势

EEDTI 与现有基于生态系统物候关联信息的遥感数据时间序列插值算法的主要优势包括：

1)EEDTI 使用了多像元参考信息和严格的筛选标准，减少了异质性景观下区域平均或单一参考信息带来的不确定性；

2)算法同时考虑了线性和非线性时间序列关系，能够更准确地量化像元间物候动态的时空关联；

3)算法不需要完整时间序列作为参考信息，且序列间信息可互为补充，即像元 A 可为像元 B 提供参考信息，同时像元 B 也为像元 A 提供参考信息，显著提高了时空信息的利用程度；

4)算法引入迭代插值过程，对空间信息不足或缺失时间间隔较长的数据，通过迭代方法利用更新的时空数据集逐步插值。

得益于以上各方面的改进，EEDTI 在异质草地区域获得了显著高于 EDTI 的插值精度。理论上，算法也适用于其他具有明显季节性特征的生态系统。

4. EEDTI 插值不确定性与局限性

尽管算法已获得了较高的整体插值精度($R^2>0.9$，NRMSE<0.2)，但仍难以完全插补给定区域内所有时间序列。另外，从单个像元 LAI 时间序列的角度，时间序列中少数缺失数据的插值误差可能会影响最终时间序列曲线形态，进而影响陆表物候的精确观测，且同样的插值绝对误差对不同时间序列的影响程度也不同。未来研究仍需进一步增强插值过程，以获得更强的插值能力及较为平滑的时间序列。

EEDTI 的不确定性主要来源于以下几个方面：

(1)输入数据误差。尽管插值前 EEDTI 已利用质量标识，以及一些经验标准移除了低质量数据，但仍会有残留的低质量数据，如 LAI 反演本身的不确定性；插值前的进一步噪声识别与剔除仍是必要的，如将 MODIS LAI 产品中提供的 LAI 反演不确定性图层(标准差)引入噪声识别过程，或引入时间域或频率域时间序列分析方法发现噪声。

(2)物候关联的量化。EEDTI 为参考时间序列的筛选设置了严格的标准，即回归 $R^2>0.95$，NRMSE<0.15，但回归中仍会有个别观测值回归误差较大，影响了真实的物候关联。回归时间窗口的选择也会对物候关联的量化产生显著影响。赋权回归可能是调和时间窗口与回归稳定性矛盾的解决方案，而其难点在于如何赋权重以兼顾时间序列中存在多个缺失点。缺失数据的预测值为多个参考序列预测值的平均值，但平均值是否为最佳预测值有待商榷，如何从预测值数据集中选择最合理的预测值，以及量化插值结果的不确定性值得考虑。物候关联也可从曲线形态特征匹配的角度量化，其相对于回归方法的优势和不足尚不明确。

(3)时空信息量。受土地覆盖类型和生态系统内部异质性影响，对于任意像元，在给定邻域内的理论最大参考信息量是不同的。对于土地覆盖空间分布格局破碎的区域，像元的参考信息量可能存在“先天”不足。再受大范围长时间云雨和高气溶胶等天气因素的影响，可能导致某些时间序列的缺失数据难以插值或插值精度较低。结合多年数据的时空插值是增加时空信息量的有效途径。

(4)迭代插值误差累积。迭代插值过程必然存在误差累积。迭代过程也是保证插值精度的一个手段，如放宽插值条件可减少迭代次数，但直接插值的误差可能更大。迭代次数与插值条件是一对矛盾的存在，很难平衡二者对误差的相对贡献以达到最佳插值精度。在不同地表场景下，影响插值精度的因素复杂多变。

EEDTI 基本依赖于参考信息插值，运算量较大是当前算法的一个不足。在 25 km 邻域半径下，每次迭代过程中，一个目标序列最多可能与约 7 800 个候选序列进行回归。另外，虽然较大的空间窗口是在异质景观和大范围云覆盖下提供足够参考信息的重要保证，但有时也会导致信息的冗余，即更多的候选参考序列对插值精度可能没有显著提升效果。

需要强调的是，尽管本节探讨了 EEDTI 在不同数据缺失比例下的插值精度，但主要目的是比较全面地了解算法插值性能。实际上，EEDTI 主要面向较长数据缺失间隔 LAI 时间序列的插值。在数据缺失较少的情况下，仅利用时间序列自身变化信息已能够精确且高效插值。因此，发展集成 EEDTI 与高效率算法的混合插值算法是兼顾算法精度与效率的可行方案，其难点在于如何自适应地协调时空信息和插值策略以更充分且高效地利用时空信息,并尽量避免误差累积效应。另外,EEDTI 解决像元水平的异质性,即生态系统内部异质性,不适于混合像元引起的异质性。

3.2.4 小结

基于生态系统物候关联的 LAI 时间序列插值能够利用时空关联信息弥补时间信息的不足。在异质景观(生态系统内部异质性)下,物候关联的空间异质性会引入插值不确定性。本节针对异质景观下 LAI 时间序列插值的不确定性,发展了面向异质景观的增强生态系统插值算法(EEDTI)。EEDTI 通过增强物候关联的量化和筛选过程,以及参考信息的利用机制,显著提高了异质景观下较长数据缺失间隔 LAI 时间序列的插值精度,在 60%~70%数据缺失比例下其插值精度 R^2 仍能达到 0.9 左右。EEDTI 的主要局限性在于插值完整性,其受土地覆盖空间格局、生态系统内部异质性水平、数据缺失状况和插值算法约束条件的影响。在土地覆盖空间格局破碎,大范围持续云雨天气状况下,高质量时空信息不足,插值较为困难。

3.3 耦合时空约束插值与静态小波变换的 LAI 时间序列重建

EEDTI 能够精确插补异质景观下 LAI 时间序列较长的数据缺失,但在均质景观和短缺失间隔下对 EEDTI 的应用需求不强,且其插值性能也受可利用时空信息量的制约。本节在 EEDTI 的基础上,发展耦合时空约束插值与静态小波变换的时间序列重建(插值+平滑)方法。时空约束插值集成了局部时序特征、空间物候关联和气候曲线信息(多年变化信息),优化时空信息利用机制,增强时空信息利用率和插值效率,提高算法在不同场景下的适用性。通过插值迭代过程中耦合静态小波变换减弱误差累积,实现时间序列平滑。

3.3.1 基于静态小波变换的时间序列平滑

耦合算法中采用静态小波变换(SWT)实现 LAI 时间序列的平滑(Lu et al., 2007)。SWT 的小波基函数为 sym4 小波,是 dbN 系列基础上的改进函数。耦合算法中 LAI 时间序列已通过高质量数据筛选,且插值约束条件较为严格,时间序列的信噪比较高,因此,设定小波分解层数为 2,LAI 时间序列长度为 28,满足信号长度与分解层数之间的要求。

LAI 时间序列进行小波分解后,在高频分量的量化处理上,高频分量 D_1 的阈值 T_1 为

$$T_1 = \max(D_1) \tag{3-14}$$

也就是将 D_1 整体视为噪声分量。

高频分量 D_2 的阈值 T_2 为

$$T_2 = u + 0.5\sigma \tag{3-15}$$

式中:μ 为 D_2 的均值,σ 为标准差。D_2 分量中小于阈值 T_2 的部分被视为噪声。

3.3.2 LAI 时间序列重建的耦合方法

耦合时空约束插值(Spatial-Temporal Constraint Interpolation, STCI)与 SWT 的 LAI

时间序列重建方法的基本流程如下(见图 3－16)：

1)高质量数据筛选；

2)短缺失间隔线性插值；

3)基于区域平均时间序列(Regional Average Time Series,RATS)插值与 SWT 平滑；

4)第 3)步中未完整插值的时间序列,基于多年平均序列(Multi-year Average Time Series,MYATS)插值与 SWT 平滑；

5)第 4)步中未完整插值的时间序列,基于 EEDTI 插值与 SWT 平滑。

以上五个步骤中,高质量 LAI 数据的筛选过程与第 3.2.2 节相同,这里不再赘述,下文将详细介绍耦合算法的第 2～5 步。

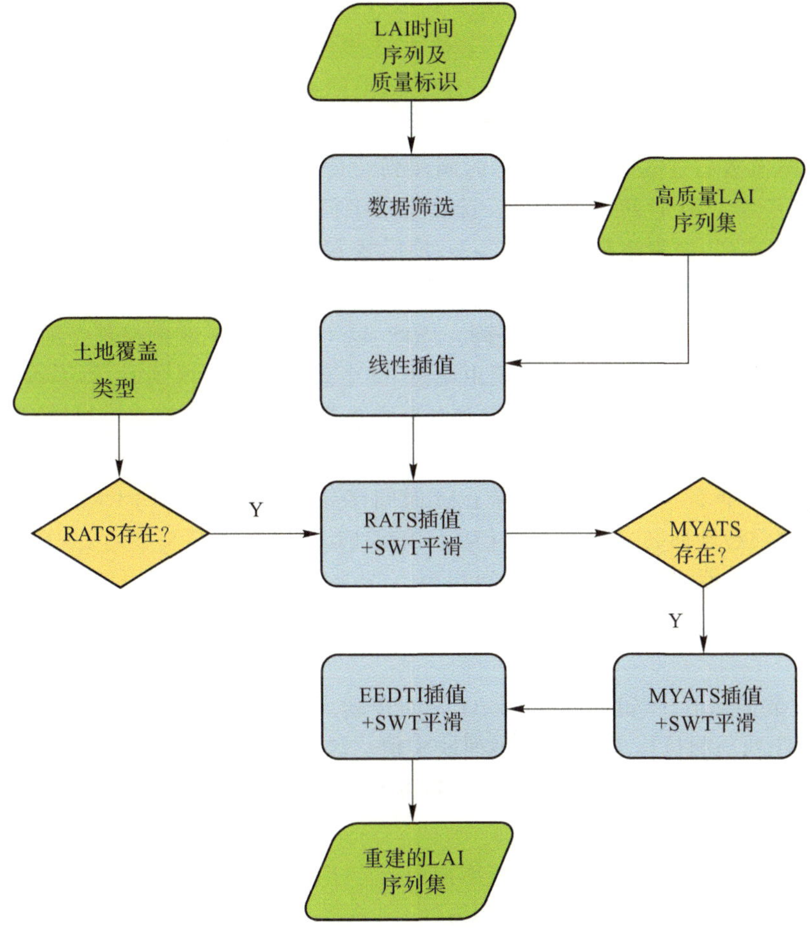

图 3－16　耦合 STCI 与 SWT 的重建算法流程

1. 短间隔线性插值

本书定义较短数据缺失间隔为 16 天。MODIS LAI 时间序列的时间分辨率为 8 天,因此,16 天间隔代表一定时间段内仅出现一个不连续观测值,其变化过程一般比较接近线性过程。对于任意时间序列所有 16 天的间隔,利用间隔两端 LAI 值直接线性插值。

非主要生长季 LAI 变化缓慢，因此，也可直接利用时间维上的邻近信息插值。非主要生长季依据 LAI 阈值(LAI_T)确定，本书定义草地 $LAI_T=0.4$，森林 $LAI_T=0.6$。具体插值方法如下：若 LAI 时间序列在 t_i 处被标识为低质量数据，且与 t_i 最邻近的两个高质量数据均满足 $LAI \leqslant LAI_T$，则以这两个最邻近高质量 LAI 值线性插补 t_i 处缺失值。

2. RATS 插值与 SWT 平滑

在异质景观下，目标像元 LAI 时间序列可能与区域平均 LAI 时间序列的物候关联较弱，但在相对均质景观下，区域平均 LAI 时间序列具有代表性，且相对平滑，适用于作为参考序列。理论上，区域平均 LAI 时间序列插值主要适用于相对均质景观下空间分布范围较小的缺失值，如小面积云覆盖、观测几何因素引起的 LAI 反演误差等。此类情况缺失数据插补相对容易，且精度一般较高，对其进行处理可减少算法运算量，并提高数据集时空信息量用于插值其他像元时间序列。STCI 基于区域 LAI 时间平均序列插值(RATS)，与 Moody et al.(2005)和 Gao et al.(2008)中算法不同，STCI 不预设目标像元时间序列与区域 LAI 时间平均序列必然存在相似物候行为。为减少不确定性，区域平均 LAI 时间序列插值仅针对观测值数超过 50%(14 个)的时间序列。具体插值过程如下：

(1)候选平均 LAI 时间序列生成。计算搜索半径 d 内与目标像元相同土地覆盖类型的平均 LAI 时间序列，搜索半径 d 为 15 km，均质景观下，LAI 值比较符合地理学第一定律，即空间距离较近的地物其属性值也较接近。但当搜索半径较小，在云覆盖面积较大时，难以生成有代表性的区域平均 LAI 时间序列。因此，以 15 km 为搜索半径是合理的。仅当生成的平均 LAI 时间序列每个日序 LAI 值由超过 50 个观测值平均得到时，即平均 LAI 时间序列有一定代表性时，将平均 LAI 时间序列作为候选参考序列。若最终生成的平均 LAI 时间序列观测值数低于 50%(14 个)，则不再继续此步骤。

(2)时间序列匹配与回归。以目标 LAI 时间序列为因变量，平均 LAI 时间序列为自变量进行最小二乘线性回归，当线性回归 $R^2>0.95$ 时，即目标序列与平均 LAI 时间序列具有较强的线性物候关联，则平均 LAI 时间序列入选参考序列。当线性回归不满足上述条件时，进行二项式回归。参考序列筛选条件与线性回归相同。不满足筛选条件时，此步骤终止。

(3)缺失数据插值。若区域平均 LAI 时间序列入选参考序列，则利用回归方程以及平均 LAI 时间序列预测目标 LAI 时间序列缺失值。区域平均插值不要求完整参考序列。因此，区域平均插值结束后，目标像元时间序列可能产生新的 16 天数据缺失间隔，对此情况再次执行线性插值。

(4)SWT 平滑。对已完整插值即观测值数为 28 的时间序列执行静态小波变换。假设平滑前时间序列为(t_i, LAI_i)，平滑后序列为(t_i, $LAIS_i$)，则平滑残差为

$$RES_i = LAI_i - LAIP_i \tag{3-16}$$

若 RES_i 的绝对值大于 0.2，且时序 t_i 处 LAI 值为本步骤中的估算值，则从时间序列中移除该观测值，留在后续步骤插值。若未发现上述现象，则以 SWT 平滑结果作为该时间序列最终重建结果。

3. MYATS 插值与 SWT 平滑

区域平均 LAI 时间序列不能提供参考信息时，可能的原因主要是景观异质性或数据缺

失空间范围较大，难以提供有代表性的区域平均 LAI 时间序列。此时需考虑多年平均 LAI 时间序列插值（MYATS）与 EEDTI 的优先级。多年平均 LAI 时间序列代表了多年气候波动下植被物候整体特征，在物候提取中通常作为重要参考信息（Piao et al.，2006；Chen et al.，2016；Verger et al.，2013）。多年平均 LAI 时间序列作为时间信息，对某一年内大面积云覆盖情况不敏感，且与景观异质性无关，因此，在时间序列插值上具有优势（Verger et al.，2013）。考虑到多年平均 LAI 时间序列的优势和算法效率问题，STCI 选择多年平均 LAI 时间序列插值作为第三步。与上一步相同，多年平均 LAI 时间序列插值仅针对观测值数超过 50％的时间序列。

基于多年平均 LAI 时间时间序列插值的过程如下：

(1)候选平均 LAI 时间序列生成。多年平均 LAI 时间序列生成必须考虑平均 LAI 时间序列的代表性，要求平均 LAI 时间序列中每个日序的 LAI 值至少由 10 个观测值平均得到。若最终生成的平均时间序列观测值数低于 50％(14 个)，则不再继续此步骤。

(2)时间序列匹配与回归。与区域空间平均 LAI 时间序列插值不同，基于像元多年平均 LAI 时间序列的插值需要考虑年际气候波动引起的物候期的推迟或提前（Verger et al.，2013，见图 3－17）。MYATS 插值对多年平均 LAI 时间序列进行平移以产生物候期不同的参考序列。以 MODIS MCD15A2H 产品为例，其时间分辨率为 8 天，STCI 分别对多年平均 LAI 时间序列 (t_i，$LAIA_i$) 向前或向后平移最多 2 个单位，即 16 天，由此生成 5 个候选参考序列，即(t_i-2，$LAIA_i$)，(t_i-1，$LAIA_i$)，(t_i，$LAIA_i$)，(t_i+1，$LAIA_i$)，(t_i+2，$LAIA_i$)。序列间的最大物候差异为 32 天，基本满足生态系统年际间物候差异。

目标 LAI 时间序列与 5 个候选 LAI 时间序列匹配后先进行线性回归，如最大回归 $R^2>0.95$，则以最大 R^2 对应的候选 *LAI* 时间序列为参考序列。多年平均 *LAI* 时间序列由于参与平均的观测值较少，其平均 *LAI* 时间序列的完整性相对较差，为保证回归结果的准确性，此步骤中不采用二项式回归。没有合适参考序列时，不再进行此步骤。

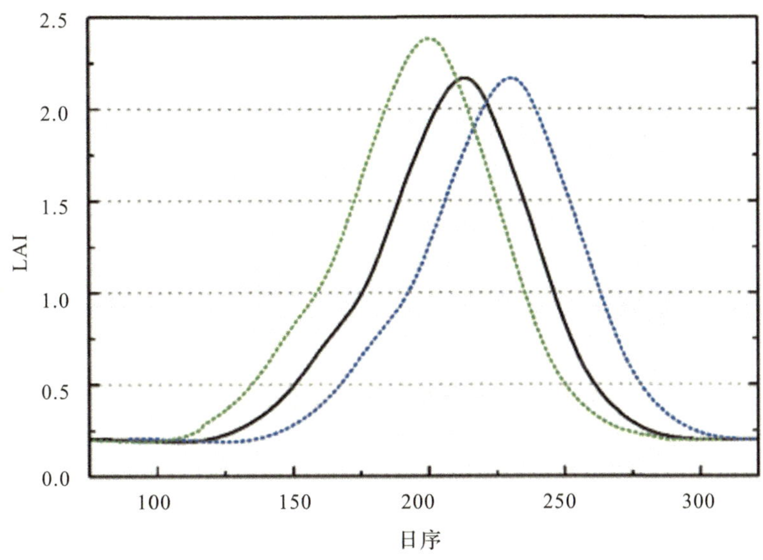

图 3－17　年际间植被物候期提前或推迟示意图

(3)缺失数据插值与 SWT 平滑。若得到合适参考序列,则进行缺失数据插值和 SWT 平滑。处理方法与 RATS 插值相同,这里不再赘述。

4. EEDTI 插值与 SWT 平滑

经过上述步骤不能完整插值的 LAI 时间序列,则采用 EEDTI 进行插值,搜索半径为 15 km。由于先前插值过程已极大地丰富了数据信息量,所以,选择较小的搜索半径即可作为参考序列。这一步插值的主要功能在于插值时空异质性都较强,通过一定区域内逐个筛选以得到与目标时间序列关联紧密的参考序列。EEDTI 结束后,采用线性插值和 SWT 对数据集中仍然存在的缺失数据进一步处理。

3.3.3 耦合算法性能分析

EEDTI 仅在典型异质草地进行了验证,而耦合算法具有更强的实用性,因此,本书分析了其在东北地区典型自然生态系统草地(位于松嫩平原)和针阔叶混交林(位于小兴安岭)的重建性能。2 个实验区大小均为 100 km×100 km。各实验区相应土地覆盖类型的像元数分别约为 17 000(草地)和 33 000(混交林)。

本节以 MODIS C6 MCD15A2H/MOD15A2H 产品为例,数据时间范围为 2000—2015 年共 16 年数据,随机选择了 2010 年数据为验证数据,分析算法性能。根据对实验区物候特征的先验知识,选取 DOY 89(3 月 31 日)—DOY 305(11 月 1 日)期间数据,每年 28 幅,生成 LAI 时间序列。验证数据集的生成方法与第 3.2.3 节的生成方法相同,需保证移除数据后验证序列仍有不低于 30 %(9 个)高质量数据。高质量数据低于 30%的 LAI 时间序列不进行重建。

1. 迭代过程分析

本节将对算法插值情况进行逐步分析,包括区域平均 LAI 时间序列插值(包括线性插值和 SWT 平滑部分,下同)、多年平均 LAI 时间序列插值和 EEDTI 插值。实验区初始输入情况如表 3-5、表 3-6 和图 3-18 所示。草地实验区 LAI 时间序列高质量观测值数为 18~21 个,整体高质量数据比例约为 67%。针阔叶混交林时间序列高质量数据为 16~20 个,整体高质量数据比例约为 62%。

区域平均插值后,草地和混交林数据集观测值数都已在 90%左右。草地完整插值比例提升至 46.5%,比混交林完整插值比例高约 10%。这与输入数据和异质性水平有关。图 3-18 显示,草地在区域平均插值后,除完整插值序列之外,大多数序列的观测值数为 22~26 个,即 80%以上。而对于混交林,除完整序列之外,多数序列观测值数为 26~27,接近完整。

表 3-5 耦合算法草地逐步插值比例

	初始输入/(%)	区域平均插值/(%)	多年平均插值/(%)	EEDTI/(%)
占总观测值数比例	67.3	90.9	91.4	98.5
完整时间序列比例	0.0	46.5	49.8	87.7

表 3-6 耦合算法针阔叶混交林逐步插值比例

	初始输入/(%)	区域平均插值/(%)	多年平均插值/(%)	EEDTI/(%)
占总观测值数比例	62.3	89.8	91.7	99.7
完整时间序列比例	0.0	36.1	62.2	97.2

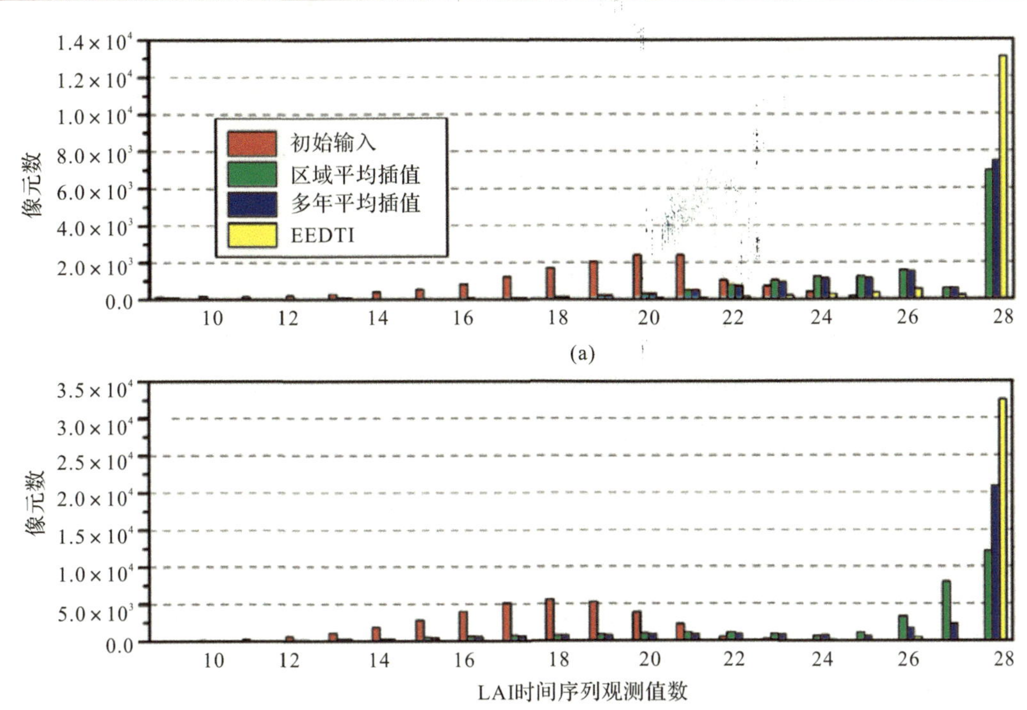

图 3-18 耦合算法逐步插值情况统计

(a)草地； (b)针阔叶混交林

多年平均插值后，草地完整时间序列比例仅增长了约 3%，对草地的时间序列的插值能力有限，这主要是草地年际变异性强，年际间 LAI 时间序列相似性较弱的原因。与草地不同，混交林在多年平均插值后，完整时间序列的比例大幅提升至约 62%。

最后一步 EEDTI 插值后，绝大多数像元时间序列已完整插值，尤其是针阔林混交林，其完整比例已达到 97.2%。仅有 0.3%的缺失数据未插补。从整个数据集来看，草地实验区插值观测值比例与混交林接近，已超过 98%。但草地实验区的完整比例低于针阔叶混交林，未完整插值序列的观测值数一般为 24～27 个。图 3-19 为未完整插值时间序列的空间分布。未完整插值的时间序列主要分布在草地连续分布区域的边缘地带。此类像元本身的邻域草地像元较少，且靠近其他地类，其像元内部的异质性可能较强，与其他草地像元的物候关联较弱，可能是插值难度较大的主要原因。

综上所述，耦合算法具有较强的插值能力，在较为严格的插值约束条件下，通过集成时空信息插补了绝大多数缺失信息。另外，耦合算法运行时间约为 EETDI 的 1/5，显著提高了算法的运行效率。

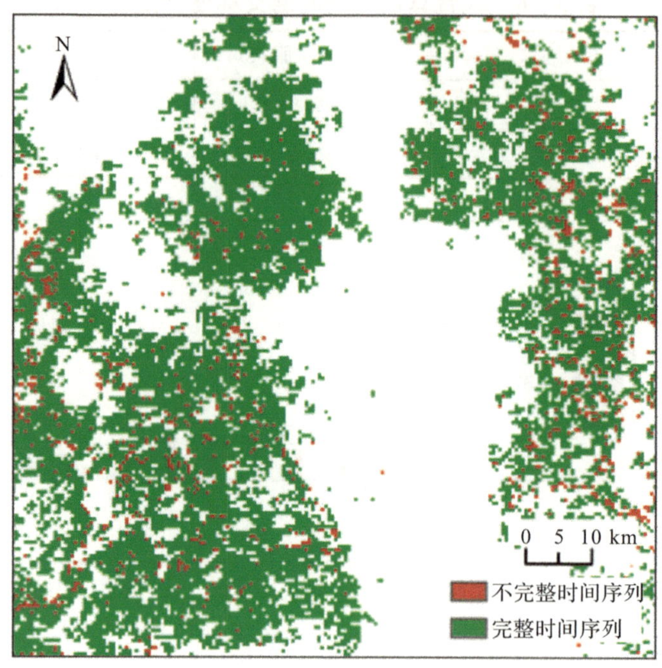

图 3-19 草地实验区不完整插值时间序列的空间分布

2. 耦合算法重建精度

在逐步插值过程中，整体插值精度逐渐下降，在草地和针阔叶混交林中都有体现(见表3-7和表3-8)。这可能与以下两个因素有关：

1)后插值的缺失数据由于时空信息量相对不足，本身插值难度较大，精度较低；

2)逐步插值过程中的误差累积效应。

误差累积虽难以完全避免，但最终的插值精度仍是可接受的。图 3-20 为耦合算法重建 LAI 时间序列示例。

表 3-7 耦合算法在草地实验区的逐步插值精度

插值环节	R^2	NRMSE
区域平均插值	0.934	0.199
多年平均插值	0.928	0.204
EEDTI	0.908	0.221

表 3-8 耦合算法在针阔叶混交林实验区的逐步插值精度

插值环节	R^2	NRMSE
区域平均插值	0.960	0.158
多年平均插值	0.949	0.175
EEDTI	0.926	0.201

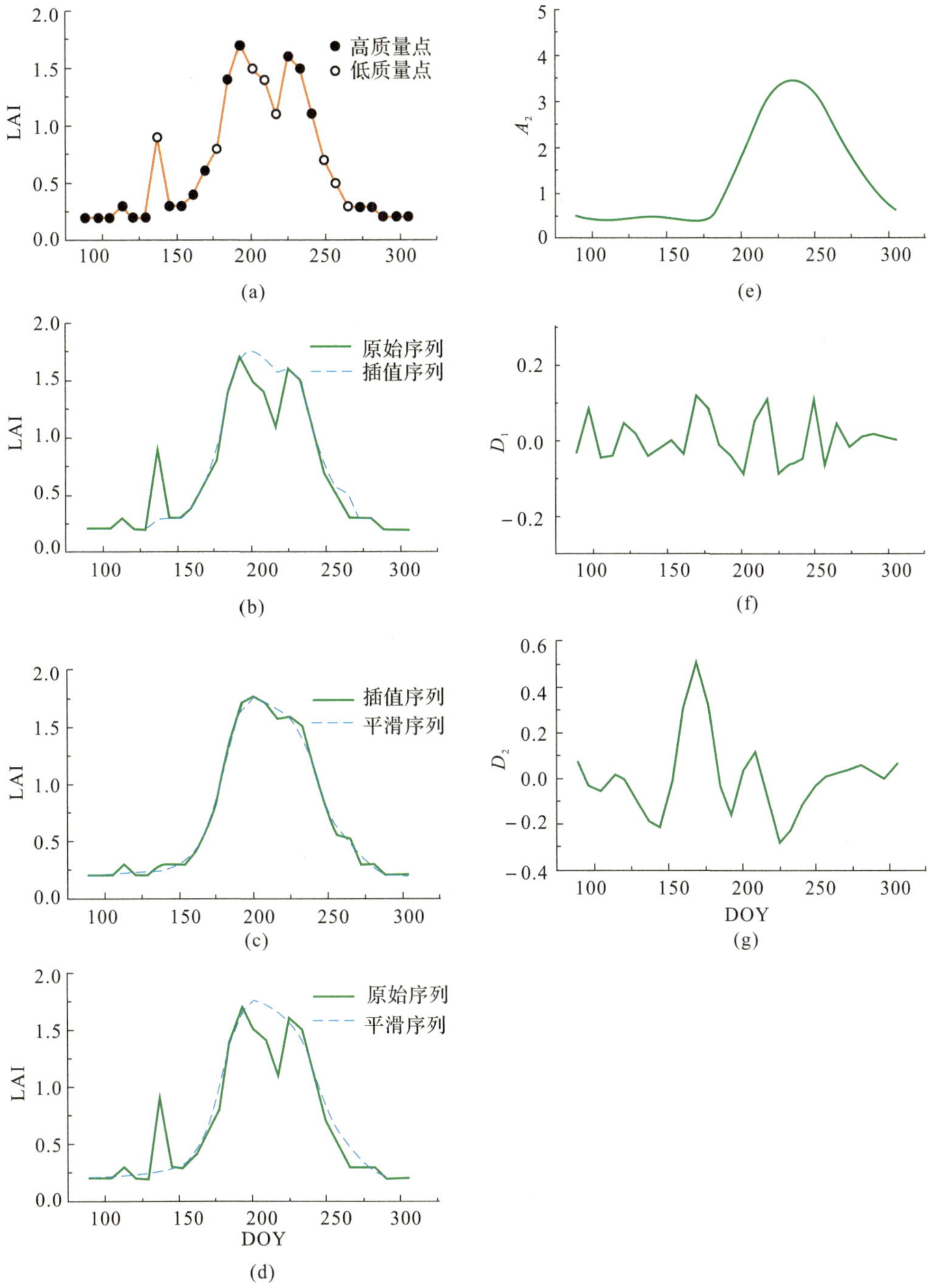

图 3－20　草地实验区 LAI 时间序列重建结果示例

(a)原始序列； (b)原始序列与插值序列； (c)插值序列与 SWT 平滑序列； (d)原始序列与平滑序列； (e)SWT 低频分量 A_2； (f)SWT 高频分量 D_1； (g)SWT 高频分量 D_2

尽管针阔叶混交林的云雨天气较多，初始输入数据高质量观测值比例低于草地，但其多

年LAI时间序列形态较为稳定，且空间异质性低于草地，可利用时空信息量丰富。从插值完整性和插值精度上，耦合算法对针阔叶混交林的插值性能高于草地。

对于草地实验区，不同步骤的插值精度均随数据缺失比例（PMD）的增加而降低，该现象在EEDTI插值后最为明显（见图3－21）。尽管如此，PMD 50%～60%和60%～70%时，预测精度仍较高，R^2 略低于0.9，NRMSE低于0.25。

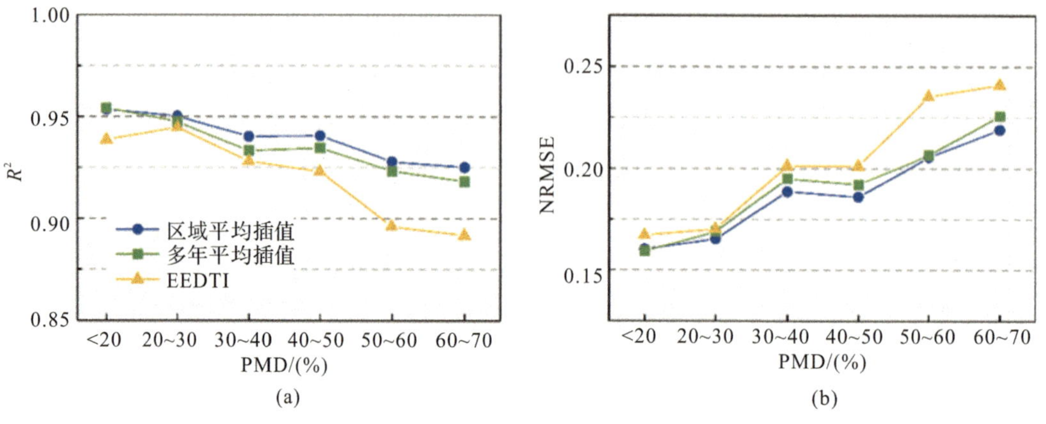

图3－21 不同数据缺失比例下草地逐步插值精度

(a)R^2； (b)NRMSE

针阔叶混交林插值精度受数据缺失比例的影响较小，没有表现出明显随PMD变化的趋势（见图3－22），且不同PMD下插值精度均较高，最低精度为 $R^2=0.92$，NRMSE=0.21。

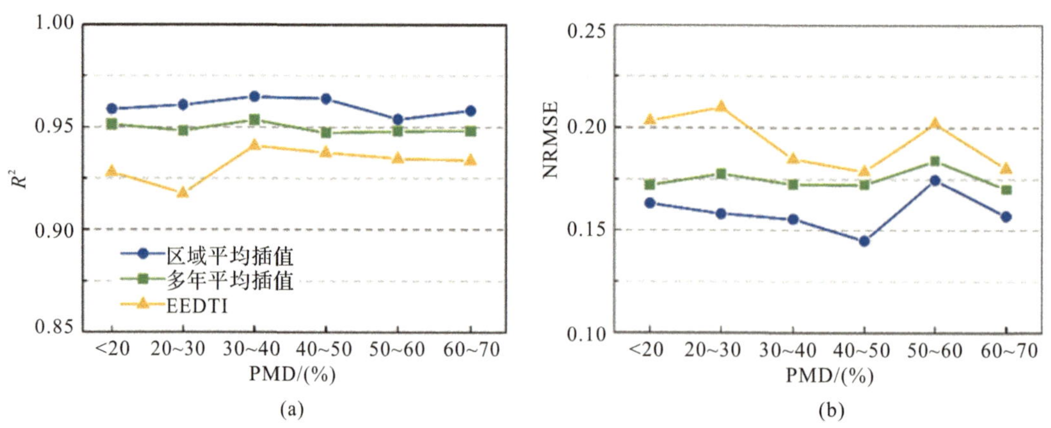

图3－22 不同数据缺失比例下针阔叶混交林逐步插值精度

(a)R^2； (b)NRMSE

3.4 松嫩草地物候时空变化特征及其影响因素

本节基于MODIS LAI时间序列数据研究近十几年来松嫩草地物候空间格局及其形成机制和年际变化及其影响因素。以LAI时间序列峰值将草地生长过程划分为两个阶段，即生长阶段和衰退阶段，分别分析草地LAI峰值时间的影响因素以及LAI峰值时间和气象因

素对草地休眠的影响，以更深入地理解草地物候年际变化影响因素的作用机制和相对贡献。草地返青期的影响因素相对较为明确，因此，本书未做探讨。

3.4.1 研究区与数据

1. 研究区概况

松嫩草地位于松嫩平原西部，我国农牧交错带东端（见图 3－23）。该区域处于半干旱和半湿润气候过渡地带，年平均降水量 300～550 mm，降水主要集中在夏季(6、7、8 月)，年平均气温 2～7 ℃。

松嫩平原广泛分布着以羊草为优势种的羊草草甸草原，植被生产力较高（郑慧莹和李建东，1995）。由于开垦、放牧和割草等草地利用，近几十年松嫩草地面积急剧减少，草地出现严重次生盐碱化和沙化（张殿发和王世杰，2002；郑慧莹和李建东，1999；周道玮等，2011）。羊草群落向盐生植物群落演替，草地生产力下降，生态功能减弱，制约了区域社会经济的可持续发展（林年丰和汤洁，2005；郑慧莹和李建东，1999）。

2. 遥感数据

本章使用的遥感数据产品包括 MODIS C6 MCD15A2H/MOD15A2H LAI 产品和 MCD12Q1 C5.1 土地覆盖产品，产品相关介绍见第 3.2.1 节。LAI 数据的时间范围为 2000—2015 年。由于 Aqua 卫星于 2002 年发射，所以结合 Terra 和 Aqua 数据的 MCD15A2H 产品仅提供 2002 年 7 月 4 日(DOY 185)之后的数据，2000 年 2 月 18 日(DOY 49)—2002 年 6 月 26 日(DOY 177)间的 LAI 数据为基于 Terra 卫星的 MOD15A2H 数据。8 天合成的 LAI 时间序列数据经过耦合算法重建后，通过三次样条插值获得逐日 LAI 时间序列，用于提取植被物候。

为减少土地覆盖变化引起的物候变化对草地物候特征分析的影响，本节仅分析 2001—2013 年松嫩平原土地覆盖类型(IGBP 分类体系)持续为草地的像元。其他年份可能的土地覆盖变化由每年 LAI 时间序列峰值大小判断，详细描述见第 3.4.2 节。最终分析的草地像元数约为 51 000。

3. 气象数据

气象数据(空间分辨率 0.5°)包括 2000—2014 年逐月平均气温和累积降水量，数据获取自国家气象科学数据中心（中国气象局气象数据中心，http://data.cma.cn/)，数据集名称分别为中国地面降水月值 0.5°×0.5°格点数据集(V2.0)和中国地面气温月值0.5°×0.5°格点数据集(V2.0)。由于该数据集 2015 年后有部分数据缺失，所以本书仅分析 2000—2014 年气象因素与草地物候间的相关关系。该数据集基于约 2 400 个气象观测站的气象资料和 DEM 数据插值生成。数据集已经过交叉验证。气温精确到 0.1 ℃，降水精确到 0.1 mm。本书基于逐月数据计算逐年数据，即年降水量和年平均气温，并计算 15 年平均的年降水量和年平均气温，进而生成等年平均气温线和等年降水量线，等值线梯度分别为 1 ℃和 50 mm。在分析物候变化与气候变异相关性时，将 0.5°气象数据通过双线性内插法重采样至 500 m 以匹配 MODIS LAI 数据。

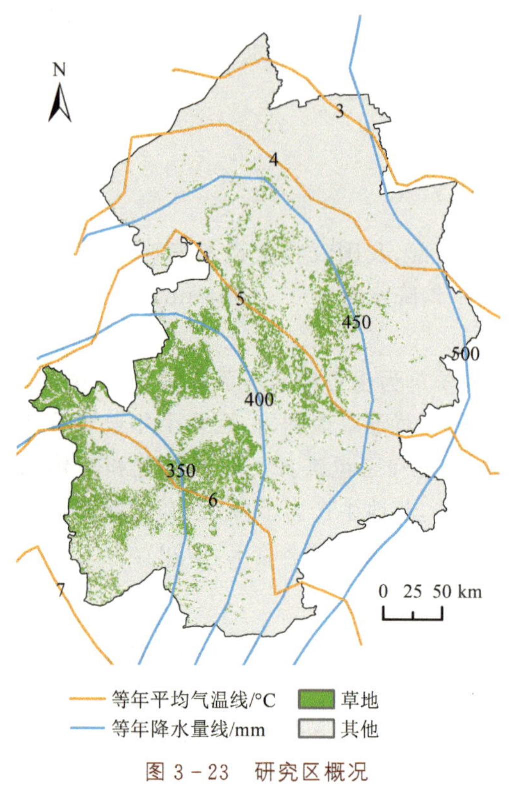

图 3-23 研究区概况

3.4.2 植被物候度量提取及时空变化分析方法

1. 植被物候度量提取

本章分析的物候度量包括返青开始时间(Timing of Greenup Onset，TGO)、生长季峰值时间(Timing of Growing Season Maximum，TGSM)、生长季 LAI 峰值(Growing Season Maximum，GSM)、休眠开始时间(Timing of Dormancy Onset，TDO)和生长季长度(Growing Season Length，GSL)。

如前所述，物候提取方法一般可分为阈值法和导数法。尽管导数法定义植被物候的生态意义相对明确，但对于草地生态系统，其生长过程与降水量及其时间分配密切相关，其 LAI 时间序列曲线可能存在多个导数(包括一阶导数和二阶导数)快速变化的点，因此，使用导数法可能会得到不合理的物候期。本书采用的物候提取方法为相对阈值法，阈值为 10%，是目前应用较为广泛的阈值(Guan et al.，2014；Klosterman et al.，2014；Ma et al.，2015)。Shang et al.(2017)发现，植被指数时间序列经 logistic 拟合后，其春季返青对应的拐点(二阶导数极值点)的相对阈值为 9.18 %，且与拟合参数无关，因此，10 %生长季幅度是相对合理的阈值。TGO 为春季 LAI 值首次超过生长季幅度 10%对应的日期，TDO 为秋季 LAI 值最后一次低于生长季幅度 10%对应的日期。为进一步减少土地覆盖变化，以及异常时间序列对物候分析的影响，对 LAI 时间序列峰值 GSM＞5.0(可能转变为农田)，以及 GSM＜0.5 的像元不进行进一步分析。

2. 植被物候空间格局分析

采用优化热点分析(Optimized Hot Spot Analysis)描述松嫩草地物候的空间聚类特征。热点分析通过计算表征空间自相关的 Getis-Ord Gi＊统计量分析空间数据的高值聚类(热点)和低值聚类(冷点)特征(Ord and Getis，1995)。

对于统计上显著的正 Gi＊值，其值越高代表高值聚类特征越显著，而对于统计上显著的负 Gi＊值，其值越低表示低值聚类特征越显著。

计算 Gi＊时，需要确定若干标准，包括空间关系概念化方法(如固定距离、反距离和无差别区域等)、空间距离表征方法(如欧式距离和马氏距离)和空间距离阈值。另外，空间异常值也会对分析结果产生干扰。优化热点分析能够自动识别空间异常值、寻找最优分析尺度，以获得最优的分析结果。

根据 Gi＊值可划分不同显著性水平的空间聚类格局，考虑到物候提取的不确定性可能导致比实际情况更为破碎的空间聚类格局，本研究选择了较低置信水平下($\alpha=0.1$)的空间聚类结果。

3. 植被物候变化分析

根据优化热点分析得到的松嫩草地 2000—2015 年平均物候空间聚类格局，将松嫩草地划分为若干子区域，分别分析每个子区域内空间平均物候的年际变化特征。年际变化特征从两个角度描述，即趋势与年际波动性。年际波动性以草地物候时间序列的标准差度量。物候趋势采用 M-K 趋势检验和 Theil-Sen 斜率探测(见第 2.1 节)。

4. 植被物候年际变化影响因素分析

草地返青后，其生长受不同季节水热条件的影响不同。另外，后续物候期也受到先前物候期的影响(Fu et al.，2014)。因此，本书将草地生长过程以生长季 LAI 峰值划分为两个基本物候阶段，即生长阶段和衰老阶段，分别分析峰值时间的影响因素以及剔除峰值时间影响后气象因素对草地休眠的影响。本书采用了偏相关分析分别检验松嫩草地物候与不同要素之间的相关关系(Fu et al.，2014)。

对于 TGSM，分析的影响因素包括返青时间(TGO)、返青至生长季峰值期间平均气温和累积降水量，由于气温和降水数据为月尺度，气象数据的选择以像元所处子区域的空间平均物候期出现在某个月份的时间为依据，若返青出现在 5 月上旬，则分析 5 月气象数据；若出现在 5 月下旬，则不分析 5 月气象数据。对于 TDO，分析的影响因素包括 TGSM、峰值至休眠期间平均气温和累积降水量。在每个子区域内，逐像元执行偏相关分析。

3.4.3　松嫩草地物候空间格局

松嫩草地物候 2000—2015 年均值空间分布如图 3－24 所示。返青时间(TGO)在松嫩草地表现出较强的异质性，其时间跨度可达 60 天，标准差为 13 天[见图 3－24(a)]，较早的返青一般出现在 4 月下旬到 5 月上旬，而较晚的返青一般出现在 5 月下旬到 6 月上旬。通过优化热点分析得到的物候空间聚类格局显示[见图 3－25(a)]，返青较早的草地主要分布在松嫩草地北部和西南部。

草地休眠(TDO)一般发生在 9 月下旬到 10 月上旬，其整体空间变异性较 TGO 小，标准差约为 5 天。值得注意的是 TDO 具有与 TGO 大致相反的空间格局，即在返青较早的草地其相应休眠时间通常较晚。

松嫩草地大部分区域的生长季长度(GSL)为 115～145 天，即 4～5 个月。受返青和休眠时间异质性的影响，GSL 表现出更强的异质性，其标准差高达 15.7 天，不同区域 GSL 的差异可达 70 天。GSL 空间格局与 TGO 类似，较早的 TGO 通常对应较长的 GSL。

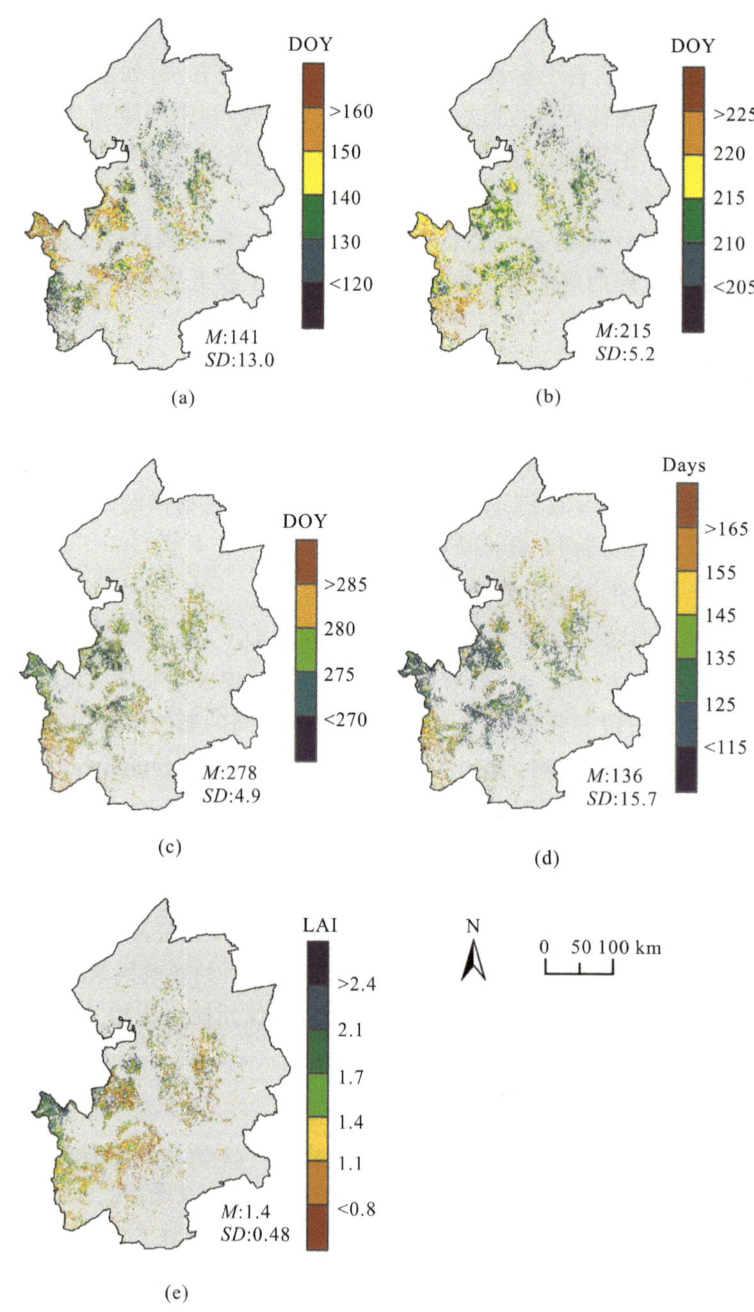

图 3-24　2000—2015 年物候度量平均值空间分布，*M* 为均值，*SD* 为标准差

(a)TGO；(b)TGSM；(c)TDO；(d)GSL；(e)GSM

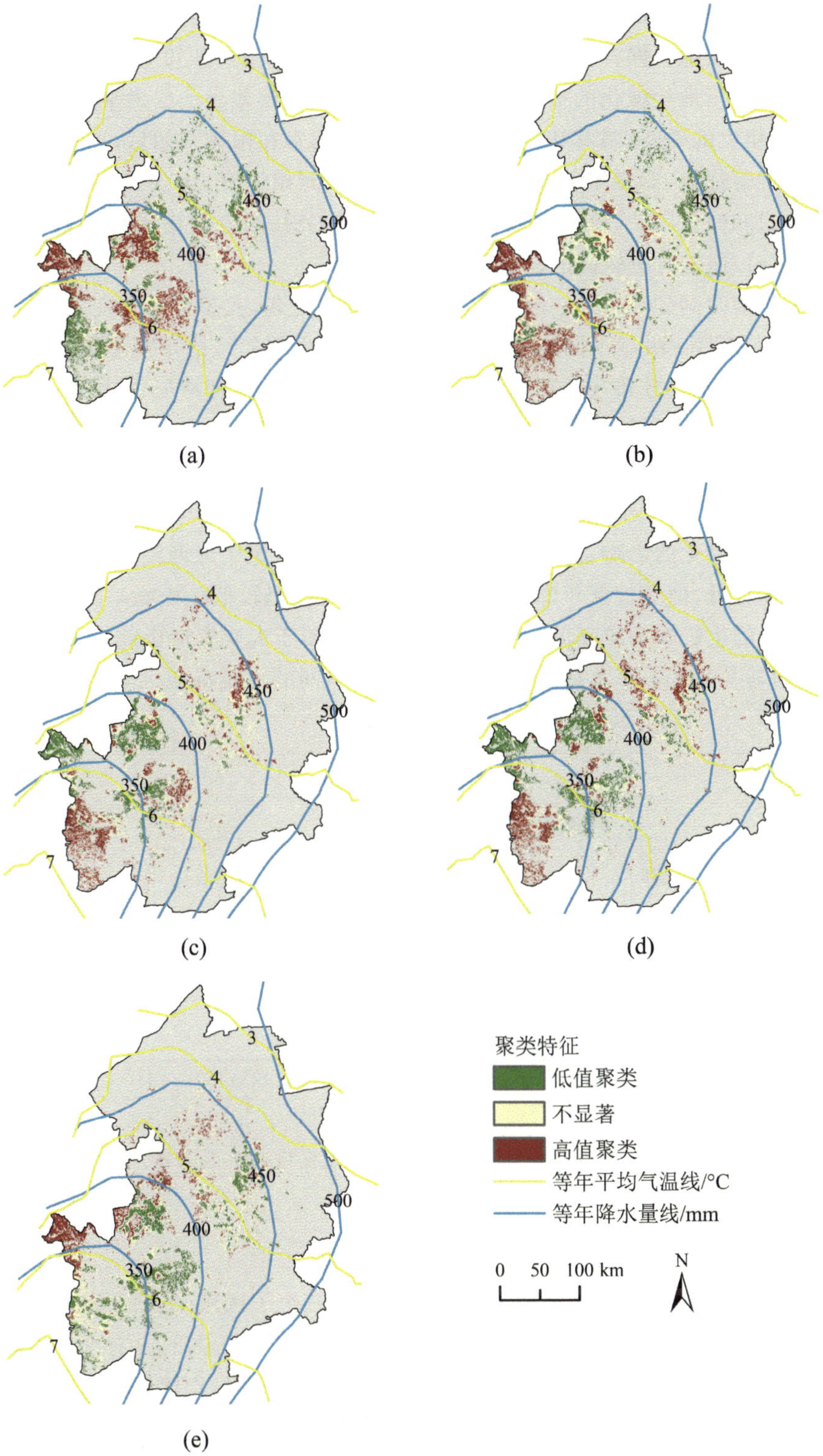

(a)

(b)

(c)

(d)

(e)

聚类特征
低值聚类
不显著
高值聚类
等年平均气温线/°C
等年降水量线/mm
0　50　100 km
N

图 3－25　松嫩草地物候空间聚类格局

(a)TGO；(b)TGSM；(c)TDO；(d)GSL；(e)GSM

与等温线和等降水量线叠加分析显示(见图 3－25),松嫩草地 TGO、TDO 和 GSL 的空间格局没有表现出随气候梯度变化的空间分异规律,即以上物候度量的空间格局不是由气候因素主导的。草地盐碱化的空间分异可能引起植被物候差异。松嫩平原次生盐碱土上优势植物,如一年生的碱蓬、碱蒿和虎尾草的大量出苗通常在雨季开始后,返青较晚;而松嫩平原天然草地群落优势,即多年生羊草一般 4 月上旬即开始返青,10 月中下旬进入休眠(郑慧莹和李建东,1999)。因此,松嫩草地 TGO、TDO 和 GSL 的空间格局与草地盐碱化格局相关,较短的 GSL 通常对应较高的盐碱化程度。

生长季峰值时间(TGSM)一般为 7 月下旬到 8 月上旬,其整体空间变异性较 TGO 小很多,且表现出与 TGO 明显不同的空间格局。TGSM 出现较晚的草地主要分布在松嫩草地西南部,而较早的主要分布在北部,具有随年降水量变化的梯度特征,如图 3－26 所示,降水较多区域的草地通常更早达到峰值。降水量是半干旱生态系统生长的主要限制因素,因此,不足的降水通常导致较慢的生长速率,进而导致较晚的 TGSM。

生长季 LAI 峰值(GSM)反映了植被生产力状况,空间格局与上述物候度量明显不同,同时受气候和盐碱化的影响,高值主要分布在西北部。松嫩平原西南部的草地生长季较长,即盐碱化程度较低,但受较低年降水量的影响,其 GSM 仍较低。松嫩平原西部的部分草地同时具有较短的生长季和较高的 GSM。该区域地形属于大兴安岭山前台地,受气候和地形影响,表现出与平原区羊草草甸草原和盐碱化草原不同的物候特征。

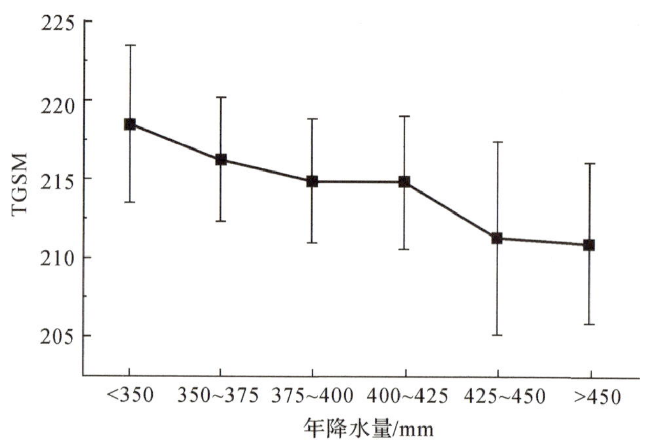

图 3－26　松嫩草地 TGSM 沿年降水量梯度变化趋势,误差棒为标准差

3.4.4　气候变异对松嫩草地物候的影响

根据 GSL 的空间聚类格局将研究区粗略划分为三个子区域(见图 3－27),包括 GSL 高值聚类区 A、GSL 低值聚类区 B 和 GSL 高值聚类区 C,未分析同时具有高 GSM 和低 GSL 的聚类区,即洮南市西部。在分析每个子区域平均物候动态时,剔除了区域内属于其他聚类特征的像元,例如对 GSL 高值聚类区 A,剔除了区域内属于低值聚类和聚类特征不显著的像元。

如前所述,TGSM 一般出现在 7 月下旬到 8 月上旬,A 区和 C 区草地返青一般发生在 4

月下旬到5上旬，而B区返青一般在5月下旬，因此，对于A区和C区，分析的气象数据为5～7月平均气温和累积降水量，而B区分析的气象数据月份为6～7月。草地休眠一般出现于9月下旬到10月上旬，因此，对于TDO，三个子区域分析的气象数据均为8～9月平均气温和累积降水量。

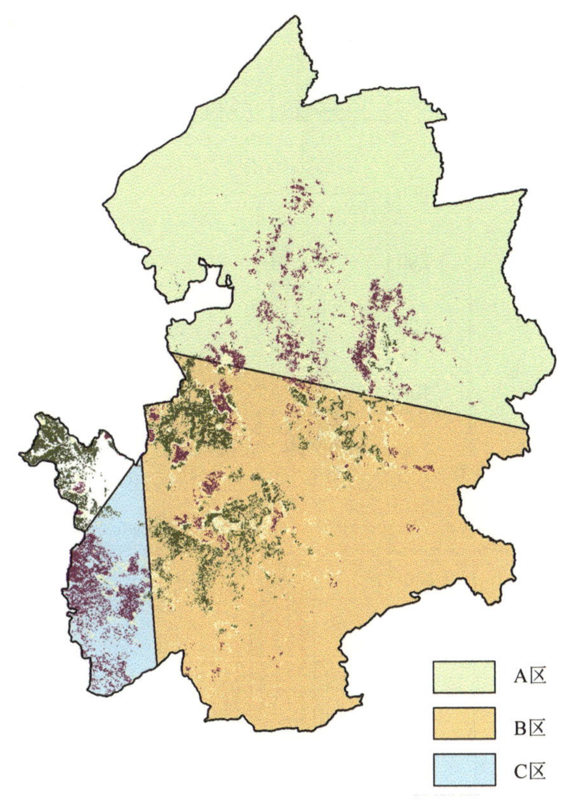

图3-27　子区域划分

TGSM与各因素的偏相关系数统计如图3-28所示。在A区，多数像元TGSM与返青时间(TGO)呈正相关，即更早的TGO通常导致更早的TGSM。TGSM与降水主要呈负相关，降水不足时水分成为草地生长的主要限制因素，干旱胁迫通常导致植物生长缓慢，达到峰值的时间较晚(王连喜等，2010)。气温对A区TGSM的影响相对不明确。对于B区，TGO与降水对TGSM的影响与A区相似，但B区TGSM对气温的响应更为明确，多数像元TGSM与气温呈负相关，较高的气温通常促进草地生长进而更早达到峰值。相较于A区和B区，C区TGSM年际变化受气候因素的影响更大。C区TGSM与TGO的关系没有明显的正或负相关特征，但其与降水和气温的相关关系更强。此外，气温对C区的影响机制与B区不同，主要呈正相关，即更高的气温导致较晚的草地峰值时间。在三个子区域中，C区是最干旱的区域，其平均年降水量不足350 mm，且年平均气温较高，蒸发量较大，导致土壤可利用水分较少，水分条件的限制在该区域更为明显，即该区域更高的气温可能意味着更为干旱，引起草地植被生长缓慢，峰值较晚。

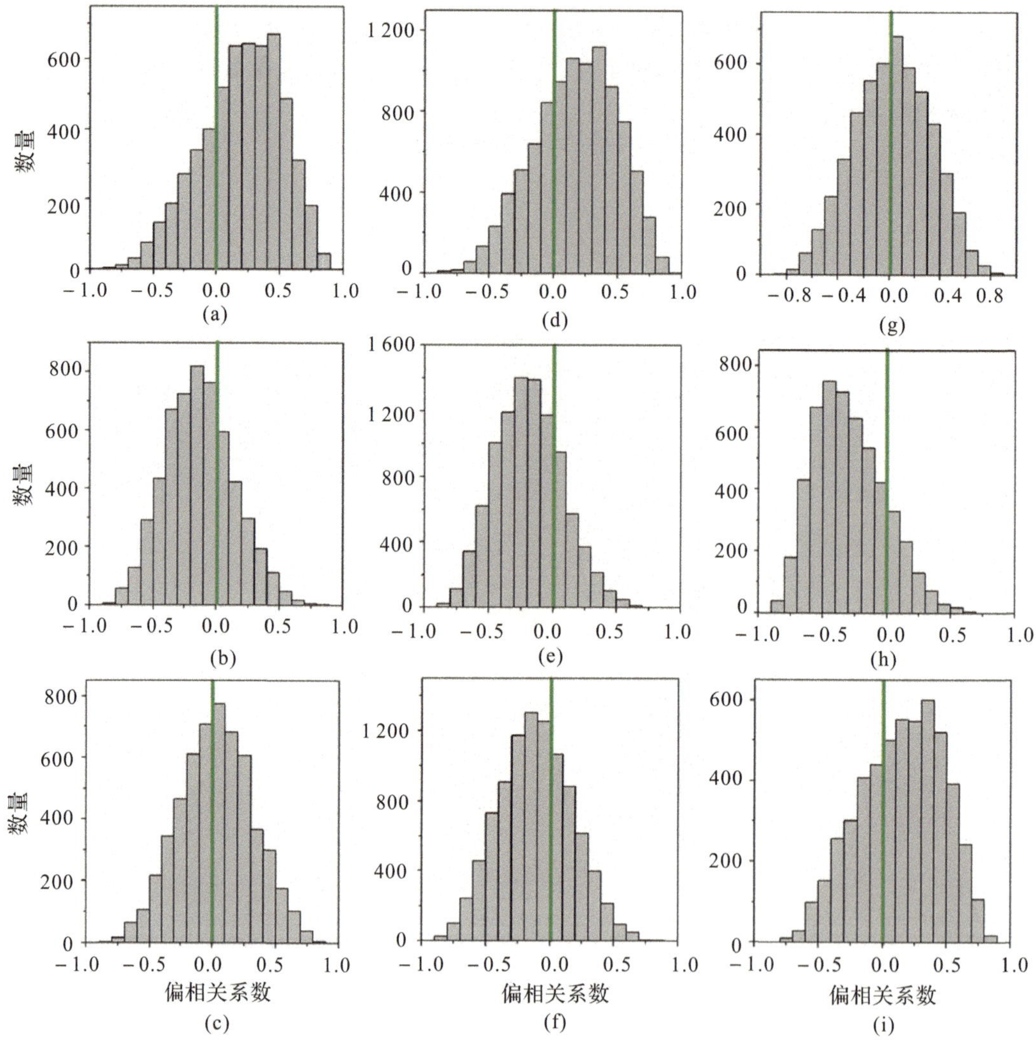

图 3-28　TGSM 年际变化与 TGO、降水(P)和气温(T)的关系

(a)TGO-A；(b)P-A；(c)T-A；(d)TGO-B；(e)P-B；
(f)T-B；(g)TGO-C；(h)P-C；(i)T-C

TDO 年际变化与各因素的相关关系如图 3-29 所示。与 TGSM 不同,三个子区域内各因素对 TDO 的影响比较类似。TDO 与 TGSM、气温和降水的相关性整体为正相关。较早的 TGSM 通常会促使草地休眠期提前,而水热条件的限制,即秋季较少的降水与较低的温度也一般会提前草地休眠时间。

不同物候期气象因素对草地生长的影响不同,说明了将生长季分段分析的必要性。整体较低的偏相关系数说明了水热条件对草地物候影响的复杂性。降水到达地表后,还受地形、土壤类型和气象等因素的影响,存在再分配的问题。另外,降水事件通常伴随着低温,尤其是秋季降水。气温在直接影响植被生长的同时还影响生态系统蒸散,进而影响土壤含水量。气温与降水的交互影响使得对物候影响因素的量化更为复杂。另外,本书未考虑光照

（太阳辐射强度和光周期）对草地物候的影响。

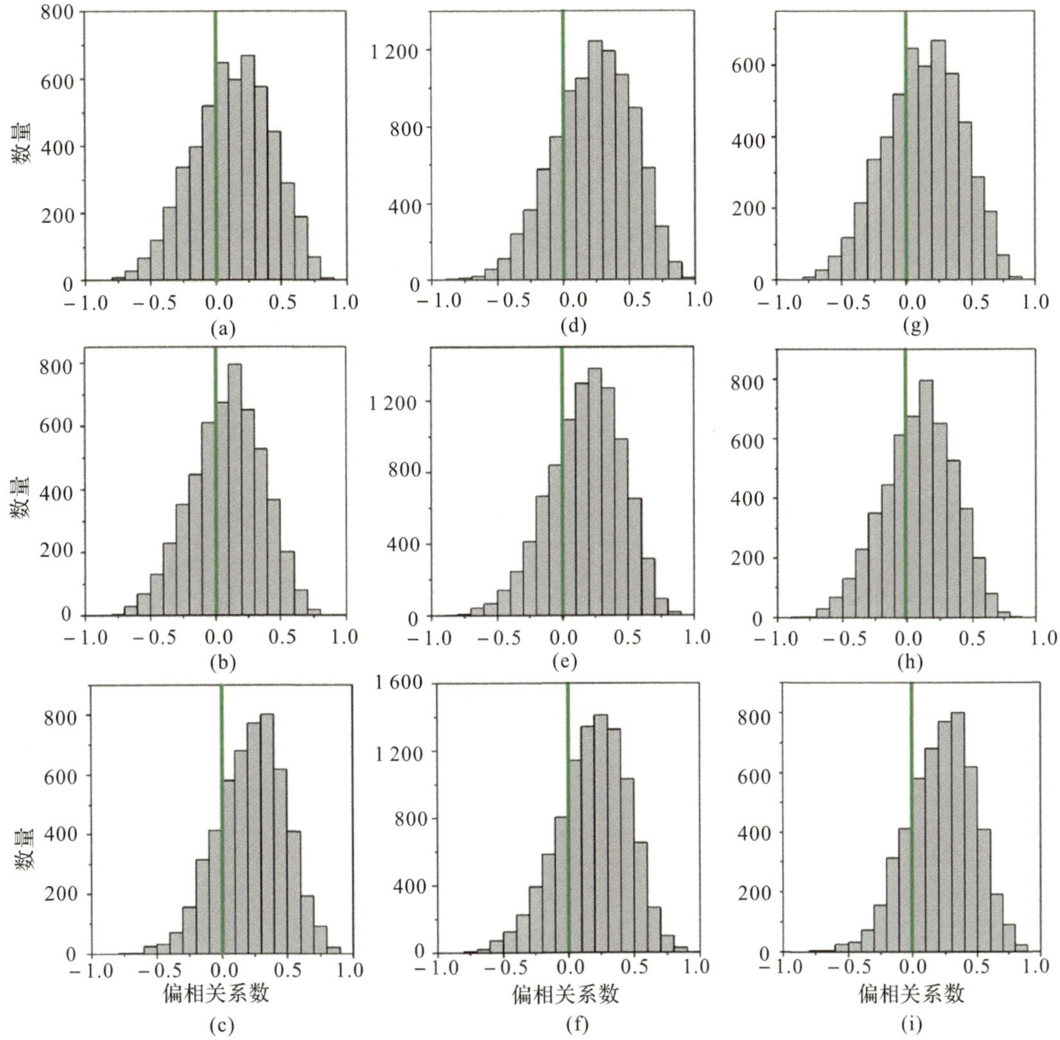

图 3－29　TDO 年际变化与 TGSM、降水（P）和气温（T）的关系

（a）TGSM－A；（b）P－A；（c）T－A；（d）TGSM－B；（e）P－B；（f）T－B；（g）TGSM－C；（h）P－C；（i）T－C

分析数据的时空尺度也是影响分析结果的重要因素。本书分析的降水量为一段时期内的累积值，而降水的时间分配格局，如降水频率与每次降水量的分配对草地生长也具有显著的影响（胡中民等，2006；Guo et al.，2016；Knapp et al.，2002）。进一步研究可考虑土壤含水量和光照等因素，以及细化分析的时空尺度进一步量化物候变化与环境因素的关系。

3.4.5　松嫩草地物候变化

松嫩草地分区物候变化如图 3－30 所示。表 3－9 给出了松嫩草地物候变化波动性统计。总体而言，GSL 具有最强的年际波动性，其次是 TGO 与 TGSM，而 TDO 的年际变化相对稳定。A 区年际变异性最强的为 TGSM，其次为 GSL，TGO 与 TDO 的波动较弱。对 B 区和 C 区，TGO 与 GSL 的波动较强。

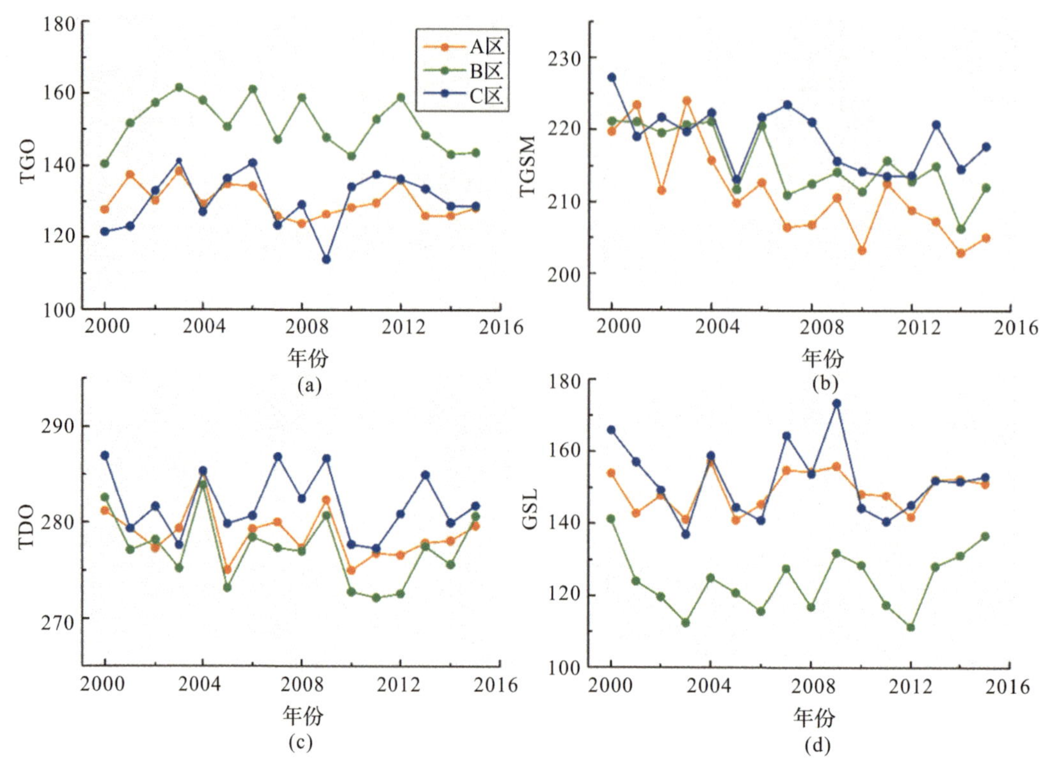

图 3－30　松嫩草地物候变化

(a)TGO；(b)TGSM；(c)TDO；(d)GSL

表 3－9　松嫩草地物候时间序列标准差

	A 区	B 区	C 区
TGO	4.54	7.10	7.53
TGSM	6.53	4.67	4.22
TDO	2.66	3.55	3.36
GSL	5.57	8.57	10.14

M－K 趋势检验结果如表 3－10 所示。TGSM 在 3 个子区内均呈现显著的提前趋势。其中属于半湿润草甸草原的 A 区趋势最为显著，在近 15 年，其 TGSM 已由 DOY 220 左右(8 月 8 日)提前至 DOY 205 左右(7 月 24 日)，提前速率约为每年 1 天。B 区提前速率小于 A 区，提前了 10 天左右。C 区提前程度相对较低，约为 5 天。除 TGSM 之外，其他物候度量未表现出显著变化趋势。

如前所述，TGSM 年际变化主要受 TGO、降水和气温的影响。表 3－11 给出了各子区

域春夏气温和降水的M-K趋势检验统计量。各区域降水均呈显著增加趋势，其中A区增长速率最大。气温均为下降趋势，但未通过$\alpha=0.1$显著性检验。各因子中降水趋势最为显著，且降水与三个区域TGSM均存在负相关关系，因此，松嫩草地TGSM的提前趋势应主要受降水增多的驱动。

TGSM代表植被生长季内生理活动最为活跃的时段，且是由生长转向衰退的转折点，其显著提前趋势可能会对生态系统功能产生影响(Xu et al.，2016)。目前植被物候研究领域主要关注TGO和TDO，对TGSM的研究较少。

表3-10　松嫩草地物候变化趋势M-K检验统计量

	*Z*值			斜率*SL*		
	A区	B区	C区	A区	B区	C区
TGO	−1.31	−0.86	0.41	−0.32	−0.55	0.16
TGSM	−3.11***	−2.57***	−1.76*	−1.01	−0.66	−0.48
TDO	−0.77	−1.13	−0.23	−0.12	−0.21	−0.04
GSL	0.40	0.77	−0.41	0.14	0.51	−0.28

注：*在0.1显著性水平下，具有显著趋势；***在0.01显著性水平下，具有显著趋势。

表3-11　松嫩草地春夏气温和降水趋势M-K检验统计量

	*Z*值			斜率*SL*		
	A区	B区	C区	A区	B区	C区
T	−0.69	−0.69	−1.39	−0.03	−0.04	−0.06
P	2.57***	2.57***	2.87***	14.66	10.2	9.19

注：***在0.01显著性水平下，具有显著趋势。

3.4.6　小结

本节基于MODIS LAI时间序列数据分析了2000—2015年松嫩草地物候时空动态及其影响因素。

主要结论如下：

1)松嫩草地返青时间(TGO)、休眠时间(TDO)和生长季长度(GSL)空间格局不是由气候因素主导，可能与草地盐碱化格局有关。盐碱化较为严重的草地TGO一般较晚(5月下旬到6月上旬)，GSL较短(110～125天)。

2)生长季峰值时间(TGSM)空间格局与TGO、TDO以及GSL空间格局不同，其空间分布主要由气候因素主导，表现出沿降水梯度渐变的特征，降水越多的地区草地LAI达到峰值时间越早。

3)松嫩草地TGSM年际变化影响因素与区域内气候空间分异有关。在水分条件相对充足的松嫩草地北部和中部，TGSM主要影响因素为TGO与峰值前降水。TGSM与TGO

一般为正相关，即较早的返青通常导致较早达到峰值。降水与 TGSM 的关系一般为负相关，即降水较多时，草地更早达到峰值。水分作为草地生长的主要限制因素，水分条件充足时草地生长速度快，更早进入成熟期。但在松嫩平原南部，TGSM 主要受降水和气温的影响，TGO 的影响相对较弱。气温与 TGSM 一般为负相关，即温度较高时，其 TGSM 较晚。这与松嫩平原南部相对干旱，高温意味着较为干旱的气象条件有关。

4）松嫩草地 TDO 年际变化与 TGSM、秋季降水和气温一般均为正相关。春夏降水则通过改变 TGSM 而影响草地休眠时间，较多的春夏降水可能提前草地休眠时间。

5）近十几年来，松嫩草地 TGSM 显著提前，其提前程度与区域降水量有关，降水较多地区提前更明显。其他物候度量趋势不显著。

参考文献

陈效逑，王林海，2009. 遥感物候学研究进展[J]. 地理科学进展，28(1)：33－40.

范德芹，赵学胜，朱文泉，等，2016. 植物物候遥感监测精度影响因素研究综述[J]. 地理科学进展，35(3)：304－319.

葛全胜，戴君虎，郑景云，2010. 物候学研究进展及中国现代物候学面临的挑战[J]. 中国科学院院刊，25(3)：310－316.

胡中民，樊江文，钟华平，等，2006. 中国温带草地地上生产力沿降水梯度的时空变异性[J]. 中国科学. D 辑：地球科学，36(12)：1154－1162.

林年丰，汤洁，2005. 松嫩平原环境演变与土地盐碱化、荒漠化的成因分析[J]. 第四纪研究，25(4)：474－483.

蒙继华，杜鑫，张淼，等，2014. 物候信息在大范围作物长势遥感监测中的应用[J]. 遥感技术与应用，29(2)：278－285.

任湞，陶胜利，胡天宇，等，2022. 中国生物多样性核心监测指标遥感产品体系构建与思考[J]. 生物多样性，30(10)：260－275.

施奈勒，1965. 植物物候学[M]. 杨郁华，译. 北京：科学出版社.

王连喜，陈怀亮，李琪，等，2010. 植物物候与气候研究进展[J]. 生态学报，30(2)：447－454.

夏传福，李静，柳钦火，2013. 植被物候遥感监测研究进展[J]. 遥感学报，17(1)：1－16.

张殿发，王世杰，2002. 吉林西部土地盐碱化的生态地质环境研究[J]. 土壤通报，33(2)：90－93.

郑慧莹，李建东，1995. 松嫩平原盐碱植物群落形成过程的探讨[J]. 植物生态学报，19(1)：1－12.

郑慧莹，李建东，1999. 松嫩平原盐生植物与盐碱化草地的恢复[M]. 北京：科学出版社.

郑景云，葛全胜，郝志新，2002. 气候增暖对我国近 40 年植物物候变化的影响[J]. 科学通报，47(20)：1582－1587.

周道玮，李强，宋彦涛，等，2011. 松嫩平原羊草草地盐碱化过程[J]. 应用生态学报，22(6)：1423－1430.

竺可桢，宛敏渭，1973. 物候学[M]. 北京：科学出版社.

AUGSPURGER C K, CHEESEMAN J M, SALK C F, 2005. Light gains and physiological capacity of understorey woody plants during phenological avoidance of canopy shade [J]. Functional Ecology, 19(4): 537-546.

BALZTER H, GERARD F, GEORGE C, et al. , 2007. Coupling of vegetation growing season anomalies and fire activity with hemispheric and regional-scale climate patterns in central and east Siberia[J]. Journal of Climate, 20(15): 3713-3729.

BOLES S H, XIAO X M, LIU J Y, et al. , 2004. Land cover characterization of Temperate East Asia using multi-temporal VEGETATION sensor data[J]. Remote Sensing of Environment, 90(4): 477-489.

BOLTON D K, GRAY J M, MELAAS E K, et al. , 2020. Continental-scale land surface phenology from harmonized Landsat 8 and Sentinel-2 imagery[J]. Remote Sensing of Environment, 240: 111685.

BORAK J S, JASINSKI M F, 2009. Effective interpolation of incomplete satellite-derived leaf-area index time series for the continental United States[J]. Agricultural and Forest Meteorology, 149(2): 320-332.

CAPARROS-SANTIAGO J A, RODRIGUEZ-GALIANO V, DASH J. , 2021. Land surface phenology as indicator of global terrestrial ecosystem dynamics: A systematic review [J]. ISPRS Journal of Photogrammetry and Remote Sensing, 171: 330-347.

CANISIUS F, SHANG J, LIU J, et al. , 2018. Tracking crop phenological development using multi-temporal polarimetric Radarsat-2 data[J]. Remote Sensing of Environment, 210: 508-518.

CAO R Y, FENG Y, LIU X L, et al. , 2020. Uncertainty of Vegetation Green-Up Date Estimated from Vegetation Indices Due to Snowmelt at Northern Middle and High Latitudes[J]. Remote Sensing, 12(1): 190.

CHANG Q, XIAO X M, JIAO W Z, et al. , 2019. Assessing consistency of spring phenology of snow-covered forests as estimated by vegetation indices, gross primary production, and solar-induced chlorophyll fluorescence[J]. Agricultural and Forest Meteorology, 275: 305-316.

CHEN C, PARK T, WANG X, et al. , 2019. China and India lead in greening of the world through land-use management[J]. Nature Sustainability, 2(2): 122-129.

CHEN J M, CIHLAR J, 1996. Retrieving leaf area index of boreal conifer forests using landsat TM images[J]. Remote Sensing of Environment, 55(2): 153-162.

CHEN J, RAO Y H, SHEN M G, et al. , 2016. A Simple Method for Detecting Phenological Change From Time Series of Vegetation Index[J]. IEEE Transactions on Geoscience and Remote Sensing, 54(6): 3436-3449.

CHUINE I, 2010. Why does phenology drive species distribution? [J]. Philosophical Transactions of the Royal Society B: Biological Sciences, 365(1555): 3149-3160.

CLAVERIE M, JU J, MASEK J G, et al., 2018. The Harmonized Landsat and Sentinel-2 surface reflectance data set[J]. Remote Sensing of Environment, 219: 145 - 161.

de BEURS K M, HENEBRY G M, 2010. Spatio-Temporal Statistical Methods for Modelling Land Surface Phenology[M]//Hudson I L, Keatley M R. Phenological Research: Methods for Environmental and Climate Change Analysis. Dordrecht: Springer Netherlands.

de BEURS K M, WRIGHT C K, HENEBRY G M, 2009. Dual scale trend analysis for evaluating climatic and anthropogenic effects on the vegetated land surface in Russia and Kazakhstan[J]. Environmental Research Letters, 4(4): 045012.

DETHIER B, ASHLEY M D, BLAIR B, et al., 1973. Phenology satellite experiment [M]//FREDEN SC, EPMERCANTI, MA BECKER. Symposium on significant results obtained from the Earth Resources Technology Satellite-1, vol I. Technical presentations, section A. NASA Washington, DC, GPO NAS 1.

DELBART N, KERGOAT L, Le TOAN T, et al., 2005. Determination of phenological dates in boreal regions using normalized difference water index[J]. Remote Sensing of Environment, 97(1): 26 - 38.

DELBART N, Le TOAN T, KERGOAT L, et al., 2006. Remote sensing of spring phenology in boreal regions: A free of snow-effect method using NOAA-AVHRR and SPOT-VGT data(1982—2004)[J]. Remote Sensing of Environment, 101(1): 52 - 62.

DING C, LIU X N, HUANG F, et al., 2017. Onset of drying and dormancy in relation to water dynamics of semi-arid grasslands from MODIS NDWI[J]. Agricultural and Forest Meteorology, 234: 22 - 30.

DING C, LI Y, XIE Q Y, et al., 2023. Impacts of terrain on land surface phenology derived from Harmonized Landsat 8 and Sentinel-2 in the Tianshan Mountains, China[J]. Giscience & Remote Sensing, 60(1): 2242621.

EKLUNDH L, JÖNSSON P, 2017. Timesat 3.3 Software Manual [EB/OL]. Lund and Malmö University, Sweden. https://web.nateko.lu.se/timesat/timesat.asp? cat=6

ETTINGER A K, CHAMBERLAIN C J, WOLKOVICH E M, 2022. The increasing relevance of phenology to conservation[J]. Nature Climate Change, 12(4): 305 - 307.

FRIEDL M A, SULLA-MENASHE D, TAN B, et al., 2010. MODIS Collection 5 global land cover: Algorithm refinements and characterization of new datasets[J]. Remote Sensing of Environment, 114(1): 168 - 182.

FRIEDL M, HENEBRY G, REED B, et al., 2006. Land surface phenology, a Community White Paper requested by NASA [R]. http://cce.nasa.gov/mtg2008_ab_presentations/Phenology_Friedl_whitepaper.pdf

FROLKING S, MCDONALD K C, KIMBALL J S, et al., 1999. Using the space-borne NASA scatterometer(NSCAT) to determine the frozen and thawed seasons[J]. Journal of Geophysical Research-Atmospheres, 104(D22): 27895 - 27907.

FROLKING S, MILLIMAN T, MCDONALD K, et al., 2006. Evaluation of the Sea Winds

scatterometer for regional monitoring of vegetation phenology[J]. Journal of Geophysical Research-Atmospheres, 111: D17302.

FU Y S H, CAMPIOLI M, VITASSE Y, et al., 2014. Variation in leaf flushing date influences autumnal senescence and next year's flushing date in two temperate tree species [J]. Proceedings of the National Academy of Sciences of the United States of America, 111(20): 7355 - 7360.

GAMON J A, PENUELAS J, FIELD C B, 1992. A narrow-waveband spectral index that tracks diurnal changes in photosynthetic efficiency[J]. Remote Sensing of Environment, 41(1): 35 - 44.

GANGULY S, SAMANTA A, SCHULL M A, et al., 2008. Generating vegetation leaf area index Earth system data record from multiple sensors. Part 2: Implementation, analysis and validation[J]. Remote Sensing of Environment, 112(12): 4318 - 4332.

GANGULY S, FRIEDL M A, TAN B, et al., 2010. Land surface phenology from MODIS: Characterization of the Collection 5 global land cover dynamics product[J]. Remote Sensing of Environment, 114(8): 1805 - 1816.

GAO B C, 1996. NDWI-A normalized difference water index for remote sensing of vegetation liquid water from space[J]. Remote Sensing of Environment, 58(3): 257 - 266.

GAO F, MORISETTE J T, WOLFE R E, et al., 2008. An algorithm to produce temporally and spatially continuous MODIS-LAI time series[J]. IEEE Geoscience and Remote Sensing Letters, 5(1): 60 - 64.

GONSAMO A, CHEN J M, PRICE D T, et al., 2012. Land surface phenology from optical satellite measurement and CO_2 eddy covariance technique[J]. Journal of Geophysical Research-Biogeosciences, 117: G03032.

GOODIN D G, HENEBRY G M, 1997. A technique for monitoring ecological disturbance in tallgrass prairie using seasonal NDVI trajectories and a discriminant function mixture model[J]. Remote Sensing of Environment, 61(2): 270 - 278.

GRAY J, SULLA-MENASHE D, FRIEDL M A, 2019. User Guide to Collection 6 MODIS Land Cover Dynamics(MCD12Q2) Product 6 [EB/OL]. https://landweb.modaps.eosdis.nasa.gov/QA_WWW/forPage/user_guide/MCD12Q2_Collection6_UserGuide.pdf

GUAN K Y, WOOD E F, MEDVIGY D, et al., 2014. Terrestrial hydrological controls on land surface phenology of African savannas and woodlands[J]. Journal of Geophysical Research-Biogeosciences, 119(8): 1652 - 1669.

GUO Q, LI S G, HU Z M, et al., 2016. Responses of gross primary productivity to different sizes of precipitation events in a temperate grassland ecosystem in Inner Mongolia, China[J]. Journal of Arid Land, 8(1): 36 - 46.

GUZMÁN Q. J A, PINTO-LEDEZMA J N, FRANTZ D, et al., 2023. Mapping oak wilt disease from space using land surface phenology[J]. Remote Sensing of Environment, 298: 113794.

HENEBRY G M, de BEURS K M, 2013. Remote Sensing of Land Surface Phenology: A Prospectus[M]//Schwartz M D. Phenology: An Integrative Environmental Science. Dordrecht: Springer Netherlands.

HUETE A R, LIU H Q, BATCHILY K, et al., 1997. A comparison of vegetation indices global set of TM images for EOS-MODIS[J]. Remote Sensing of Environment, 59(3): 440-451.

HUETE A, DIDAN K, MIURA T, et al., 2002. Overview of the radiometric and biophysical performance of the MODIS vegetation indices[J]. Remote Sensing of Environment, 83(1-2): 195-213.

JEONG S J, SCHIMEL D, FRANKENBERG C, et al., 2017. Application of satellite solar-induced chlorophyll fluorescence to understanding large-scale variations in vegetation phenology and function over northern high latitude forests[J]. Remote Sensing of Environment, 190: 178-187.

JIANG Z, HUETE A R, DIDAN K, et al., 2008. Development of a two-band enhanced vegetation index without a blue band[J]. Remote Sensing of Environment, 112(10): 3833-3845.

JONES M O, JONES L A, KIMBALL J S, et al., 2011. Satellite passive microwave remote sensing for monitoring global land surface phenology[J]. Remote Sensing of Environment, 115(4): 1102-1114.

JUSTICE C O, ROMÁN M O, CSISZAR I, et al., 2013. Land and cryosphere products from Suomi NPP VIIRS: Overview and status[J]. Journal of Geophysical Research Atmospheres, 118(17): 9753-9765.

JUSTICE C O, TOWNSHEND J R G, HOLBEN B N, et al., 1985. Analysis of the phenology of global vegetation using meteorological satellite data[J]. International Journal of Remote Sensing, 6(8): 1271-1318.

KEENAN T F, GRAY J, FRIEDL M A, et al., 2014. Net carbon uptake has increased through warming-induced changes in temperate forest phenology[J]. Nature Climate Change, 4(7): 598-604.

KIM Y, KIMBALL J S, MCDONALD K C, et al., 2011. Developing a Global Data Record of Daily Landscape Freeze/Thaw Status Using Satellite Passive Microwave Remote Sensing[J]. IEEE Transactions on Geoscience And Remote Sensing, 49(3): 949-960.

KLOSTERMAN S T, HUFKENS K, GRAY J M, et al., 2014. Evaluating remote sensing of deciduous forest phenology at multiple spatial scales using PhenoCam imagery[J]. Biogeosciences, 11(16): 4305-4320.

KNAPP A K, FAY P A, BLAIR J M, et al., 2002. Rainfall variability, carbon cycling, and plant species diversity in a mesic grassland[J]. Science, 298(5601): 2202-2205.

KNYAZIKHIN Y, MARTONCHIK J V, MYNENI R B, et al., 1998. Synergistic algorithm for estimating vegetation canopy leaf area index and fraction of absorbed photosynthetically active radiation from MODIS and MISR data[J]. Journal of Geophysical Re-

search-Atmospheres, 103(D24): 32257 - 32275.

KÖRNER C, BASLER D, 2010. Phenology Under Global Warming[J]. Science, 327 (5972): 1461 - 1462.

LI J, ROY D P, 2017. A Global Analysis of Sentinel-2A, Sentinel-2B and Landsat-8 Data Revisit Intervals and Implications for Terrestrial Monitoring[J]. Remote Sensing, 9 (9): 902.

LING Y X, TENG S W, LIU C, et al., 2022. Assessing the accuracy of forest phenological extraction from Sentinel-1 C-Band backscatter measurements in deciduous and coniferous forests[J]. Remote Sensing, 14(3): 674.

LU LL, GUO H D, WANG C Z, et al., 2013. Assessment of the SeaWinds scatterometer for vegetation phenology monitoring across China[J]. International Journal of Remote Sensing, 34(15): 5551 - 5568.

LU X L, LIU R G, LIU J Y, et al., 2007. Removal of noise by wavelet method to generate high quality temporal data of terrestrial MODIS products[J]. Photogrammetric Engineering and Remote Sensing, 73(10): 1129 - 1139.

MA X L, HUETE A, MORAN S, et al., 2015. Abrupt shifts in phenology and vegetation productivity under climate extremes[J]. Journal of Geophysical Research-Biogeosciences, 120(10): 2036 - 2052.

MERONI M, D'ANDRIMONT R, VRIELING A, et al., 2021. Comparing land surface phenology of major European crops as derived from SAR and multispectral data of Sentinel-1 and-2[J]. Remote Sensing of Environment, 253: 112232.

MISRA G, CAWKWELL F, WINGLER A, 2020. Status of Phenological Research Using Sentinel-2 Data: A Review[J]. Remote Sensing, 12(17): 2760.

MOODY E G, KING M D, PLATNICK S, et al., 2005. Spatially complete global spectral surface albedos: Value-added datasets derived from terra MODIS land products[J]. IEEE Transactions on Geoscience and Remote Sensing, 43(1): 144 - 158.

MYNENI R, 2015. MODIS Collection 6 (C6) LAI/FPAR Product User's Guide[EB/OL]. https://lpdaac.usgs.gov/sites/default/files/public/product_documentation/mod15_user_guide.pdf

MYNENI R B, HOFFMAN S, KNYAZIKHIN Y, et al., 2002. Global products of vegetation leaf area and fraction absorbed PAR from year one of MODIS data[J]. Remote Sensing of Environment, 83(1 - 2): 214 - 231.

ORD J K, GETIS A, 1995. Local Spatial Autocorrelation Statistics: Distributional Issues and an Application[J]. Geographical Analysis, 27(4): 286 - 306.

PEÑUELAS J, RUTISHAUSER T, FILELLA I, 2009. Phenology feedbacks on climate change[J]. Science, 324(5929): 887 - 888.

PEREIRA H M, FERRIER S, WALTERS M, et al., 2013. Essential Biodiversity Variables[J]. Science, 339(6117): 277 - 278.

PIAO S L, CIAIS P, FRIEDLINGSTEIN P, et al., 2008. Net carbon dioxide losses of northern ecosystems in response to autumn warming[J]. Nature, 451(7174): 43 - 49.

PIAO S L, FANG J Y, ZHOU L M, et al., 2006. Variations in satellite-derived phenology in China's temperate vegetation[J]. Global Change Biology, 12(4): 672 - 685.

PIAO S L, LIU Q, CHEN A P, et al., 2019. Plant phenology and global climate change: Current progresses and challenges[J]. Global Change Biology, 25(6): 1922 - 1940.

PINZON J E, TUCKER C J, 2014. A Non-Stationary 1981—2012 AVHRR $NDVI_{3g}$ Time Series[J]. Remote Sensing, 6(8): 6929 - 6960.

REED B C, BROWN J F, VANDERZEE D, et al., 1994. Measuring Phenological Variability From Satellite Imagery[J]. Journal of Vegetation Science, 5(5): 703 - 714.

REED B C, SCHWARTZ M D, XIAO X, 2009. Remote Sensing Phenology[M]//Noormets A. Phenology of Ecosystem Processes: Applications in Global Change Research. New York, NY: Springer New York.

RICHARDSON A D, KEENAN T F, MIGLIAVACCA M, et al., 2013a. Climate change, phenology, and phenological control of vegetation feedbacks to the climate system [J]. Agricultural and Forest Meteorology, 169: 156 - 173.

RICHARDSON A D, KLOSTERMAN S, TOOMEY M, 2013b. Near-Surface Sensor-Derived Phenology[M]//Schwartz M D. Phenology: An Integrative Environmental Science. Dordrecht: Springer Netherlands.

ROUSE J W, HAAS R H, SCHELL J A, et al., 1974. Monitoring the vernal advancements and retrogradation of natural vegetation[R]. Greenbelt, MD, USA: NASA/GSFC.

SCHWARTZ M D, 1999. Advancing to full bloom: planning phenological research for the 21st century[J]. International Journal of Biometeorology, 42: 113 - 118.

SHANG R, LIU R, XU M, et al., 2017. The relationship between threshold-based and inflexion-based approaches for extraction of land surface phenology[J]. Remote Sensing of Environment, 199: 167 - 170.

SOUDANI K, DELPIERRE N, BERVEILLER D, et al., 2021. Potential of C-band Synthetic Aperture Radar Sentinel-1 time-series for the monitoring of phenological cycles in a deciduous forest[J]. International Journal of Applied Earth Observation and Geoinformation, 104, 102505.

THOMPSON J A, PAULL D J, LEES B G, 2015. Using phase-spaces to characterize land surface phenology in a seasonally snow-covered landscape[J]. Remote Sensing of Environment, 166: 178 - 190.

TONG X, TIAN F, BRANDT M, et al., 2019. Trends of land surface phenology derived from passive microwave and optical remote sensing systems and associated drivers across the dry tropics 1992—2012[J]. Remote Sensing of Environment, 232: 111307.

TOWNSEND P A, SINGH A, FOSTER J R, et al., 2012. A general Landsat model to

predict canopy defoliation in broadleaf deciduous forests[J]. Remote Sensing of Environment, 119: 255 - 265.

ULSIG L, NICHOL C J, HUEMMRICH K F, et al. , 2017. Detecting Inter-Annual Variations in the Phenology of Evergreen Conifers Using Long-Term MODIS Vegetation Index Time Series[J]. Remote Sensing, 9(1): 49.

VERGER A, BARET F, WEISS M, et al. , 2013. The CACAO Method for Smoothing, Gap Filling, and Characterizing Seasonal Anomalies in Satellite Time Series[J]. IEEE Transactions on Geoscience and Remote Sensing, 51(4): 1963 - 1972.

VERGER A, FILELLA I, BARET F, et al. , 2016. Vegetation baseline phenology from kilometric global LAI satellite products[J]. Remote Sensing of Environment, 178: 1 - 14.

VIÑA A, LIU W, ZHOU S Q, et al. , 2016. Land surface phenology as an indicator of biodiversity patterns[J]. Ecological Indicators, 64: 281 - 288.

VRIELING A, MERONI M, DARVISHZADEH R, et al. , 2018. Vegetation phenology from Sentinel-2 and field cameras for a Dutch barrier island[J]. Remote Sensing of Environment, 215: 517 - 529.

WALTHER G R, POST E, CONVEY P, et al. , 2002. Ecological responses to recent climate change[J]. Nature, 416(6879): 389 - 395.

WANG C, CHEN J, WU J, et al. , 2017. A snow-free vegetation index for improved monitoring of vegetation spring green-up date in deciduous ecosystems[J]. Remote Sensing of Environment, 196: 1 - 12.

WEISBERG P J, DILTS T E, GREENBERG J A, et al. , 2021. Phenology-based classification of invasive annual grasses to the species level[J]. Remote Sensing of Environment, 263: 112568.

WHITE M A, de BEURS K M, DIDAN K, et al. , 2009. Intercomparison, interpretation, and assessment of spring phenology in North America estimated from remote sensing for 1982—2006[J]. Global Change Biology, 15(10): 2335 - 2359.

WHITE M A, THORNTON P E, RUNNING S W, 1997. A continental phenology model for monitoring vegetation responses to interannual climatic variability[J]. Global Biogeochemical Cycles, 11(2): 217 - 234.

WU C, GONSAMO A, GOUGH C M, et al. , 2014. Modeling growing season phenology in North American forests using seasonal mean vegetation indices from MODIS[J]. Remote Sensing of Environment, 147: 79 - 88.

XU C Y, LIU H Y, WILLIAMS A P, et al. , 2016. Trends toward an earlier peak of the growing season in Northern Hemisphere mid-latitudes[J]. Global Change Biology, 22(8): 2852 - 2860.

YAN K, PARK T, YAN G J, et al. , 2016. Evaluation of MODIS LAI/FPAR Product Collection 6. Part 2: Validation and Intercomparison[J]. Remote Sensing, 8(6): 460.

YANG W, SHABANOV N V, HUANG D, et al. , 2006. Analysis of leaf area index products from combination of MODIS Terra and Aqua data[J]. Remote Sensing of Environment, 104(3): 297 - 312.

YANG W, KOBAYASHI H, WANG C, et al., 2019. A semi-analytical snow-free vegetation index for improving estimation of plant phenology in tundra and grassland ecosystems[J]. Remote Sensing of Environment, 228: 31 - 44.

YANG Z, SHAO Y, LI K, et al., 2017. An improved scheme for rice phenology estimation based on time-series multispectral HJ-1A/B and polarimetric RADARSAT-2 data[J]. Remote Sensing of Environment, 195: 184 - 201.

YUAN H, DAI Y J, XIAO Z Q, et al., 2011. Reprocessing the MODIS Leaf Area Index products for land surface and climate modelling[J]. Remote Sensing of Environment, 115(5): 1171 - 1187.

ZENG L, WARDLOW B D, XIANG D, et al., 2020. A review of vegetation phenological metrics extraction using time-series, multispectral satellite data[J]. Remote Sensing of Environment, 237: 111511.

ZHANG X, FRIEDL M A, SCHAAF C B, et al., 2003. Monitoring vegetation phenology using MODIS[J]. Remote Sensing of Environment, 84(3): 471 - 475.

ZHANG X Y, FRIEDL M A, TAN B, et al., 2012. Long-Term Detection of Global Vegetation Phenology from Satellite Instruments[M]//ZHANG X Y. Phenology and Climate Change. Rijeka: IntechOpen.

ZHANG X Y, JAYAVELU S, LIU LL, et al., 2018. Evaluation of land surface phenology from VIIRS data using time series of PhenoCam imagery[J]. Agricultural and Forest Meteorology, 256 - 257: 137 - 149.

ZHANG X Y, WANG J M, HENEBRY G M, et al., 2020. Development and evaluation of a new algorithm for detecting 30 m land surface phenology from VIIRS and HLS time series[J]. ISPRS Journal of Photogrammetry and Remote Sensing, 161: 37 - 51.

ZHAO S, LIU X N, DING C, et al., 2020. Mapping rice paddies in complex landscapes with convolutional neural networks and phenological metrics[J]. GIScience and Remote Sensing, 57(1): 37 - 48.

ZHU X L, HELMER E H, GWENZI D, et al., 2021. Characterization of dry-season phenology in tropical forests by reconstructing cloud-free Landsat time series[J]. Remote Sensing, 13(23): 4736.

第 4 章　土地荒漠化与恢复过程分析

土地退化(Land Degradation)是指“由包括人为引起的气候变化在内的人类直接或间接过程导致的土地状况的负面趋势，表现为生物生产力、生态完整性，或对人类价值中至少一项的长期减少和丧失”(IPCC，2019)。“由包括气候变迁和人类活动在内的许多因素造成的干旱、半干旱及亚湿润干旱地区的土地退化”称为土地荒漠化(Land Desertification，IPCC，2019)。土地荒漠化是当前最具压力的全球环境和社会问题之一，是制约干旱、半干旱及亚湿润干旱地区可持续发展的重要因素(孙若梅，2017；D'Odorico et al.，2013；Kouba et al.，2018；Liu et al.，2015；UNCCD，2017)。土地荒漠化与自然资源保护、环境变化、粮食安全和贫困等全球热点问题密切相关(Reynolds et al.，2007；Deng and Li，2016)。在气候变化背景下，全球土地退化与荒漠化可能加剧(IPCC，2019)。

联合国《改变我们的世界：2030 年可持续发展议程》提出的可持续发展目标(Sustainable Development Goals，SDGs)中关于土地退化的 SDG 15.3 提出：“到 2030 年，防治荒漠化，恢复退化的土地和土壤，包括受荒漠化、干旱和洪涝影响的土地，努力建立一个不再出现土地退化的世界”(https://unstats.un.org/sdgs/indicators/indicators-list/)。在此背景下，联合国防治荒漠化公约(The United Nations Convention to Combat Desertification，UNCCD)提出了“土地退化零增长”科学概念框架，土地退化监测是该框架的重要组成部分(UNCCD，2017)。专家知识、卫星观测和生物物理模型是土地荒漠化监测与评价的重要方法(Mirzabaev et al.，2019)。基于长时间序列卫星遥感的土地荒漠化动态监测及其驱动因素分析对理解土地荒漠化过程和制定科学、合理的土地管理政策具有不可替代的作用(de Jong et al.，2011；Dubovyk，2017；Higginbottom and Symeonakis，2014)。

本章先概述了土地荒漠化遥感监测的主要方法，进而基于卫星遥感数据分析了内蒙古自治区锡林郭勒盟和浑善达克沙地 2000—2018 年期间土地荒漠化与恢复过程。

4.1　土地荒漠化遥感监测方法概述

4.1.1　土地荒漠化过程分析

当前土地荒漠化动态的遥感分析方法主要包括遥感时间序列趋势分析(黄森旺等，2012；Dubovyk，2017；Higginbottom and Symeonakis，2014)和多时相变化检测(陈文倩等，2018；罗海江等，2007；王涛等，2011；Dubovyk，2017；Salih et al.，2017）。

长时间序列植被指数的趋势分析是应用最为广泛的监测方法。土地荒漠化是典型的地表渐变过程，属于长期趋势，主要表现如表 4－1 所示。植被生产力或覆盖度下降是土地荒漠化的直观表现（见图 4－1）。NDVI 与植被生产力的密切相关，已成为土地荒漠化遥感监测的重要指标（Bai and Dent，2009；Higginbottom and Symeonakis，2014；Prince et al.，2009）。大量文献报道了基于 NDVI 时间序列监测不同尺度土地荒漠化或恢复（Eckert et al.，2015；Fensholt et al.，2012；Leroux et al.，2017；Zewdie et al.，2017）。其他用于土地荒漠化监测的主要植被指数或参数包括 EVI、LAI、植被生产力（GPP 或 Net Primary Productivity，NPP）和 VOD 等（Andela et al.，2013；de Jong et al.，2011）。以上指标均与植被生产力相关。实际上，植被生产力是面向 SDG 15.3.1 的土地退化遥感监测的核心内容（见图 4－2）。

表 4－1　土地荒漠化的主要表现（D'Odorico et al.，2013）

表现形式	主要特征
景观特征	土壤沙化或盐碱化；土壤湿度下降；植被覆盖度（密度）下降；植被高度下降；植物群落逆向演替；生物多样性下降等
生态系统功能和服务	植被生产力下降；水土保持（防风固沙）能力减弱；陆表-大气交互作用调控能力减弱等

图 4－1　典型土地荒漠化示例：松嫩草地盐碱化

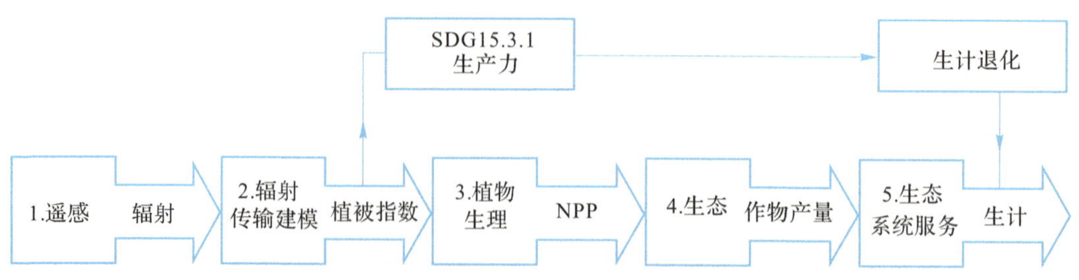

图 4－2　面向 SDG 15.3.1 生产力指标的卫星遥感土地退化监测技术流程（改绘自 Prince，2019）

趋势分析方法主要包括最小二乘线性回归或 Mann-Kendall(M-K)趋势检验(Higginbottom and Symeonakis, 2014)。趋势分析方法目前主要应用于 AVHRR 和 MODIS 等高时间分辨率遥感数据。Landsat 系列数据具有数据存档时间长和空间分辨率高的优势，有必要加强 Landsat 时间序列在土地荒漠化监测领域的应用(Fiorillo et al., 2017)。

多时相(或双时相)变化检测主要是基于中高空间分辨率遥感数据(如 Landsat)的土地荒漠化等级或土地利用/覆盖变化检测(罗海江等, 2007)。近年来，结合趋势分析与土地利用/覆盖变化的土地荒漠化分析逐渐受到关注(Eckert et al., 2015; Leroux et al., 2017; Zoungrana et al., 2018)。土地覆盖变化信息有助于理解 NDVI 变化的驱动因素，如 Eckert et al. (2015)结合 MODIS NDVI 与土地覆盖数据分析了蒙古国土地荒漠化状况及其影响因素。

趋势分析与土地覆盖变化检测适用于分析一定时间范围内土地变化的长期趋势或变化性质，但难以获取地表覆盖变化的过程信息。遥感时间序列变化的过程信息，如干扰、恢复、趋势反转、非线性动态、波动性与随机性等信息对深入理解荒漠化动态及变化机理具有重要的指示意义(de Jong et al., 2013; Horion et al., 2016; Peng et al., 2012; Xu et al., 2017)。近十几年来，获取地表覆盖变化过程信息的时间序列分析方法已取得许多进展(Kennedy et al., 2010; Verbesselt et al., 2010; Zhu and Woodcock, 2014)。例如，针对 Landsat 数据的 LandTrendr 算法能够实现时间序列分割，量化分析生态系统干扰-恢复过程(Kennedy et al., 2010)。有研究采用非线性变化分析方法发现近几十年来全球范围内出现大面积的植被绿度趋势反转，即上升-下降的转变，该现象突出了这些区域土地退化的潜在风险(de Jong et al., 2013; Pan et al., 2018)。总体而言，土地荒漠化监测领域对时间序列突变检测方法的应用相对较少(de Jong et al., 2013; Horion et al., 2016)。

4.1.2　土地荒漠化归因方法

区分人类活动和气候变化导致的土地荒漠化或恢复是土地退化研究领域的重要问题(Prince, 2019; Li et al., 2018)。干旱-半干旱区植被年生产力与年降水量密切相关，因此，降水年际变化和趋势会掩盖人类影响的土地退化，如在降水增加导致植被生产力呈上升趋势时，人类活动的影响可能仍在加剧，土地可能正在“退化”(Fensholt et al., 2013)。因此，为准确评估人类活动引起的土地退化状况，有必要移除植被指数/参数年际变化中降水的影响(Evans and Geerken, 2004; IPBES, 2018; Prince et al., 1998)。

植被指数/参数时间序列中剔除降水影响的主要方法包括降水利用率和残差趋势分析。

1. 降水利用率

降水利用率(Rain Use Efficiency, RUE)为净初级生产力与年降水量的比值，代表生态系统单位降水量下生产力状况(Le Houérou, 1984; Verón and Paruelo, 2010)。Prince et al. (1998)在基于遥感的土地荒漠化监测中引入 RUE，以 RUE 下降代表土地退化。在植被生产力和降水呈线性关系时，以 RUE 趋势代表土地退化趋势是合理的。但植被对水分的利用是有限的，降水较多时，其生产力可能不再增长甚至下降。因此，降水增加也可能会导致 RUE 下降趋势(Fensholt et al., 2013)。Fensholt et al.(2013)针对非洲萨赫勒地区提出以生长季 NDVI 累积值和降水量计算 RUE 以减弱非生长季降水的影响,但仍难以完全解决生长季降水增加导致的 RUE 下降问题。

2. 残差趋势分析

Evans and Geerken(2004)提出了残差趋势分析(Residual Trend, RESTREND)以监测人类活动导致的土地退化和恢复过程。RESTREND 基于植被指数与降水量线性回归方程的残差时间序列探测土地退化趋势(Evans and Geerken, 2004)。RESTREND 的基本思想为植被生长受气候和人类活动干扰等多方面因素的综合影响,剔除气候影响后的 NDVI 变化可反映人类活动等因素导致的土地退化(Evans and Geerken, 2004)。

NDVI 的年际变化可由下式表达:

$$\mathrm{NDVI}=f(H,C,O) \tag{4-1}$$

式中:H 为人类活动;C 为气候波动;O 为其他因素。一般情况下,气候和人类影响为主要因素。

假设 NDVI 与年降水量(AP)的回归关系为

$$\widehat{\mathrm{NDVI}}=a\cdot \mathrm{AP}+b \tag{4-2}$$

人类活动引起的 NDVI 变化(NDVI_H)的计算公式为

$$\mathrm{NDVI}_H=\mathrm{NDVI}-\widehat{\mathrm{NDVI}} \tag{4-3}$$

实际上,NDVI_H 为 NDVI 与 AP 线性回归的残差。残差下降趋势代表人类活动的负面影响加剧,土地呈退化趋势,反之则为恢复(见图 4-3)。

RESTREND 是目前区分人类和气候因素影响的常用方法(Andela et al., 2013; IPCC, 2019; Li et al., 2012; Leroux et al., 2017)。

残差趋势分析的主要局限在于以下几个方面:

(1)NDVI 对降水的非线性响应。如前所述,植被对水分利用能力有限,降水逐渐增多时,植被对降水的敏感性下降(Bai et al., 2008)。极端气象条件更会导致 NDVI 与降水关系异常。

(2)降水年内分配的不均匀性。植被年生产力不仅与降水总量相关,而且与降水事件发生的时间和降水事件大小也密切相关(胡中民等, 2006; Heisler-White et al., 2008; Knapp et al., 2002)。

(3)土地退化或恢复改变植被对降水的敏感性。不同退化程度下植被对降水的敏感性不同(Verón and Paruelo, 2010)。在植被逐渐退化或恢复的趋势下,植被与降水的线性关系可能被打破。Wessels et al.(2012)基于模拟方法对 RESTREND 的分析表明,土地退化程度超过 20%时,RESTREND 方法不再适用。该模拟方法并未考虑退化过程中植被对降水敏感性的问题,研究发现退化严重时难以准确估算 NDVI 与降水的线性关系,在整个分析时段内仍然认为 NDVI 与降水关系的斜率是固定的,而实际情况则可能是变化的。尽管如此,该研究仍有力说明了 RESTREND 的局限性。

针对植被-降水关系变化问题,Burrell et al.(2017)提出利用 BFAST 方法检测 NDVI-

降水回归的残差时间序列断点,进而分段估计 NDVI 与降水关系。该方法不适用于植被与降水关系渐变的情况。

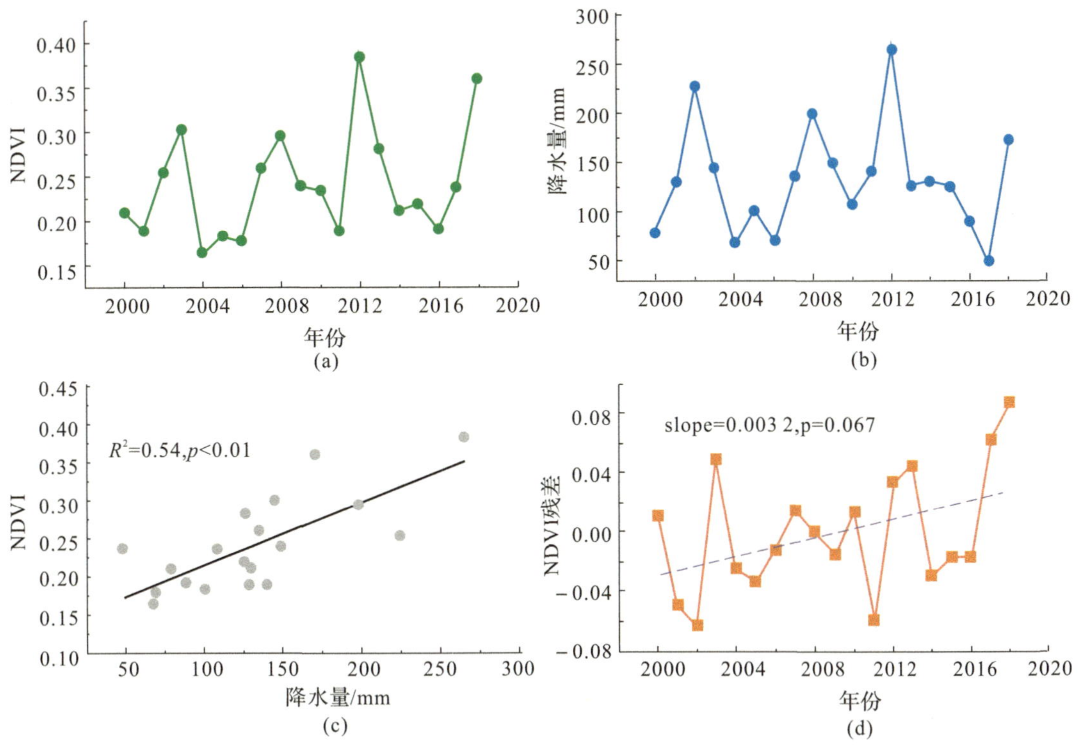

图 4-3　RESTREND 监测土地退化与恢复示例,数据来源见第 4.2 节

4.1.3　植被生产力-气候关系演变

植被生产力(或绿度)与气候响应关系的演变是认识土地退化与恢复过程的重要切入点(Abel et al., 2019; Horion et al., 2016)。近年来,植被生产力与气候之间相关关系的演变逐渐受到关注(Piao et al., 2014; Shi et al., 2018; Vickers et al., 2016)。在 1982—2011 年,北半球中高纬度地区(>30°N)植被生长季 NDVI 与气温之间的相关关系在减弱(Piao et al., 2014)。Piao et al. (2014)分析认为这种变弱的相关关系可能与干旱导致水分对植被生长的限制在增强,极端气候和生态系统结构变化等因素有关。

近 30 年来,中国北方植被生长与气候因素间的关系也发生了明显的变化(He et al., 2015; Sun et al., 2019)。He et al. (2015)研究发现,中国北方三北防护林工程区域整体上气温对植被的影响在增强,而降水的影响在减弱。黄土高原地区在生态恢复工程实施后(2000 年后),降水的影响在增强(Sun et al., 2019)。生态恢复工程下人类活动,如植树造林、退耕还林和禁牧等因素已使得中国北方植被绿度增加(Chen et al., 2019; Liu et al., 2018; Niu et al., 2019; Piao et al., 2015; Zhang et al., 2016)。近几十年来中国植被绿度与气候关系的演变与气候变化和人类活动的影响均有关联(He et al., 2015; Sun et al., 2019; Wei et al., 2020)。例如,Wei et al. (2020)指出 2000 年以后青藏高原植被生长与气候关系减弱与放牧活动的管理有关。

Abel et al.(2019)提出基于时空滑动窗口的植被指数-降水线性回归斜率变化(Sequential Linear Regression Slopes, SeRGS)以分析生态系统功能变化和土地荒漠化或恢复过程。其基本思想是植被指数对降水敏感性的下降通常意味着土地荒漠化。Abel et al.(2019)针对非洲萨赫勒西部地区的研究结果显示SeRGS与RESTREND监测土地荒漠化结果相似,但SeRGS不受NDVI-降水关系变化的影响。Li et al.(2023)将SeRGS指示的土地退化称为功能性退化。SeRGS的一个主要不足是植被长势对降水敏感性易受极端气候和干湿条件的影响(Bai et al., 2008),而不只是土地荒漠化或恢复的影响。

4.2 研究区与数据

4.2.1 研究区概况

1. 锡林郭勒盟

内蒙古自治区锡林郭勒盟是中国北方主要牧区之一。近几十年来,过度放牧等因素的影响,导致该区域草地退化问题严重(韩兴国等,2019;李政海等,2008),中西部草地属于极重度退化状态(欧阳志云等,2017)。基于卫星遥感的分析表明,1981—1999年期间,锡林郭勒草地表现出持续的人为因素导致的退化过程,2000年后植被有所恢复(Li et al., 2012)。Chi et al.(2018)研究表明,2001—2014年期间,锡林郭勒草地大部分区域净初级生产力(NPP)增加,与此同时,放牧压力指数下降。也有研究表明锡林郭勒部分区域植被NPP在2000—2018年期间呈下降趋势(乌尼图等,2020)。该区域植被绿度变化对气候变化的响应也得到了广泛探讨(Tong et al., 2016; 刘成林等,2009;贾若楠等,2016;史娜娜等,2019;赵汝冰等,2017)。例如,Tong et al.(2016)研究表明锡林郭勒盟植被覆盖度与降水相关性的空间格局在1982—2000年和2001—2010年期间不同。然而,在气候变化和生态恢复工程背景下,锡林郭勒盟植被生长与降水相关关系演变的过程尚不清楚。

锡林郭勒盟2000年主要土地覆盖类型如图4-4所示。土地覆盖数据为ESA(欧空局)CCI(Climate Change Initiatiue)土地覆盖产品(Santoro et al., 2017),空间分辨率300 m。数据获取自 http://maps.elie.ucl.ac.be/CCI/viewer/。在该产品中,土地覆盖类型使用了联合国粮农组织(FAO)土地覆盖分类体系,共23类(Santoro et al., 2017)。为便于进一步分析,将该体系下的土地覆盖类型合并到一个更宽泛的类别体系下,合并规则参考了Wei et al.(2018)。合并后的土地覆盖数据重采样至1 km空间分辨率(见图4-4)。锡林郭勒西部有大面积裸土区域,主要作物类型为雨养作物,分布于东部和南部。由于该区域土地覆盖类型以草地为主,其他类型仅占极小比例,且在较长研究时段内草地和作物之间可能发生转变,所以,分析了所有植被像元,没有单独提取草地像元进行分析。

2. 浑善达克沙地

浑善达克沙地分布于内蒙古自治区锡林郭勒盟和赤峰市,以及河北省承德市和张家口市(国家林业局,2017)。浑善达克沙地是中国四大主要沙地之一,土地荒漠化问题突出,是

国家重点生态功能区(国家林业局,2017)。该区是京津风沙源治理工程主要区域之一,主要治理措施包括放牧模式调整、围封和造林等(Shao et al., 2017)。本章对浑善达克沙地核心区(主要分布于锡林郭勒盟)植被变化开展研究(见图 4-4)。

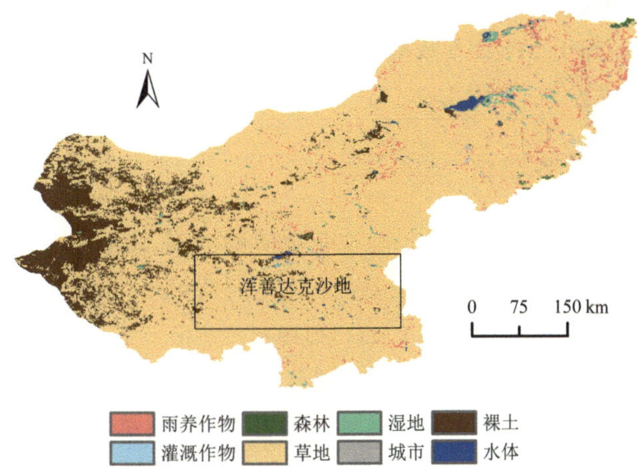

图 4-4　研究区 2000 年土地覆盖类型(类别合并的 ESA CCI 土地覆盖产品,1 km 空间分辨率)

4.2.2　MODIS NDVI 数据

本章使用了 1 km 分辨率 MODIS NDVI 逐月合成产品(MOD13A3 C6,Didan and Munoz, 2019),其时间跨度为 2000—2018 年。数据获取自 https://ladsweb.modaps.eosdis.nasa.gov/。与 16 天产品采用的最大值合成不同,逐月合成产品是该月对应 16 天合成 NDVI 的加权平均值(Didan and Munoz, 2019)。本研究以每年 5~9 月 NDVI 平均值作为生长季 NDVI 平均值。

4.2.3　Landsat 数据

由于浑善达克沙地区域景观结构复杂,所以本研究使用 30 m 空间分辨率 Landsat 系列卫星数据分析该区域 NDVI 变化。在 GEE 平台使用 LandTrendr 算法(Gorelick et al., 2017;Kennedy et al., 2018),其默认的输入数据为 Landsat Collection 2 地表反射率数据集(Landsat 5~8),数据时间跨度为 2000—2018 年。

4.2.4　降水数据

降水数据获取自时空三极环境大数据平台(http://www.tpedatabase.cn/.)提供的中国区域地面气象要素驱动数据集(阳坤等,2019)。该数据集融合了多源气象资料,其空间分辨率为 0.1°(Yang et al., 2010; He et al., 2020)。本研究使用了 2000—2018 年间的降水数据。Bai et al.(2004)研究表明内蒙古草地年初级生产力与 1~7 月累积降水量具有较高的相关性。因此,本章分析 1~7 月累积降水量与 NDVI 的关系,通过最邻近插值将降水重采样至 1 km。

4.3 土地荒漠化与恢复分析方法

本研究针对锡林郭勒盟和浑善达克沙地两个空间尺度的研究采用了不同的分析方法。对于整个锡林郭勒盟，基于 MODIS 数据分析了 NDVI 与降水关系的演变，以及 NDVI 非线性变化。对于浑善达克沙地，使用 LandTrendr 算法分析了 NDVI 上升和下降过程。

4.3.1 NDVI-降水关系变化

对于生长季平均 NDVI 与降水量年际变化之间的关系，本章采用二者时间序列线性回归的决定系数 R^2 表示关系的强弱(Wessels et al.，2012；Zhou et al.，2015)。线性回归斜率表示 NDVI 对降水的敏感性(Abel et al.，2019)。

NDVI 与降水时间序列关系的变化采用基于滑动窗口的回归关系演变分析方法(Abel et al.，2019；Piao et al.，2014)。本章使用的 MODIS 数据总长度为 19 年，设定滑动窗口长度为 10 年。对于每个像元的 NDVI 和降水时间序列，在每一个滑动窗口内进行 NDVI 和降水量最小二乘线性回归。所有滑动窗口回归结束后，得到 R^2 和斜率时间序列。对 R^2 时间序列进行如下分析：$R^2>0.3$ 的时段数以及 R^2 线性趋势。$R^2>0.3$ 表示 NDVI 与降水量有较强的线性关系(Burrell et al.，2017；Wessels et al.，2012)。某区域对应的时段数越多，表明该区域 NDVI 变化受降水主导的时间越长(孙立群等，2018)。R^2 和斜率时间序列的趋势采用最小二乘线性回归。

大尺度空间连续的 R^2 变化可能具有类似的变化驱动机制。而一定空间范围内，降水变化相似条件下，异质的 R^2 变化格局可能意味着非气候因素对该区域影响的差异性(Wessels et al.，2007；卓莉等，2007)。本研究采用空间比较的方式对部分空间邻近但 R^2 趋势相反的子区域进行比较研究，以进一步分析 R^2 变化的潜在原因(Wessels et al.，2007)。

植被 NDVI-降水关系变化有时难以直接指示土地退化或恢复过程。结合多种趋势是解释区域植被动态的有效方法，如 Li et al.(2023)将 NDVI、RESTREND 和 SeRGS 趋势进行组合，得到不同类型的土地退化与恢复过程。本书结合 NDVI 趋势与 NDVI-降水关系变化以进一步解释研究区植被变化的潜在驱动因素。

4.3.2 NDVI 非线性变化

我们采用多项式拟合方法检测 MODIS NDVI 的非线性变化模式(Jamali et al.，2014)。该方法的具体实现过程见第 2.3.1 节。由于草地 NDVI 时间序列的波动性较强，所以在判断多项式拟合是否统计显著时，采用 $\alpha=0.1$ 置信水平。NDVI 变化模式分类框架如表 4-2 所示。基于时间序列在整个时间段内的单调趋势，可将每一种非线性变化进一步划分为 3 个亚类。例如，三次变化(上升—下降—上升)可以划分为三次变化且整体趋势上升、三次变化且整体趋势下降，以及三次变化且整体趋势不显著。

表 4－2　多项式变化拟合方法下时间序列变化类型

变化类型	描　述
CIDI	三次变化，上升—下降—上升/Cubic，Increase-Decrease-Increase
CDID	三次变化，下降—上升—下降/Cubic，Decrease-Increase-Decrease
QDI	二次变化，下降—上升/Quadratic，Decrease-Increase
QID	二次变化，上升—下降/Quadratic，Increase-Decrease
LI	线性变化，上升/Linear，Increase
LD	线性变化，下降/Linear，Decrease

4.3.3　基于 LandTrendr 的 NDVI 变化

本节采用 GEE 平台上 LandTrendr 算法分析 30 m 空间分辨率下 2000—2018 年期间 NDVI 变化过程（Kennedy et al.，2010；Kennedy et al.，2018）。选择每年 5 月 1 日至 9 月 30 日之间的数据作为输入，并使用了云、云影、雪和水体掩膜。

NDVI 时间序列分割参数设置如图 4－5 所示。考虑到草地和荒漠生态系统年际波动大，为减少过分割现象，将时间序列最大分割段数设为 3。对于 NDVI 变化过程，本研究关注两个方面，即最近一次 NDVI 增长和最近一次 NDVI 下降的相关变化参数，包括增长（下降）开始时间、结束时间以及持续时间。为减少分析不确定性，仅 NDVI 变化幅度超过 0.1 且持续时间不短于 5 年的变化纳入分析范围内。

```
var runParams = {
  maxSegments:            3,
  spikeThreshold:         0.5,
  vertexCountOvershoot:   1,
  preventOneYearRecovery: true,
  recoveryThreshold:      0.1,
  pvalThreshold:          0.05,
  bestModelProportion:    0.75,
  minObservationsNeeded:  6
};
```

图 4－5　GEE 平台 LandTrendr 时序分割参数设置，参考以下代码修改
https://code.earthengine.google.com/eeb54bb308c4043ba4da9e7109da3a92

4.4　NDVI 时空变化特征

4.4.1　锡林郭勒盟 NDVI－降水关系变化

1. NDVI－降水关系强度变化

在 2000—2018 年间，基于 10 年滑动窗口方法得到的 NDVI 与降水量之间线性回归 $R^2>0.3$ 的时段数（以下简称时段数）如图 4－6 所示。接近 20%像元的时段数达到 10 个，

即所有时段 R^2 均大于 0.3。西部荒漠草原区的时段数相对较多。时段数小于 5 个的像元占比约 40%，说明有大面积地区 NDVI 变化受降水影响较弱。时段数较少的像元主要分布在锡林郭勒盟东部、浑善达克沙地南部及周边地区。

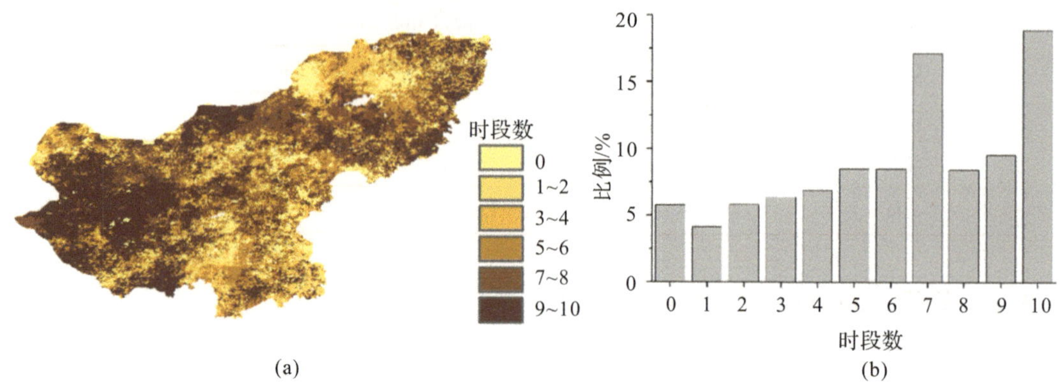

图 4-6　基于 10 年滑动窗口的生长季 NDVI 与降水量线性回归 $R^2>0.3$ 的时段数及其频率分布

NDVI 与降水线性回归 R^2 的变化如图 4-7 所示。R^2 变化的空间差异明显，总体表现为西部荒漠草原区和东部草甸草原区 R^2 下降，中部典型草原区 R^2 上升。变化幅度绝对值小于 0.2 的像元占比较大。其次是幅度介于 0.2 和 0.6 之间的像元。在变化趋势的显著性上，36.7%显著上升（$p<0.1$），16.3%显著下降。R^2 变化格局具有很强的空间聚集性，尤其是西部荒漠草原区和中部的典型草原区域。东部草原区变化格局较为复杂。R^2 变化具有过渡特征，即空间上，低值聚集区与高值聚集区一般存在中间值的过渡，剧烈的空间变化较少。这表明了 R^2 变化可能对生态系统状态具有一定的依赖性。

基于 R^2 变化的空间格局，选择了 5 个典型变化区域分析其 R^2 变化过程[见图 4-7(c)]。对 A、B 和 C 区仅分析 R^2 显著上升的像元，对 D 区仅分析 R^2 显著下降的像元。E 区是浑善达克沙地典型的 R^2 变化异质区，同时分析 R^2 显著上升和下降的像元。

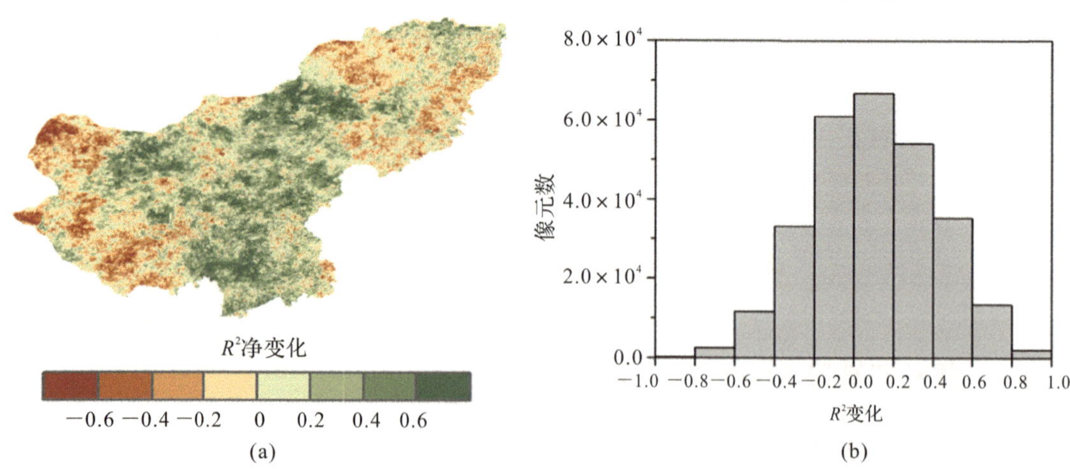

图 4-7　NDVI 与降水量线性回归 R^2 变化（2000—2018 年）

(a) R^2 净变化；(b) 频率直方图

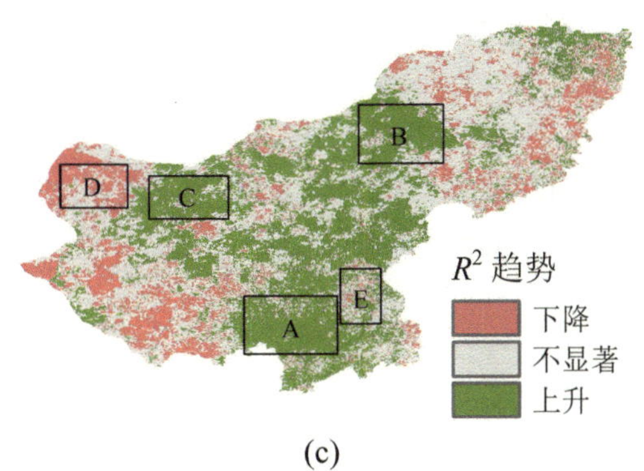

(c)

续图 4－7　NDVI 与降水量线性回归 R^2 变化(2000—2018 年)

(c)R^2 趋势

A 区位于浑善达克沙地南部，其 R^2 呈上升趋势，从 2000—2009 年的不到 0.1 上升至 2009—2018 年的 0.6 左右(见图 4－8)。其上升过程属于持续上升，阶段性特征不明显。其 R^2 的持续上升可能说明该区域人为活动对植被的影响正在减弱。

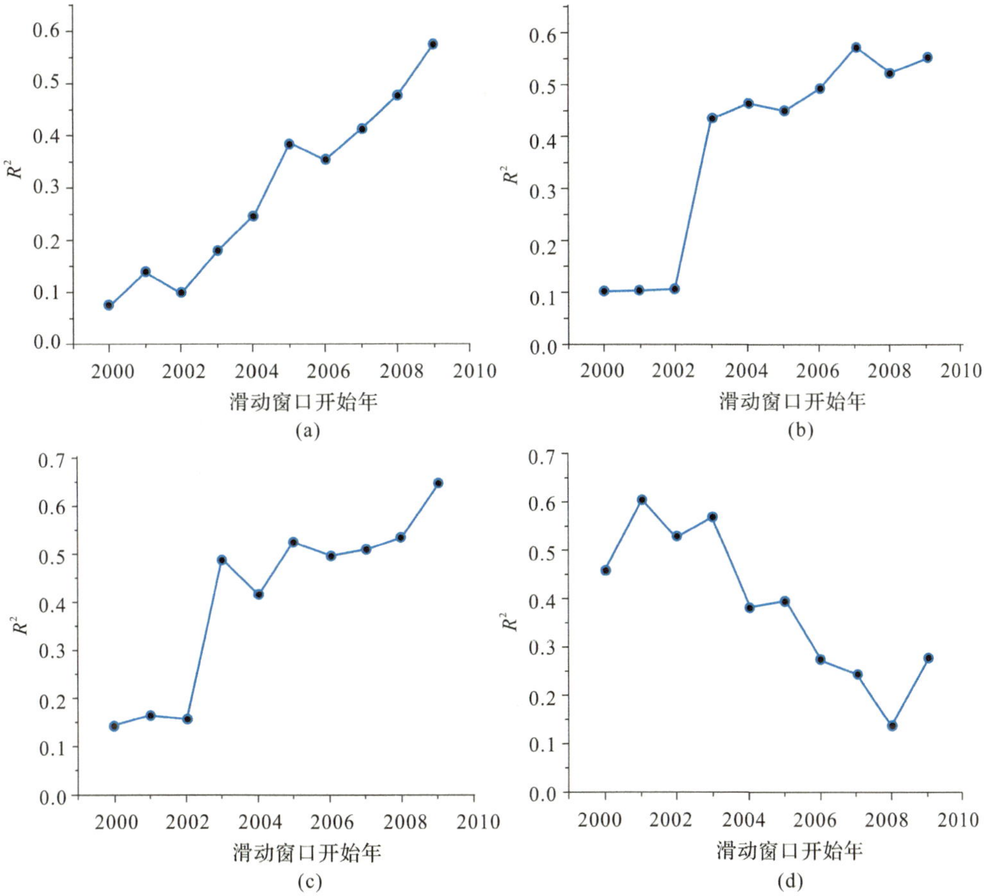

图 4－8　各区域 R^2 时间序列

(a)A 区；　(b)B 区；　(c)C 区；　(d)D 区

B 区位于锡林郭勒北部，其 R^2 主要呈现上升趋势。该区域 R^2 变化表现出明显的阶段性特征，前三个时间段，R^2 在 0.1 左右，在 2003—2012 年期间突增至 0.44，继而保持缓慢的增加。前三个时段的低 R^2 与 2002 年的极端降水有关。如图 4－9 所示，2002 年降水较多，1～7 月降水量达到约 295 mm，但其 NDVI 值较低，该异常点一定程度上使得前几个时段 R^2 均较低。因此，该区域大幅度的 R^2 变化与降水异常有关。

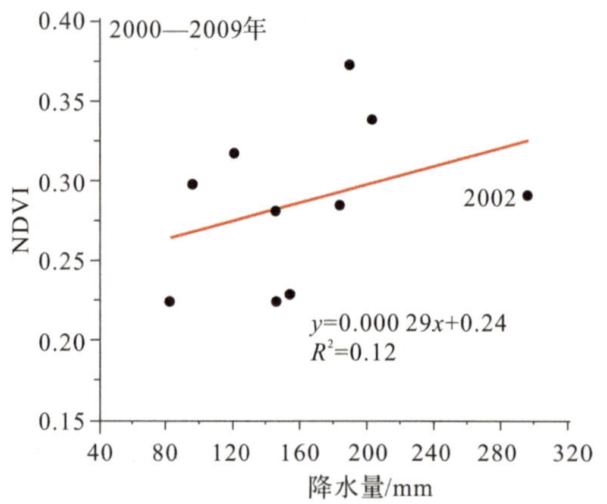

图 4－9　B 区 2000—2009 年 NDVI 与降水量散点图

C 区位于锡林郭勒西部，其 R^2 变化也呈现出阶段性特征。与 B 区类似，前三个时段的 R^2 不到 0.2，R^2 突增后保持缓慢的增加趋势。D 区处于西部荒漠草原区，与 C 区毗邻，其初始阶段 R^2 较高，随后逐渐下降至 0.2～0.3。由于 C 区与 D 区空间上比较接近，所以本研究比较了二者降水量和 NDVI 时间序列的差异。在 2000—2018 年期间，两个区域降水量及其变化比较接近(见图 4－10)。NDVI 仅在 2000—2004 年期间相似，从 2005 年开始，C 区 NDVI 在绝大多数年份内均具有更高的 NDVI 值，不含 2011 年和 2016 年。

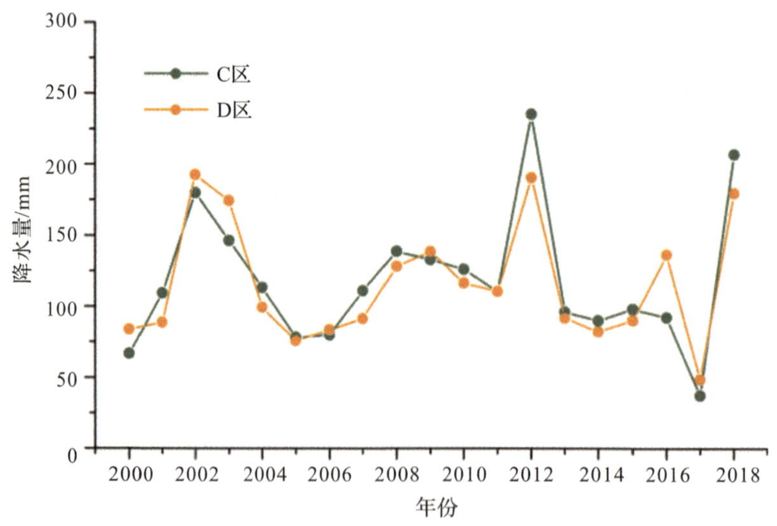

图 4－10　C 区与 D 区平均降水量与 NDVI 时间序列，
C 区仅考虑 R^2 显著上升的像元，D 区仅考虑 R^2 下降的像元

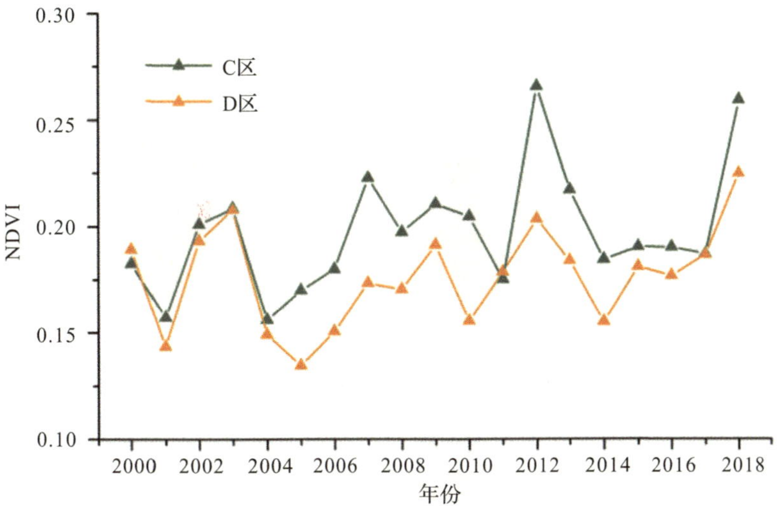

续图 4－10 C 区与 D 区平均降水量与 NDVI 时间序列，
C 区仅考虑 R^2 显著上升的像元，D 区仅考虑 R^2 下降的像元

通过比较 2000—2004 年与 2005—2018 年这两个时间段各区域 NDVI，降水量与降水利用率(RUE)发现在 2005—2018 年期间，C 区和 D 区 NDVI 和降水利用率的差异均较 2000—2004 年大(见图 4－11)。2000—2004 年间，C 区与 D 区 NDVI 差异很小，仅为 0.005，而 2005—2018 年间，其差异为 0.028。降水利用率差异从 0.09 增加至 0.17。C 区自身降水利用率也有较大涨幅，说明该区域存在一定程度的生态系统恢复。因此，C 区的 R^2 上升也可能与草地保护政策，如放牧强度下降等因素有关。D 区植被绿度与降水量线性关系的减弱，则可能与持续的放牧和其他人为活动有关。

E 区位于浑善达克沙地，R^2 变化格局异质性较强。其中，35.9%像元具有显著上升的 R^2，11.5%像元具有显著下降 R^2。图 4－12 为该区域 R^2 上升和下降区域相应的变化过程。R^2 上升区域其变化过程没有明显阶段性特征，从初期约 0.1 上升至后期约 0.35。下降区也有没有明显阶段性特征，其 R^2 值从 0.375 下降至 0.125。

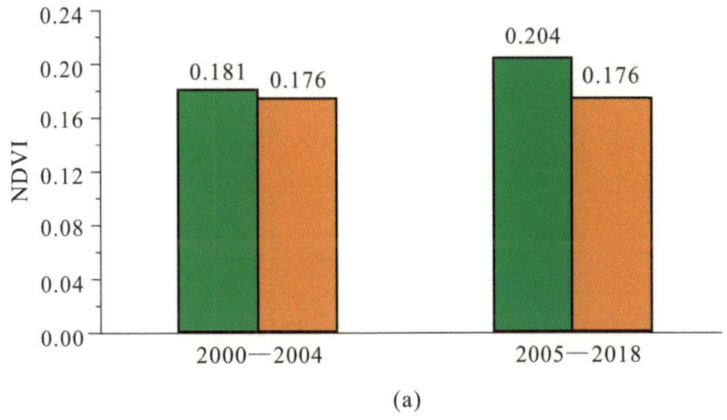

图 4－11 C 区与 D 区不同时段平均 NDVI，降水量和降水利用率(RUE)差异
(a)NDVI；

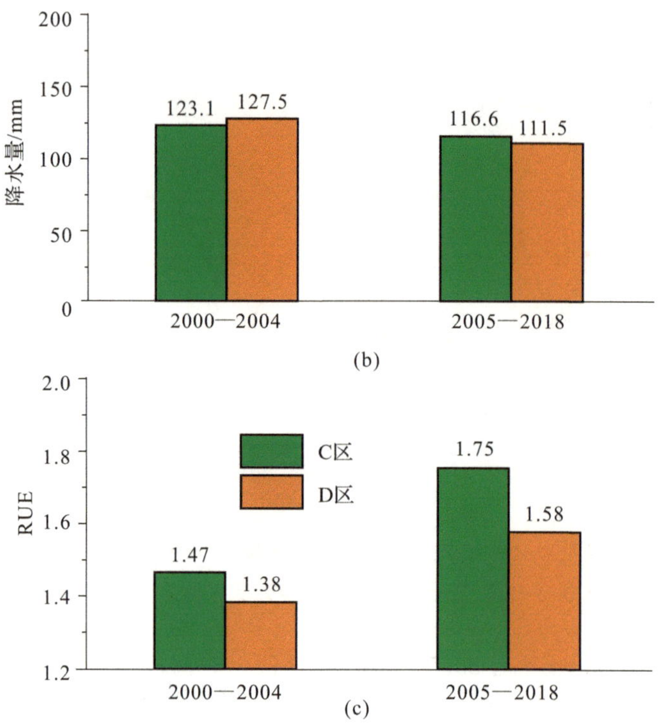

续图 4-11　C 区与 D 区不同时段平均 NDVI,降水量和降水利用率(RUE)差异

(b)降水量；(c)降水利用率(RUE)

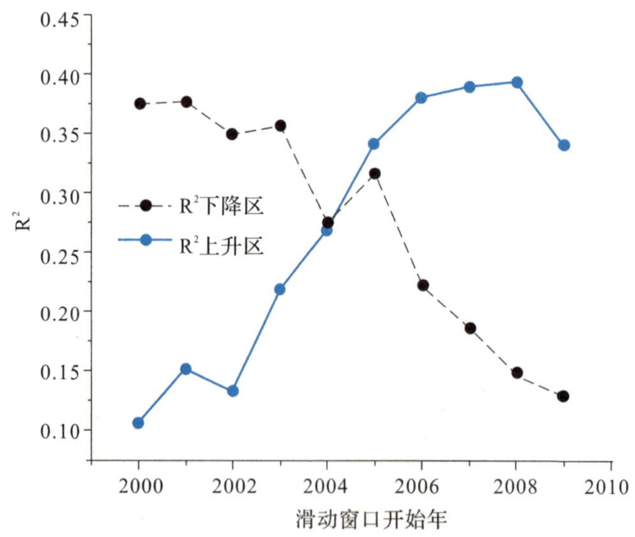

图 4-12　E 区 R^2 上升和下降区 R^2 时间序列

总体而言,上升和下降区整体 R^2 均相对较低。R^2 上升区和下降区 NDVI 时间序列较为相似(见图 4-13)。这两类区域 NDVI 均具有较强的波动性,但与 R^2 上升区不同的是,R^2 下降区 NDVI 在 2014—2018 年期间保持在 0.35 左右,比较稳定。其波动性明显小于

R^2 上升区，对降水变化的敏感性较低(见图 4－13)。

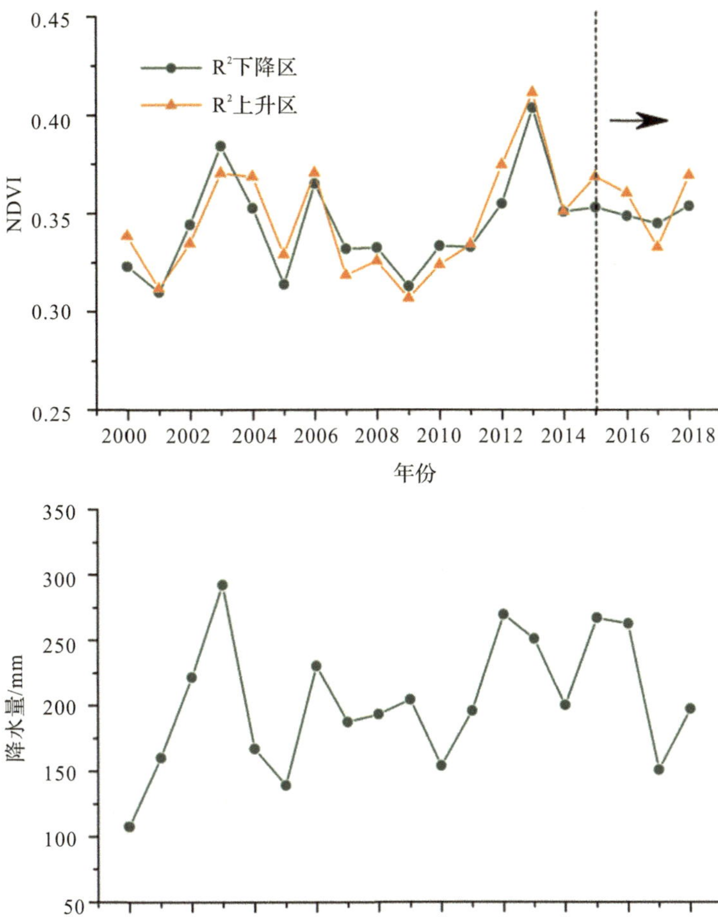

图 4－13　E 区降水量以及 R^2 上升和下降区 NDVI 时间序列

在 E 区内，相反方向的 R^2 变化可能与人为活动和植被结构变化有关。该区域是典型的沙地，植树以及放牧等人为活动的变化均可能影响植被与降水的相关关系。R^2 上升可能与人为活动较少有关，而 R^2 的下降则可能是植被结构变化(如木本植物比例上升)使得植被对降水敏感性发生变化。

2. NDVI－降水敏感性变化

NDVI 对降水敏感性(即 NDVI 与降水量线性回归的斜率)变化如图 4－14 所示。NDVI 对降水敏感性变化的空间格局与 R^2 类似，呈现东部和西部下降、中部上升的格局。敏感性显著上升的比例略低于 R^2，但敏感性显著下降的比例明显高于 R^2，且敏感性显著下降区域的空间连续性更强。图 4－15 给出了 R^2 和敏感性的趋势组合情况。R^2 与敏感性的趋势一致占比约 63%。在趋势不一致的区域内，主要趋势差异为 R^2 趋势不显著但敏感性显著下降(0,－1)，相反趋势仅占比 0.1%。由于 NDVI 对降水敏感性变化与 R^2 的变化相似，所以不做进一步分析。

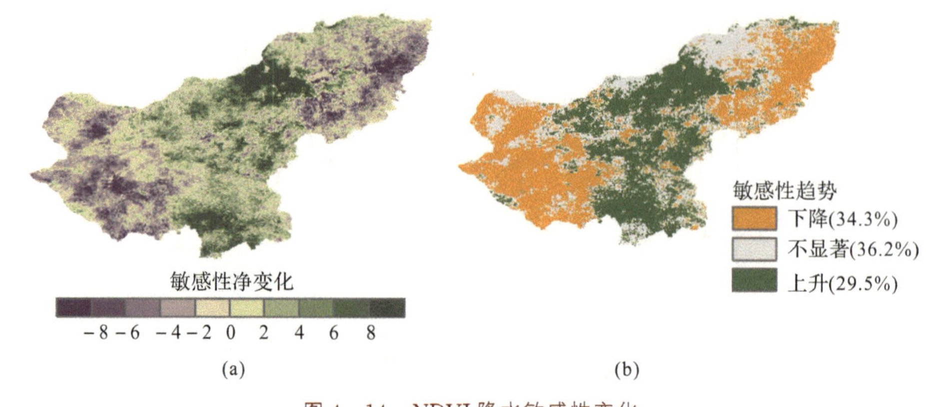

图 4-14 NDVI 降水敏感性变化
(a)敏感性净变化；(b)敏感性趋势

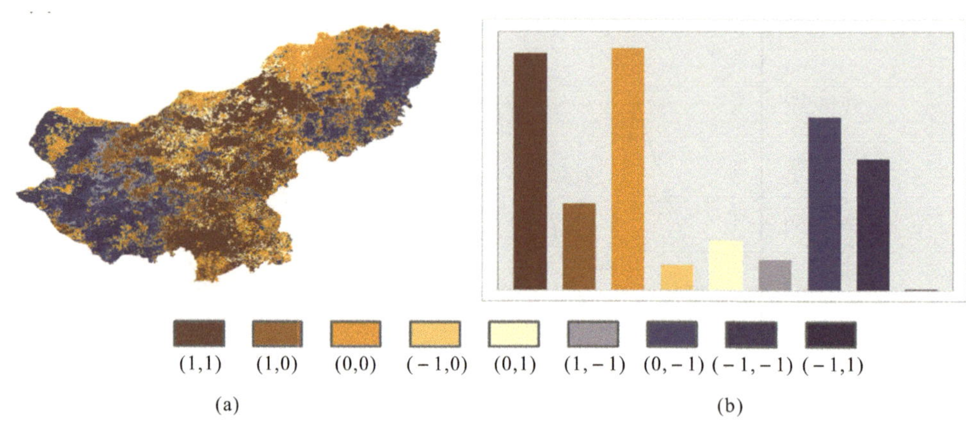

图 4-15 NDVI-降水回归 R^2 与敏感性趋势组合
图例中，(1, 0)代表 R^2 趋势为上升，敏感性趋势为不显著，依此类推

3. NDVI-降水关系变化对土地荒漠化监测的意义

本节基于 NDVI 和降水量时间序列分析了近 20 年内蒙古锡林郭勒盟草地绿度与降水关系的演变。在 2000—2018 年间，R^2 呈现明显变化，具体表现为西部荒漠草原区 R^2 下降明显，中部 R^2 以上升为主。通过空间邻近区域变化的差异性，推测西部部分地区 R^2 下降可能与持续放牧等因素有关。生态系统结构变化也会引起植被与降水关系变化(Piao et al.，2014；Vickers et al.，2016)。浑善达克沙地部分区域呈现相反方向的 R^2 变化，可能与植被结构变化有关。另外，异常降水也会引起 R^2 和敏感性的变化。以上研究结果表明，NDVI-降水关系变化与土地荒漠化或恢复过程有关，但也受诸多其他因素的共同影响。如何解译 NDVI-降水关系变化是需解决的关键问题。

残差趋势分析是区分干旱区气候和人为因素导致的土地退化的常用方法(Evans and Geerken，2004；Wessels et al.，2007)。该方法的性能对植被—降水关系具有较强的依赖性，即在植被—降水关系较弱时，该方法不再适用(Evans and Geerken，2004)。因此，部分

研究应用 RESTREND 时，采用时间序列分段的方式分别分析。例如，Li et al.（2012）分析 1981—2006 年期间锡林郭勒草地退化时，根据区域草地利用政策将整个研究时段分为 3 个时段分别分析。也有研究选择人为因素影响较小的时段作为参考得到植被与气候的回归关系，进而应用于整个研究时段（曹鑫等，2006；Tong et al.，2017）。本研究对锡林郭勒植被绿度与降水关系演变的研究进一步强调了分段研究的重要性，且 R^2 的变化过程为分段研究提供了重要的分段依据。

4.4.2　锡林郭勒盟 NDVI 变化模式

2000—2018 年期间研究区 NDVI 非线性变化如图 4－16 所示。其中，约 35％区域检测到显著的变化（$p<0.1$）。在所有显著变化类型中，NDVI 线性上升（LI）是主导类型，主要分布在研究区中部和东部。非线性变化在研究区内分布较为分散。值得注意的是浑善达克沙地区域的变化类型多样，格局较为复杂，说明了该区域复杂的植被变化过程。

整体而言，研究区内未出现大面积的 NDVI 上升-下降过程，绝大多数 NDVI 上升过程具有持续性。从单调趋势角度，锡林郭勒植被 NDVI 上升区域明显大于植被退化区域。NDVI 显著下降仅占比 0.4％。

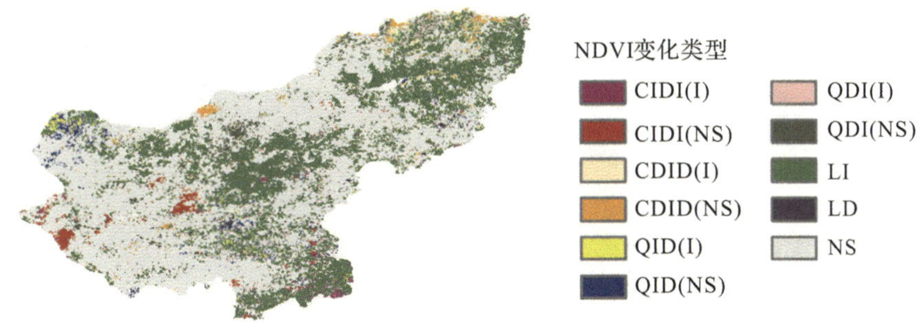

图 4－16　2000—2018 年期间 NDVI 非线性变化类型

本研究将 NDVI 单调上升趋势与 R^2 趋势进行组合分析，趋势组合后的空间分布如图 4－17 所示。表 4－3 给出了 NDVI 上升与 R^2 趋势组合可能的生态解释。对于 NDVI 显著上升区域，其对应的 R^2 趋势主要为上升或不显著。NDVI 上升对应 R^2 下降的比例较低，主要分布在东部区域，这可能与作物种植有关。

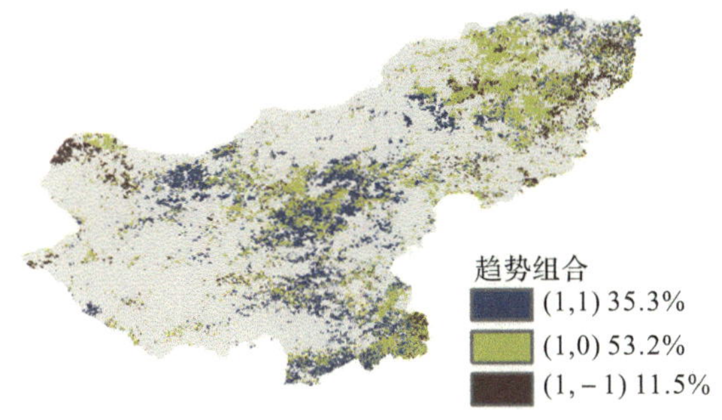

图 4－17　NDVI 上升趋势与 R^2 趋势组合

表 4-3 NDVI 与 R^2 趋势组合的可能解释

组合类型	可能解释
NDVI 上升，R^2 上升	植被恢复，且外部影响(如人类活动)减弱
NDVI 上升，R^2 不显著	植被恢复，外部影响未发生明显变化
NDVI 上升，R^2 下降	在人类活动等影响下植被变绿，如植树、耕种等

4.4.3 浑善达克沙地 NDVI 变化

基于 LandTrendr 算法的浑善达克沙地区域 2000—2018 年 NDVI 最近一次增长的相关参数如图 4-18 至图 4-20 所示。NDVI 增长广泛分布于浑善达克沙地内，在中部和东部 NDVI 增长的空间聚集性较为明显。绝大多数 NDVI 最近一次增长的开始时间在 2001—2003 年，说明在开始阶段即呈现显著增长(见图 4-18)。NDVI 增长的持续时间普遍较长，最新一次 NDVI 增长结束主要出现在 2018 年，说明植被处于持续恢复过程中。在研究区东北部，也有大面积 NDVI 增长中止于 2012 年。研究表明，生态工程的实施是促进浑善达克沙地植被恢复的重要因素(黄丽丽等，2022；马永桃等，2021)，主要措施包括人工造林、人工种草、禁牧休牧等(国家林业局，2017)。图 4-21 是造林促进植被恢复的一个示例，造林区域 NDVI 呈现增长趋势，而在毗邻的未造林区域则未检测到 NDVI 增长。

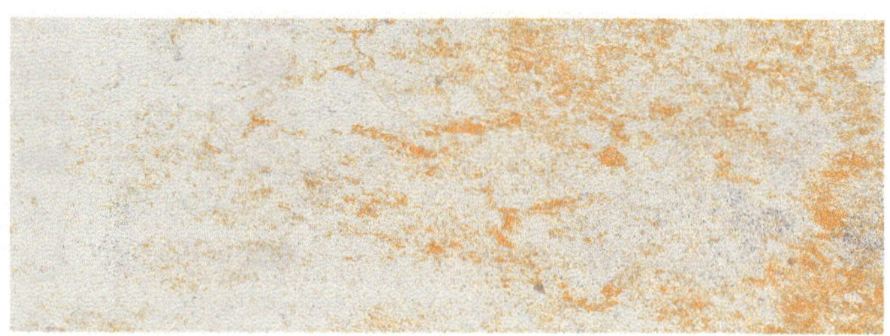

NDVI增长开始时间/年
无增长
2001—2003
2004—2007
2008—2014

图 4-18 基于 LandTrendr 的 2000—2018 年 NDVI 最近一次增长的开始时间

NDVI增长持续时间/年
无增长
5~10
11~15
16~18

图 4-19 基于 LandTrendr 的 2000—2018 年 NDVI 最近一次增长的持续时间

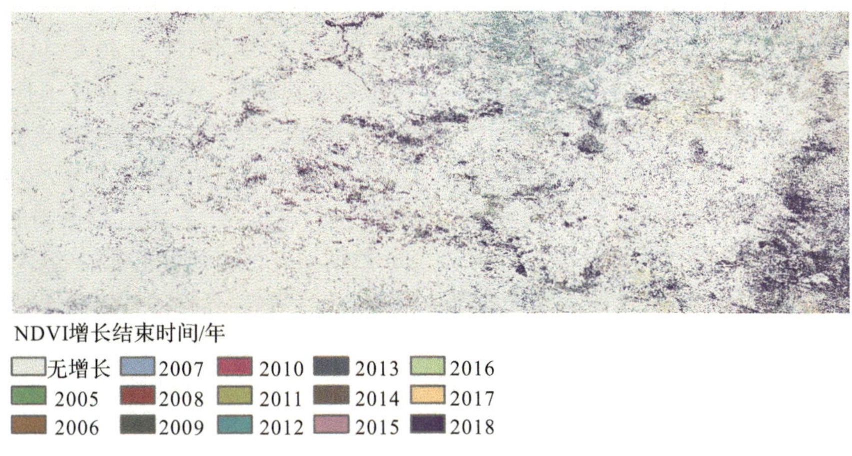

图 4-20　基于 LandTrendr 的 2000—2018 年 NDVI 最近一次增长的结束时间

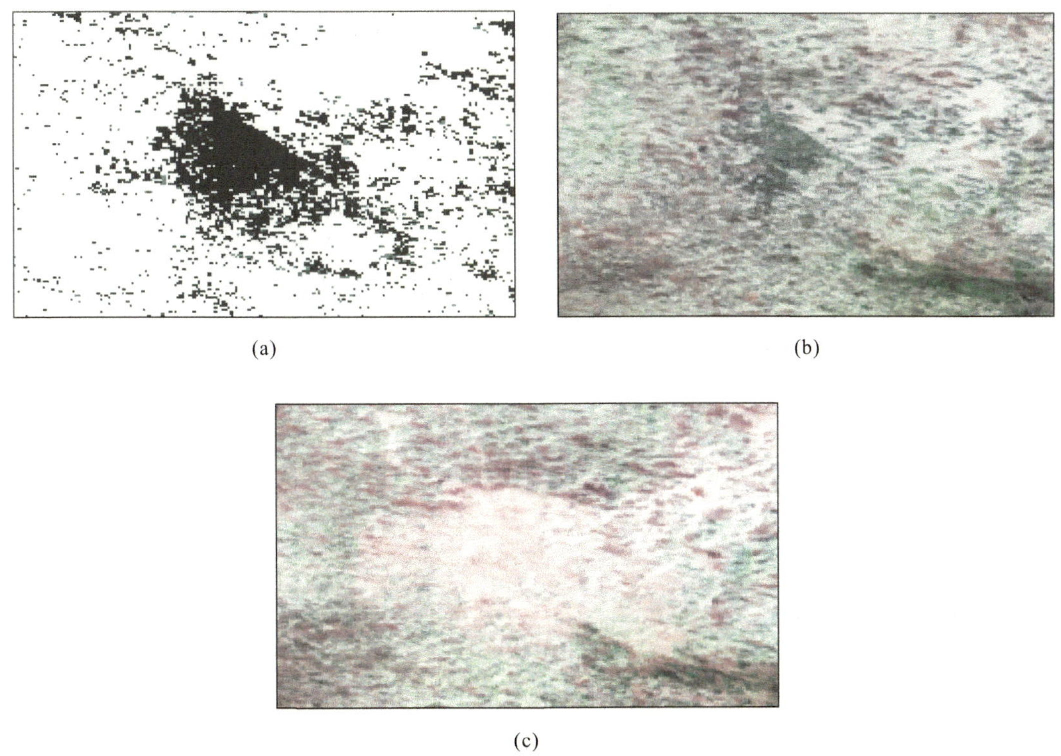

图 4-21　LandTrendr 检测到的 NDVI 最后一次上升示例

(a)NDVI 上升像元(绿色)；(b)Landsat 8 假彩色合成影像(波段组合 SWIR1\ NIR\Red)，影像获取于 2017 年 6 月；(c)Landsat 5 假彩色合成影像，影像获取于 2000 年 7 月

LandTrendr 检测到最新一次下降的空间分布如图 4-22～图 4-24 所示。尽管发生 NDVI 下降的像元数低于 NDVI 增长，但 NDVI 下降在研究区内仍是不可忽视的。与 NDVI 增长不同，最后一次 NDVI 下降主要出现在 2008 年之后，研究区东北部聚集性较为明显。

研究区东部一些 NDVI 下降出现时间较早，且持续时间较长。在所有 NDVI 下降开始年和结束年组合中，2018 年结束且 2001 年开始或 2012 年后开始的类型占比较大(见图 4－25)。共 2 180 211 个像元最后一次 NDVI 下降持续到研究时段结束，说明植被处于持续退化过程中。浑善达克沙地区域的土地荒漠化防治仍面临挑战。浑善达克沙地区域植被 NDVI 下降具有较强的局部聚集特征，可能与局部人类活动或景观特征有关(罗晶等，2022)。

LandTrendr 检测到的 30 m 空间分辨率 NDVI 上升格局与 MODIS 检测到的 1 km 分辨率 NDVI 上升格局整体相似。但 MODIS 1 km 数据没有检测到大范围的 NDVI 下降，只检测到少量 QID 类型变化(见图 4－16)。马永桃等(2021)和罗嘉艳等(2023)基于 250 m 分辨率 MODIS 数据检测到了浑善达克沙地近 20 年一些 NDVI 下降。在景观结构复杂区域，粗空间分辨率遥感有可能掩盖植被退化过程。基于 LandTrendr 的时间序列分割，在检测潜在土地退化上能够提供更为精细的时空信息，为区域土地荒漠化防治提供参考。

图 4－22　基于 LandTrendr 的 2000—2018 年 NDVI 最后一次下降的开始时间

图 4－23　基于 LandTrendr 的 2000—2018 年 NDVI 最后一次下降的持续时间

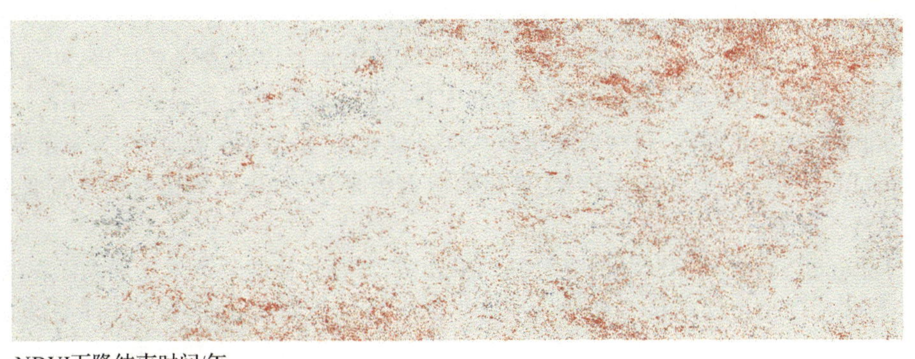

图 4－24　基于 LandTrendr 的 2000—2018 年 NDVI 最后一次下降的结束时间

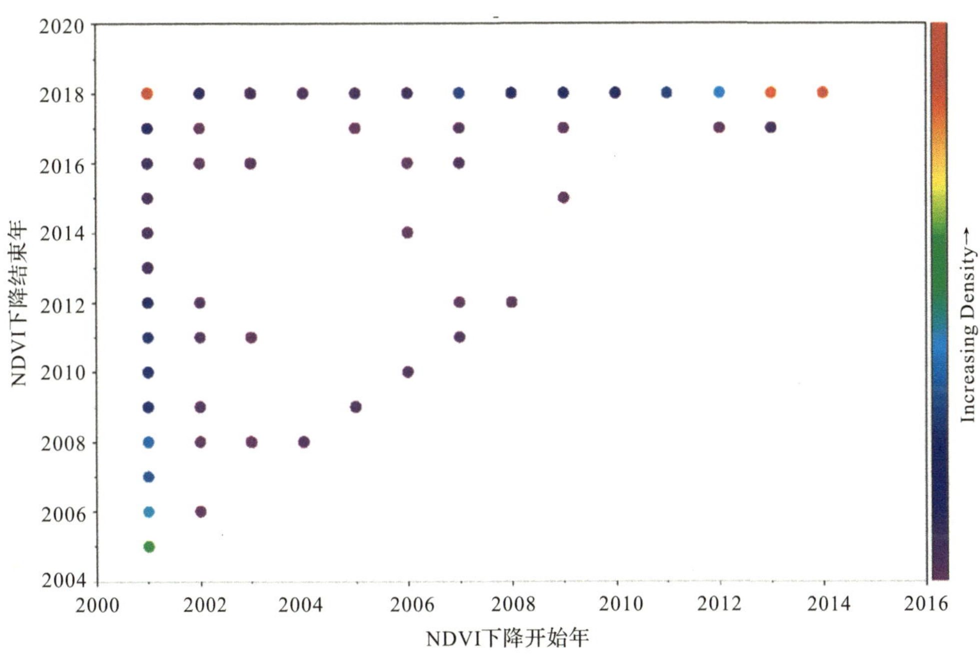

图 4－25　NDVI 下降开始年和结束年组合的密度散点图

4.4.4　小结

本章基于 10 年滑动窗口分析了 2000—2018 年期间锡林郭勒 NDVI 与降水关系(线性回归 R^2 和斜率)的变化。R^2 变化的空间差异明显,总体表现为西部和东部 R^2 下降、中部 R^2 上升。R^2 变化格局具有很强的空间聚集性,尤其是西部荒漠草原区和中部草原区域。东部草甸草原区变化格局较为复杂。通过比较空间邻近的相反趋势 R^2 变化,发现锡林郭勒西北部 R^2 下降可能与持续放牧等活动有关,而其毗邻的 R^2 上升可能与草地恢复政策实施等因素相关。在浑善达克沙地内的 R^2 变化,可能与生态系统结构变化有关。另外,极端

降水也会对 R^2 变化产生影响。NDVI 对降水敏感性的变化格局与 R^2 相似。仅基于植被-降水关系(R^2 和敏感性)的变化难以直接指示该区域土地荒漠化或恢复过程,结合植被-降水关系变化和植被长势变化是认识土地荒漠化与恢复过程的有效途径。

在 2000—2018 年期间,锡林郭勒植被 NDVI 变化类型以线性增加为主,未出现大面积趋势反转过程。NDVI 上升趋势与 R^2 变化的组合结果显示,该区域植被恢复主要对应 R^2 上升和趋势不显著。

基于 LandTrendr 的 NDVI 时序分割结果表明,浑善达克沙地区域呈现大面积的 NDVI 持续增长,说明了植被恢复状态良好。尽管 NDVI 持续下降占比低于 NDVI 持续上升,但该现象值得注意。在景观结构破碎区域,粗分辨率遥感可能掩盖局部植被退化现象,中高分辨率遥感应用需加强。

参考文献

曹鑫,辜智慧,陈晋,等,2006. 基于遥感的草原退化人为因素影响趋势分析[J]. 植物生态学报,30(2):268-277.

陈文倩,丁建丽,谭娇,等,2018. 基于 DPM-SPOT 的 2000—2015 年中亚荒漠化变化分析[J]. 干旱区地理,41(1):119-126.

国家林业局,2017. 国家重点生态功能区生态保护与建设规划[M]. 北京:中国林业出版社.

韩兴国等,2019. 草地与荒漠生态系统过程与变化[M]. 北京:高等教育出版社.

胡中民,樊江文,钟华平,等,2006. 中国温带草地地上生产力沿降水梯度的时空变异性[J]. 中国科学.D辑:地球科学,36(12):1154-1162.

黄丽丽,胡涛,王瑞峰,等,2022. 浅谈浑善达克沙地防沙治沙成效[J]. 内蒙古林业调查设计,45(4):12-14.

黄森旺,李晓松,吴炳方,等,2012. 近 25 年三北防护林工程区土地退化及驱动力分析[J]. 地理学报,67(5):589-598.

贾若楠,杜鑫,李强子,等,2016. 近 15 年锡林郭勒盟植被变化时空特征及其对气候的响应[J]. 中国水土保持科学,14(5):47-56.

李政海,鲍雅静,王海梅,等,2008. 锡林郭勒草原荒漠化状况及原因分析[J]. 生态环境,17(6):2312-2318.

刘成林,樊任华,武建军,等,2009. 锡林郭勒草原植被生长对降水响应的滞后性研究[J]. 干旱区地理,32(4):512-518.

罗海江,白海玲,方修琦,等,2007. 农牧交错带近十五年生态环境变化评价:以鄂尔多斯地区为例[J]. 干旱区地理,30(4):474-481.

罗嘉艳,张靖,徐梦冉,等,2023. 浑善达克沙地植被变化定量归因及多情景预测[J]. 干旱区地理,46(4):614-624.

罗晶,黄晓霞,程宏,等,2022. 浑善达克沙地景观结构变化对生态系统服务的影响[J]. 中国沙漠,42(4):99-109.

马永桃，任孝宗，胡慧芳，等，2021. 基于地理探测器的浑善达克沙地植被变化定量归因[J]. 中国沙漠，41(4)：195－204.
欧阳志云，徐卫华，肖燚，等，2017. 中国生态系统格局、质量、服务与演变[M]. 北京：科学出版社.
史娜娜，肖能文，王琦，等，2019. 锡林郭勒植被 NDVI 时空变化及其驱动力定量分析[J]. 植物生态学报，43(04)：331－341.
孙立群，李晴岚，陈骥，等，2018. 欧亚大陆不同生态区植被生长对降水响应的季节变化规律[J]. 生态学报，38(22)：8051－8059.
孙若梅. 2017. 陆地生态系统保护与可持续管理[M]. 北京：社会科学文献出版社.
王涛，宋翔，颜长珍，等，2011. 近 35 年来中国北方土地沙漠化趋势的遥感分析[J]. 中国沙漠，31(6)：1351－1356.
乌尼图，刘桂香，刘爱军，等，2020. 天然草原净初级生产力变化监测与驱动力分析：以锡林郭勒草原为例[J]. 应用生态学报，31(4)：1233－1240.
阳坤，何杰，唐文君，等，2019. 中国区域地面气象要素驱动数据集(1979－2018)[DS]. 时空三极环境大数据平台. DOI：10. 11888/AtmosphericPhysics. tpe. 249369. file. CSTR：18406. 11. AtmosphericPhysics. tpe. 249369. file.
赵汝冰，肖如林，万华伟，等，2017. 锡林郭勒盟草地变化监测及驱动力分析[J]. 中国环境科学，37(12)：4734－4743.
卓莉，曹鑫，陈晋，等，2007. 锡林郭勒草原生态恢复工程效果的评价[J]. 地理学报，62(5)：471－480.
ABEL C，HORION S，TAGESSON T，et al.，2019. Towards improved remote sensing based monitoring of dryland ecosystem functioning using sequential linear regression slopes(SeRGS)[J]. Remote Sensing of Environment，224：317－332.
ANDELA N，LIU YY，van DIJK A I J M，et al.，2013. Global changes in dryland vegetation dynamics(1988—2008)assessed by satellite remote sensing：comparing a new passive microwave vegetation density record with reflective greenness data[J]. Biogeosciences，10(10)：6657－6676.
BAI Y F，HAN X G，WU J G，et al.，2004. Ecosystem stability and compensatory effects in the Inner Mongolia grassland[J]. Nature，431(7005)：181－184.
BAI Y F，WU J G，XING Q，et al.，2008. Primary production and rain use efficiency across a precipitation gradient on the Mongolia plateau[J]. Ecology，89(8)：2140－2153.
BAI Z G，DENT D，2009. Recent Land Degradation and Improvement in China[J]. Ambio，38(3)：150－156.
BURRELL A L A L，EVANS J P J P，LIU YY，2017. Detecting dryland degradation using Time Series Segmentation and Residual Trend analysis(TSS－RESTREND)[J]. Remote Sensing of Environment，197：43－57.
CHEN C，PARK T，WANG X，et al.，2019. China and India lead in greening of the world through land-use management[J]. Nature Sustainability，2(2)：122－129.

CHI D, WANG H, LI X, et al., 2018. Assessing the effects of grazing on variations of vegetation NPP in the Xilingol Grassland, China, using a grazing pressure index[J]. Ecological Indicators, 88: 372-383.

DENG X, LI Z, 2016. Economics of Land Degradation in China[M]//Nkonya E, Mirzabaev A, von Braun J. Economics of Land Degradation and Improvement-A Global Assessment for Sustainable Development. Cham: Springer International Publishing.

de JONG R, VERBESSELT J, ZEILEIS A, et al., 2013. Shifts in global vegetation activity trends[J]. Remote Sensing, 5(3): 1117-1133.

de JONG R, de BRUIN S, SCHAEPMAN M, et al., 2011. Quantitative mapping of global land degradation using earth observations[J]. International Journal of Remote Sensing, 32(21): 6823-6853.

DIDAN K, MUNOZ, A B, 2019. MODIS Vegetation Index User's Guide(MOD13 Series)[EB/OL]. https://lpdaac.usgs.gov/documents/621/MOD13_User_Guide_V61.pdf?_ga=2.222929304.2081210081.1687763361-1638037196.1610521755

D'ODORICO P, BHATTACHAN A, DAVIS K F, et al., 2013. Global desertification: Drivers and feedbacks[J]. Advances in Water Resources, 51: 326-344.

DUBOVYK O. 2017. The role of Remote Sensing in land degradation assessments: opportunities and challenges[J]. European Journal of Remote Sensing, 50(1): 601-613.

ECKERT S, HUSLER F, LINIGER H, et al., 2015. Trend analysis of MODIS NDVI time series for detecting land degradation and regeneration in Mongolia[J]. Journal of Arid Environments, 113: 16-28.

EVANS J, GEERKEN R, 2004. Discrimination between climate and human-induced dryland degradation[J]. Journal of Arid Environments, 57(4): 535-554.

FENSHOLT R, LANGANKE T, RASMUSSEN K, et al., 2012. Greenness in semi-arid areas across the globe 1981—2007-an Earth Observing Satellite based analysis of trends and drivers[J]. Remote Sensing of Environment, 121: 144-158.

FENSHOLT R, RASMUSSEN K, KASPERSEN P, et al., 2013. Assessing Land Degradation/Recovery in the African Sahel from Long-Term Earth Observation Based Primary Productivity and Precipitation Relationships[J]. Remote Sensing, 5(2): 664-686.

FIORILLO E, MASELLI F, TARCHIANI V, et al., 2017. Analysis of land degradation processes on a tiger bush plateau in South West Niger using MODIS and LANDSAT TM/ETM plus data[J]. International Journal of Applied Earth Observation and Geoinformation, 62: 56-68.

GORELICK N, HANCHER M, DIXON M, et al. 2017. Google Earth Engine: Planetary-scale geospatial analysis for everyone[J]. Remote Sensing of Environment, 202: 18-27.

HE B, CHEN A F, WANG H L, et al., 2015. Dynamic Response of Satellite-Derived Vegetation Growth to Climate Change in the Three North Shelter Forest Region in China[J]. Remote Sensing, 7(8): 9998-10016.

HE J, YANG K, TANG W J, et al., 2020. The first high-resolution meteorological forcing dataset for land process studies over China[J]. Scientific Data, 7(1): 25.

HEISLER-WHITE J L, KNAPP A K, KELLY E F, 2008. Increasing precipitation event size increases aboveground net primary productivity in a semi-arid grassland[J]. Oecologia, 158(1): 129 - 140.

HIGGINBOTTOM T P, SYMEONAKIS E, 2014. Assessing Land Degradation and Desertification Using Vegetation Index Data: Current Frameworks and Future Directions[J]. Remote Sensing, 6(10): 9552 - 9575.

HORION S, PRISHCHEPOV A V, VERBESSELT J, et al., 2016. Revealing turning points in ecosystem functioning over the Northern Eurasian agricultural frontier[J]. Global change biology, 22(8): 2801 - 2817.

IPBES, 2018. The IPBES assessment report on land degradation and restoration [R]. Montanarella, L., Scholes, R., and Brainich, A. Secretariat of the Intergovernmental Science-Policy Platform on Biodiversity and Ecosystem Services, Bonn, Germany.

IPCC, 2019. 决策者摘要[R]. 气候变化与土地:IPCC关于气候变化、荒漠化、土地退化、可持续土地管理、粮食安全、和陆地生态系统温室气体通量的特别报告 [P. R. Shukla, J. Skea, E. Calvo Buendia, V. Masson-Delmotte, H. -O. Pörtner, D. C. Roberts, P. Zhai, R. Slade, S. Connors, R. van Diemen, M. Ferrat, E. Haughey, S. Luz, S. Neogi, M. Pathak, J. Petzold, J. Portugal Pereira, P. Vyas, E. Huntley, K. Kissick, M. Belkacemi, J. Malley, (编辑)].

JAMALI S, SEAQUIST J, EKLUNDH L, et al., 2014. Automated mapping of vegetation trends with polynomials using NDVI imagery over the Sahel[J]. Remote Sensing of Environment, 141: 79 - 89.

KENNEDY R E, YANG Z, GORELICK N, et al., 2018. Implementation of the LandTrendr algorithm on Google Earth Engine[J]. Remote Sensing, 10(5): 691.

KENNEDY R E, YANG Z, COHEN W B, 2010. Detecting trends in forest disturbance and recovery using yearly Landsat time series: 1. LandTrendr-Temporal segmentation algorithms[J]. Remote Sensing of Environment, 114(12): 2897 - 2910.

KNAPP A K, FAY P A, BLAIR J M, et al., 2002. Rainfall variability, carbon cycling, and plant species diversity in a mesic grassland[J]. Science, 298(5601): 2202 - 2205.

KOUBA Y, GARTZIA M, EL AICH A, et al., 2018. Deserts do not advance, they are created: Land degradation and esertification in semiarid environments in the Middle Atlas, Morocco[J]. Journal of Arid Environments, 158: 1 - 8.

Le HOUEROU H N, 1984. Rain use efficiency: a unifying concept in arid-land ecology [J]. Journal of Arid Environments, 7(3): 213 - 247.

LEROUX L, BÉGUÉ A, LO SEEN D, et al., 2017. Driving forces of recent vegetation changes in the Sahel: Lessons learned from regional and local level analyses[J]. Remote Sensing of Environment, 191: 38 - 54.

LI A, WU J G, HUANG J H, 2012. Distinguishing between human-induced and climate-driven vegetation changes: a critical application of RESTREND in inner Mongolia[J]. Landscape Ecology, 27(7): 969 - 982.

LI L H, ZHANG Y L, LIU L S, et al., 2018. Current challenges in distinguishing climatic and anthropogenic contributions to alpine grassland variation on the Tibetan Plateau [J]. Ecology and Evolution, 8(11): 5949 - 5963.

LI Z D, LI C J, GAO D X, et al., 2023. Discrimination among Climate, Human Activities, and Ecosystem Functional-Induced Land Degradation in Southern Africa[J]. Remote Sensing, 15(2): 403.

LIU S L, WANG T, KANG W P, et al., 2015. Several challenges in monitoring and assessing desertification[J]. Environmental Earth Sciences, 73(11): 7561 - 7570.

LIU Z J, LIU Y S, LI Y R, 2018. Anthropogenic contributions dominate trends of vegetation cover change over the farming-pastoral ecotone of northern China[J]. Ecological Indicators, 95: 370 - 378.

MIRZABAEV A, WU J, EVANS J, et al., 2019. Desertification [R]. In: Climate Change and Land: an IPCC special report on climate change, desertification, land degradation, sustainable land management, food security, and greenhouse gas fluxes in terrestrial ecosystems [P. R. Shukla, J. Skea, E. Calvo Buendia, V. Masson-Delmotte, H.-O. Pörtner, D. C. Roberts, P. Zhai, R. Slade, S. Connors, R. van Diemen, M. Ferrat, E. Haughey, S. Luz, S. Neogi, M. Pathak, J. Petzold, J. Portugal Pereira, P. Vyas, E. Huntley, K. Kissick, M. Belkacemi, J. Malley, (eds.)].

NIU Q, XIAO X, ZHANG Y, et al., 2019. Ecological engineering projects increased vegetation cover, production, and biomass in semiarid and subhumid Northern China[J]. Land Degradation and Development, 30(13): 1620 - 1631.

PAN N, FENG X, FU B, et al., 2018. Increasing global vegetation browning hidden in overall vegetation greening: Insights from time-varying trends[J]. Remote Sensing of Environment, 214: 59 - 72.

PENG J, LIU Z H, LIU Y H, et al., 2012. Trend analysis of vegetation dynamics in Qinghai-Tibet Plateau using Hurst Exponent[J]. Ecological Indicators, 14(1): 28 - 39.

PIAO S L, NAN H J, HUNTINGFORD C, et al., 2014. Evidence for a weakening relationship between interannual temperature variability and northern vegetation activity[J]. Nature Communications, 5: 5018.

PIAO S L, YIN G D, TAN J G, et al., 2015. Detection and attribution of vegetation greening trend in China over the last 30 years[J]. Global Change Biology, 21(4): 1601 - 1609.

PRINCE S D, BECKER-RESHEF I, RISHMAWI K, 2009. Detection and mapping of long-term land degradation using local net production scaling: Application to Zimbabwe [J]. Remote Sensing of Environment, 113(5): 1046 - 1057.

PRINCE S, BROWN DE COLSTOUN E, KRAVITZ L L, 1998. Evidence from rain-use

efficiencies does not indicate extensive Sahelian desertification[J]. Global Change Biology, 4: 359 - 374.

PRINCE S D, 2019. Challenges for remote sensing of the Sustainable Development Goal SDG 15. 3. 1 productivity indicator[J]. Remote Sensing of Environment, 234: 111428.

REYNOLDS J F, STAFFORD SMITH D M, LAMBIN E F, et al. , 2007. Global desertification:: Building a science for dryland development[J]. Science, 316(5826): 847 - 851.

SALIH AA M, GANAWA E T, ELMAHL A A, 2017. Spectral mixture analysis(SMA) and change vector analysis(CVA) methods for monitoring and mapping land degradation/desertification in arid and semiarid areas(Sudan), using Landsat imagery[J]. Egyptian Journal of Remote Sensing and Space Science, 20: S21 - S29.

SANTORO M, KIRCHES G, WEVERS J, et al. , 2017. Land Cover CCI: Product User Guide Version 2. 0 [EB/OL]. http://maps. elie. ucl. ac. be/CCI/viewer/download/ESACCI - LC - Ph2 - PUGv2_2. 0. pdf

SHAO L Q, CHEN H B, ZHANG C, et al. , 2017. Effects of Major Grassland Conservation Programs Implemented in Inner Mongolia since 2000 on Vegetation Restoration and Natural and Anthropogenic Disturbances to Their Success[J]. Sustainability, 9(3): 466.

SHI F, WU X, LI X, et al. , 2018. Weakening Relationship Between Vegetation Growth Over the Tibetan Plateau and Large - Scale Climate Variability[J]. Journal of Geophysical Research: Biogeosciences, 123: 2017JG004134.

SUN R, CHEN S H, SU H B, et al. ,2019. Spatiotemporal variation of vegetation coverage and its response to climate change before and after implementation of grain for green project in the Loess Plateau[C]//2019 IEEE international geoscience and remote sensing symposium(IGARSS 2019), 9546 - 9549.

TONG S Q, ZHANG J Q, HA S, et al. , 2016. Dynamics of Fractional Vegetation Coverage and Its Relationship with Climate and Human Activities in Inner Mongolia, China[J]. Remote Sensing, 8(9): 776.

TONG X, WANG K, YUE Y, et al. , 2017. Quantifying the effectiveness of ecological restoration projects on long-term vegetation dynamics in the karst regions of Southwest China[J]. International Journal of Applied Earth Observation and Geoinformation, 54: 105 - 113.

UNCCD, 2017. The scientific conceptual framework for land degradation neutrality [R]. https://www. unccd. int/sites/default/files/sessions/documents/2017 - 07/ICCD_COP%2813%29_CST_2 - 1710707E. pdf

VERBESSELT J, HYNDMAN R, NEWNHAM G, et al. , 2010. Detecting trend and seasonal changes in satellite image time series[J]. Remote Sensing of Environment, 114(1): 106 - 115.

VERÓN S R, PARUELO J M, 2010. Desertification alters the response of vegetation to changes in precipitation[J]. Journal of Applied Ecology, 47(6): 1233 - 1241.

VICKERS H, HØGDA K A, SOLBØ S, et al., 2016. Changes in greening in the high Arctic: insights from a 30 year AVHRR max NDVI dataset for Svalbard[J]. Environmental Research Letters, 11(10): 105004.

WEI D, ZHAO H, ZHANG J, et al., 2020. Human activities alter response of alpine grasslands on Tibetan Plateau to climate change[J]. Journal of Environmental Management, 262: 110335.

WEI W, ZHU Y, LI H, et al., 2018. Spatio-temporal reorganization of cropland development in Central Asia during the Post-Soviet Era: A sustainable implication in Kazakhstan [J]. Sustainability, 10(11): 4042.

WESSELS K J, van den BERGH F, SCHOLES R J, 2012. Limits to detectability of land degradation by trend analysis of vegetation index data[J]. Remote Sensing of Environment, 125: 10-22.

WESSELS K J, PRINCE S D, MALHERBE J, et al., 2007. Can human-induced land degradation be distinguished from the effects of rainfall variability? A case study in South Africa[J]. Journal of Arid Environments, 68(2): 271-297.

XU H J, WANG X P, YANG T B, 2017. Trend shifts in satellite-derived vegetation growth in Central Eurasia, 1982—2013[J]. Science of the Total Environment, 579: 1658-1674.

YANG K, HE J, TANG W J, et al., 2010. On downward shortwave and longwave radiations over high altitude regions: Observation and modeling in the Tibetan Plateau[J]. Agricultural and Forest Meteorology, 150(1): 38-46.

ZEWDIE W, CSAPLOVICS E, INOSTROZA L, 2017. Monitoring ecosystem dynamics in northwestern Ethiopia using NDVI and climate variables to assess long term trends in dryland vegetation variability[J]. Applied Geography, 79: 167-178.

ZHANG Y, PENG C H, LI W Z, et al., 2016. Multiple afforestation programs accelerate the greenness in the 'Three North' region of China from 1982 to 2013[J]. Ecological Indicators, 61: 404-412.

ZHOU Y, ZHANG L, FENSHOLT R, et al., 2015. Climate contributions to vegetation variations in Central Asian drylands: Pre-and post-USSR collapse[J]. Remote Sensing, 7(3): 2449-2470.

ZHU Z, WOODCOCK C E, 2014. Continuous change detection and classification of land cover using all available Landsat data[J]. Remote Sensing of Environment, 144: 152-171.

ZOUNGRANA B J B, CONRAD C, THIEL M, et al., 2018. MODIS NDVI trends and fractional land cover change for improved assessments of vegetation degradation in Burkina Faso, West Africa[J]. Journal of Arid Environments, 153: 66-75.

第 5 章　黄土高原人工林遥感识别与变化模式分析

人工林在促进水土保持、提供生态服务和恢复景观生态功能方面发挥着重要作用(Feng et al., 2013; Spracklen and Spracklen, 2021)。植树造林已成为退化土地治理和生态修复的关键举措之一(Chen et al., 2017; Jiang et al., 2018; Zhang et al., 2021)。作为典型生态脆弱区,黄土高原近几十年持续实施了一系列生态工程,如 1978 年开始的三北防护林工程和 1999 年开始的退耕还林还草工程(Wang et al., 2020; Tian et al., 2021),促使植被覆盖度增加(Zhang et al., 2016),各项生态系统功能得以提高(Wang et al., 2018; Wu et al., 2020)。但人工林的生物多样性保护、水土保持和可持续性固碳等生态功能均低于天然林,尤其是在人工林扩张和天然林减少过程中所提供的生态系统服务存在显著差异(Griffiths et al., 2014; Hua et al., 2022)。人工林空间分布的精细制图对评价区域生态系统功能、稳定性,以及生态工程恢复效应等方面具有重要意义(Chazdon et al., 2016; Tropek et al., 2014)。

人工林的空间分布和种植模式会影响其存活率(Kim et al., 2020; North et al., 2019; Roccaforte et al., 2015)。在干旱和半干旱地区,土壤水分作为关键的生态因子,是限制植被恢复的主要因素(Chen et al., 2010)。水分条件的限制已导致人工林衰退甚至成片死亡的现象(刘鸿雁, 2019; Cao et al., 2008; Feng et al., 2016; Liu et al., 2018)。认识生态修复背景下人工林时空变化特征,揭示影响人工林成活率的生物物理机制,可以为改进造林方式、制定可持续性的植被重建和生态恢复措施提供科学依据(李婷等, 2020; 杨磊等, 2019; Brodribb et al., 2020; Fassnacht et al., 2016; North et al., 2019; Zhu and Song, 2020)。

卫星遥感长时间序列分析为认识大尺度人工林时空动态提供了有效的技术手段。例如,Landsat 系列影像有超过 50 年的存档历史,具备以较高时空分辨率获取人工林时空动态连续变化特征的独特潜力(Wulder et al., 2019)。卫星遥感数据提供的大尺度空间覆盖和长期记录可以最大程度地涵盖森林清查项目记录的时间和范围,已被应用于人工林的变化监测研究(Fagan et al., 2018; Ji et al., 2021)。发展基于长时间序列遥感影像的人工林时空格局和驱动机制的分析方法是研究人工林时空动态、森林组成与结构,以及管理方式合理性的重要支撑(Griffiths et al., 2014)。

本章针对黄土高原人工林衰退和重复种植等现象,以及人工林提取的难点,基于 Landsat

长时间序列相似性特征构建人工林时空分布及种植信息提取方法，进而识别黄土高原人工林的时空演变模式。

5.1 人工林时空动态遥感分析研究进展

基于卫星遥感的土地覆盖分类已有大量的研究基础，然而区分人工林和天然林的研究相对较少。天然林和人工林之间相似的光谱特征为人工林识别带来了挑战(Yu et al.，2020)。人工林的生物量增长更快、栽培种类单一和收获轮作周期更短等特点有助于区分人工林与天然林(Bey and Meyfroidt，2021；Fagan et al.，2018)。

基于卫星遥感的人工林提取与时空动态分析方法可分为三类。

第一类方法是监督分类。此类方法比较简单，即通过各森林类别的光谱、影像空间纹理和物候差异进行森林分类(郭瑞霞等，2020；Kou et al.，2018；Li et al.，2021；Ye et al.，2018)。例如，Mallinis et al.(2008)研究表明结合光谱和纹理特征可以提高树种分类精度，但植被覆盖比较稀疏的天然林的纹理特征易与人工林混淆，是造成错误分类的原因之一(Fassnacht et al.，2016)。结合多种传感器影像数据(如雷达和光学遥感数据)具有对森林类型和人工林种类进行精确分类的潜力(Dong et al.，2013；Fagan et al.，2015)。然而，这些方法通常只考虑了人工林在特定时期的特征，缺乏对人工林变化规律、演化过程和生长状况的系统研究，无法准确地获取人工林种植时间和成活率等信息，对林龄较小和稀疏林地的识别能力有限。

第二类方法融合了时间序列变化检测方法。时间序列中的干扰信息和趋势项特征可以有效检测造林前后阶段的变化(Hemmerling et al.，2021)。通过判断森林像元时间序列是否具有突变点识别人工林，再通过时间序列分析获取人工林的位置、面积、变化时间、生长条件和趋势特征等属性(Pasquarella et al.，2018)。结合时间序列分析的人工林时空特征识别可绘制人工林种植的范围和时间(Danylo et al.，2021)；确定森林砍伐或造林的趋势变化(Xu et al.，2021)；捕捉人工林干扰状态，如短周期轮作及桉树种植园的扩张(Deng et al.，2020)。然而，天然林也会受到干扰，相比之下，以生态恢复为目的的人工林通常在种植之后不会发生突变，而是呈现出逐渐变化的生长过程(Bey and Meyfroidt，2021)。

第三类方法通过判定植被指数(Vegetation Index，VI)时间序列之间的匹配程度以解决人工林变化的复杂性问题。例如，通过匹配 VI 时间序列与工业种植园收获或种植阶段的人工林时间序列曲线之间的相似性(Fagan et al.，2018；le Maire et al.，2014)，可以成功识别橡胶和桉树种植园的扩张(Qiao et al.，2016；Ye et al.，2018)。有研究结合年际 VI 时间序列的趋势和时间序列相似性轨迹来评估三北防护林工程的生态效益(Qiu et al.，2017)。这类方法广泛应用于中等空间分辨率的影像数据(如 MODIS)，但空间分辨率相对较低，导致对小斑块人工林的识别能力有限(Deng et al.，2020；le Maire et al.，2014)。

在生态恢复区，人工林动态分析仍然面临以下挑战：首先，在不同生长阶段，人工林与其他植被类型具有相似的光谱、物候和纹理特征。例如，幼林或稀疏林容易与农田和草地混淆，而成熟人工林与天然林相似(Fassnacht et al.，2016；Yu et al.，2020)。其次，生态工程的实施模式(如树种选择、土壤背景等)、生态工程实施时间，以及干扰类型及强度等多种

因素导致不同类型人工林的内部差异性较大，增加了不同生长阶段人工林的识别难度（Wang et al.，2020）。最后，充足且有代表性的训练样本对遥感监督分类结果具有关键影响（Amani et al.，2019），然而，逐年或大尺度下的人工林参考样本收集代价昂贵，在实践中往往不可行，获取历史时期的人工林样本则更为困难（Tong et al.，2020）。

植被指数时间序列及其子集构建的时间序列参数（如时间序列趋势特征）具有较强的植被类型识别能力，可以有效地进行人工林时空分布识别和种植时间估算（Qiao et al.，2016；Hu et al.，2020）。人工林和天然林具有明显的生长速度和林龄结构差异（Yu et al.，2020）。人工林的种植是从无林地到有林地的过程，随着人工林林龄的增加，植被指数反映的植被活力在这一过程中持续稳步提高（Kim et al.，2020）。相比之下，自然植被的植被指数在不同年份随气候因素波动（Bey and Meyfroidt，2021）。因此，长期趋势特征将有助于区分人工林与其他植被类型，更准确地提取人工林面积和种植时间等信息（Kou et al.，2015）。另外，人工林历史时期样本匮乏，只能通过人工林生长过程中时间序列趋势检测来确定地物类型发生变化的时间，基于时空变化模式和造林过程中的土地利用格局变化特征来识别历史时期的人工林（Liu et al.，2013）。人工林恢复或损毁的时空格局特征（增长和下降模式）可以指示人工林持续、被采伐和重新种植的状态，有潜力为人工林时空动态分布的识别提供更多有价值的信息（Griffiths et al.，2014）。综上所述，结合光谱指数的时间序列趋势特征和人工林生长或退化的时空格局特征的分析方法将有助于在大范围内构建具有复杂变化过程的生态恢复区人工林时空动态和转化模式的综合分析框架。

5.2 基于 Landsat 长时间序列趋势特征的人工林识别

本节以宁夏回族自治区南部地区为例，基于 Google Earth Engine（GEE）云平台（Gorelick et al.，2017），将 Landsat 归一化植被指数（NDVI）时间序列的长期趋势特征与随机森林机器学习模型相结合，构建一种适用于中国温带干旱-半干旱地区的人工林识别方法。该方法包含四个主要步骤：①数据预处理，②参考样本收集，③特征提取，④分类、验证和准确性评估（见图 5－1）。

5.2.1 实验区和数据

实验区位于宁夏回族自治区南部半干旱区，经度 105°12′～106°57′E，纬度 35°15′～36°57′N，总面积 17 452 km^2（见图 5－2）。该地区位于黄土高原中西部的黄土山地丘陵区，属典型的温带大陆性季风气候。该地区已实施了一系列造林计划和保护政策以防治荒漠化（Ji et al. 2021）。然而，严重的干旱、长期的人类活动和土壤侵蚀问题导致该地区生态环境极度脆弱和敏感，也使得人工林的生存和生长较为困难（Li et al.，2015）。

在 GEE 平台上，对 1986 年到 2020 年所有可用的 Landsat 5、7 和 8 地表反射率 L1 级数据进行了处理。首先使用 CFmask 算法逐像元识别云和云阴影（Zhu et al.，2012）。累计收集 460 幅云量小于 30％的 Landsat 影像（见图 5－3）。使用 Roy et al.（2016）的谐波拟合算法处理 Landsat TM、ETM＋和 OLI 数据以提高数据集的一致性。

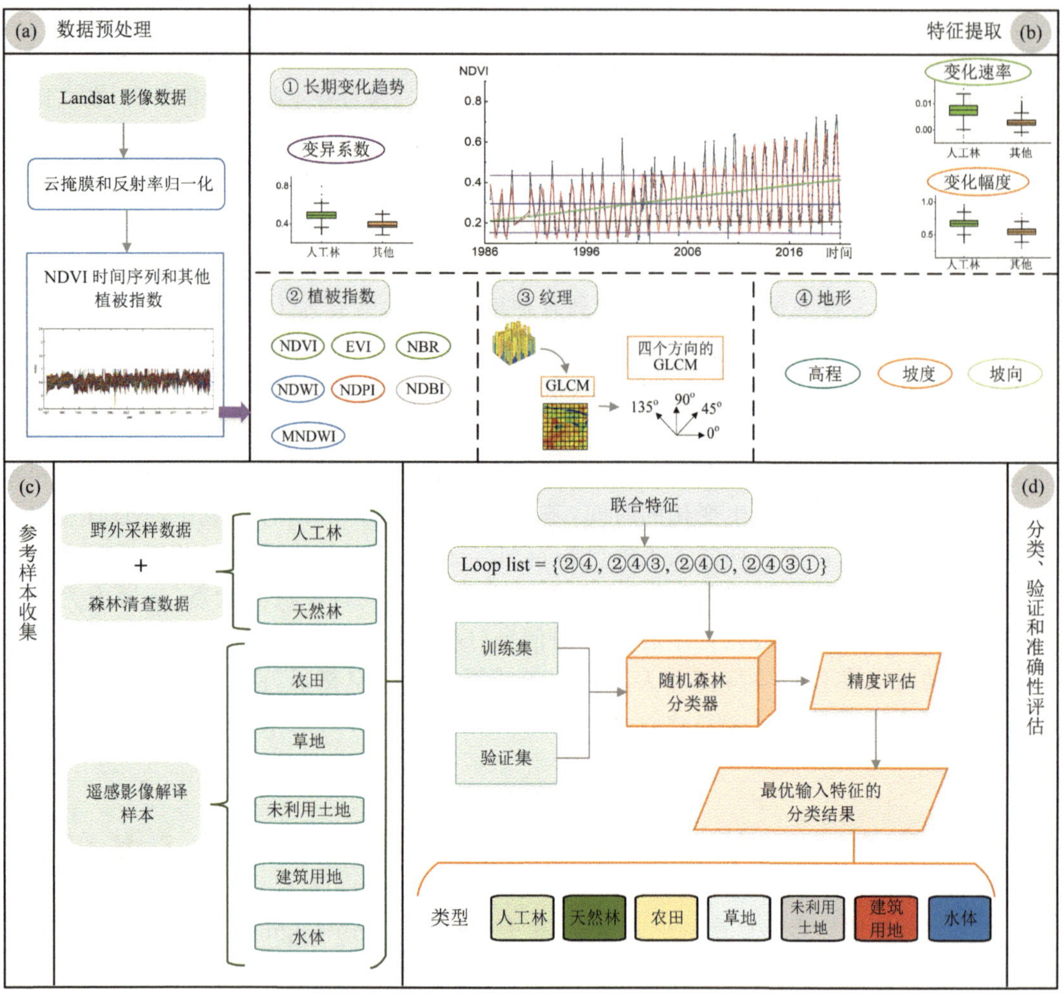

(a) 数据预处理

Landsat 影像数据

云掩膜和反射率归一化

NDVI 时间序列和其他植被指数

特征提取 (b)

① 长期变化趋势

变异系数

人工林 其他

NDVI

1986 1996 2006 2016 时间

变化速率

变化幅度

② 植被指数

NDVI EVI NBR NDWI NDPI NDBI MNDWI

③ 纹理

GLCM

四个方向的 GLCM

135° 90° 45° 0°

④ 地形

高程 坡度 坡向

(c) 参考样本收集

野外采样数据 + 森林清查数据

遥感影像解译样本

人工林 天然林 农田 草地 未利用土地 建筑用地 水体

(d) 分类、验证和准确性评估

联合特征

Loop list = {②④, ②④③, ②④①, ②④③①}

训练集

验证集

随机森林分类器

精度评估

最优输入特征的分类结果

类型 人工林 天然林 农田 草地 未利用土地 建筑用地 水体

图 5-1　人工林提取方法流程图

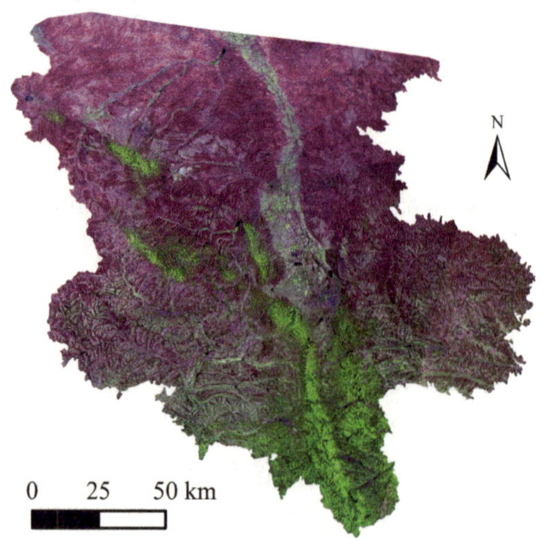

图 5-2　实验区 2020 年 Landsat 反射率中值假彩色合成影像

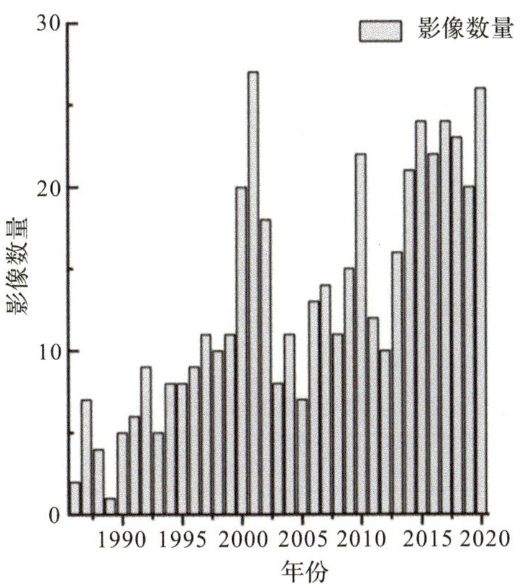

图 5-3　实验区逐年 Landsat 影像数量

5.2.2　参考样本收集

基于 Landsat 和高分辨率影像中标识人工林样本较为困难，本研究根据野外采样数据获得人工林和天然林样本数据。野外采样数据的一个主要来源是森林清查数据，该数据记录了土地类型和森林起源等属性信息。采用此数据标记了 135 个天然林样本点。此外，2021 年 7 月至 8 月对该区域的森林类型进行了实地调查，收集了人工林（695 个样本点）和天然林（120 个样本点）的位置和属性信息。通过 2020 年的 Landsat 和谷歌地球高分辨率影像，对其他土地覆盖类型样本进行人工目视解译。最终，共有 4 500 个像元被标记为训练和验证样本数据（见表 5-1）。

表 5-1　每种土地覆盖类型的参考样本数量及其来源

土地覆盖类型	实地调查数据	森林清查数据	影像数据	总数量
人工林	695	0	0	695
天然林	120	135	0	255
农田	0	0	1 406	1 406
草地	0	0	722	722
未利用土地	0	0	438	438
建筑用地	0	0	520	520
水体	0	0	464	464
总数量	815	135	3 550	4 500

5.2.3 特征提取

本研究中土地覆盖分类使用的输入特征包括光谱特征、时间特征(即长期趋势特征)、空间纹理特征以及地形特征。

1. 光谱特征

基于 2020 年全部 Landsat 影像,计算了对植被绿度、含水量以及建筑等敏感的一系列光谱指数,以表征光谱特征(见表 5-2)。最后计算 2020 年每个植被指数的中值作为输入特征。

表 5-2 土地覆盖分类使用的光谱指数

植被指数	公 式*	参考文献
Normalized Difference Vegetation Index(NDVI)	$NDVI=\frac{\rho_{nir}-\rho_{red}}{\rho_{nir}+\rho_{red}}$	(Tucker, 1979)
Enhanced Vegetation Index(EVI)	$EVI=2.5\times\frac{\rho_{nir}-\rho_{red}}{\rho_{nir}+6\times\rho_{red}-7.5\times\rho_{blue}+1}$	(Huete et al., 2002)
Normalized Burn Ratio(NBR)	$NBR=\frac{\rho_{nir}-\rho_{swir2}}{\rho_{nir}+\rho_{swir2}}$	(Key and Benson, 2006)
Normalized Difference Built-up Index (NDBI)	$NDBI=\frac{\rho_{swir1}-\rho_{nir}}{\rho_{swir1}+\rho_{nir}}$	(Zha et al., 2003)
Normalized Difference Water Index (NDWI)	$NDWI=\frac{\rho_{green}-\rho_{nir}}{\rho_{green}+\rho_{nir}}$	(McFeeters, 1996)
ModifiedNormalized Difference Water Index(MNDWI)	$MNDWI=\frac{\rho_{green}-\rho_{swir1}}{\rho_{green}+\rho_{swir1}}$	(Xu, 2006)
Normalized Difference Phenology Index(NDPI)	$NDPI=\frac{\rho_{nir}-(0.74\rho_{red}+0.26\rho_{swir1})}{\rho_{nir}+(0.74\rho_{red}+0.26\rho_{swir1})}$	(Wang et al., 2017)

注:* ρ_{blue}, ρ_{green}, ρ_{red}, ρ_{nir}, ρ_{swir1} 和 ρ_{swir2} 分别表示 Landsat 的蓝、绿、红、近红外波段以及短波红外 1、2 波段。

2. 长期趋势特征

基于 GEE 平台上所有可用的 Landsat 数据,采用时间序列谐波拟合分析(HANTS)算法提取长期趋势特征。该算法对提取陆地卫星时间序列的物候周期具有较强的鲁棒性(Roerink et al., 2000)。HANTS 算法不仅可以对遥感时间序列进行去云和重建,而且对输入影像数据的要求较少,即使时间序列不等间隔,该算法也能有效应用(Wilson et al., 2018)。本研究收集的观测数据在大多数年份至少有 10 个,这些观测数据足以用于谐波拟合模型的构建(见图 5-3)。该算法先将时间序列信号分解为基于傅里叶级数的单个正弦或余弦波函数(Sellers et al., 1996):

$$\tilde{f}_t=c_0+\sum_{i=1}^{n}\left(a_i\cos\frac{2\pi ti}{m}+b_i\sin\frac{2\pi ti}{m}\right) \tag{5-1}$$

式中：t 为谐波回归拟合的时间；m 为季节变化的长度；n 为多项式的阶数，近似等于谐波次数。

采用普通最小二乘回归(OLS) 对观测值进行估计，并采用复合傅里叶级数针对原始时间序列确定最佳拟合模型。然后，通过估计的系数(c_0，a_i，b_i) 得到拟合的谐波级数、季节变化和残差。

$$F_t = \beta_0 + \beta_1 t + \beta_2 \cos 2\pi\omega t + \beta_3 \sin 2\pi\omega t + e_t \tag{5-2}$$

式中：F_t 表示谐波；β_0 和 β_1 表示线性回归系数；β_2、β_3 表示基于傅里叶级数的系数；ω 表示频率；t 表示步长。

最后，将谐波序列数据代入线性回归模型，得到变化率和幅度。逐像元计算原始 NDVI 长时间序列的均值(μ) 和标准差(σ)，变异系数(cv) 可由下式得到：

$$cv = \frac{\sigma}{\mu} \tag{5-3}$$

基于 NDVI 长时间序列(1986—2020 年) 提取的变化速率、变化幅度、平均值(μ)、标准差(σ) 和变异系数(cv) 来表示 NDVI 的长期变化特征(见图 5-4)。尽管人工林在不同生长阶段表现出与天然林和其他植被类型相似的光谱特征，但长期变化特征具有将人工林与其他植被类型区分的潜力。不同的土地覆盖变化过程，如荒地还草和耕地复垦等，在 NDVI 长时间序列中会表现出曲线变化特征的差异性。从退耕还草或退耕还林后的第 2 年开始，NDVI 值发生剧烈变化，之后慢慢趋于平稳，而新造人工林 NDVI 值则会持续发生变化(Yu et al.，2020；Bey and Meyfroidt，2021)。由于这种生长过程，人工林 NDVI 长时间序列的变化速率、均值(μ)、标准差(σ) 和其他植被类型均有显著差异[见图 5-4(a)(c)(d)]。此外，由于植树造林主要于近 20 年开始实施，人工林年龄相对较小且空间分布稀疏(Yao et al.，2018)。相比之下，在长期时间尺度下，天然林比其他植被类型(即新种植的人工林和农田) 具有更高的 NDVI 长期平均值(Qiu et al.，2018)。相比于其他植被类型，人工林的 NDVI 时间序列标准差和变异系数更高。根据参考样本的长期趋势指标所表现的特征，可以将人工林和其他三种植被类型有效区分(见图 5-4)。

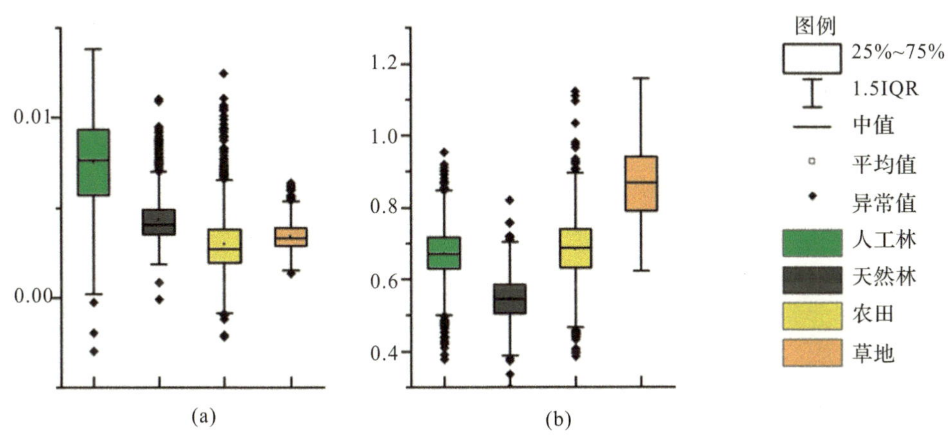

图 5-4　人工林、天然林、农田和草地参考样本的 NDVI 时间序列长期特征箱形图

(a) 变化速率；(b) 变化幅度

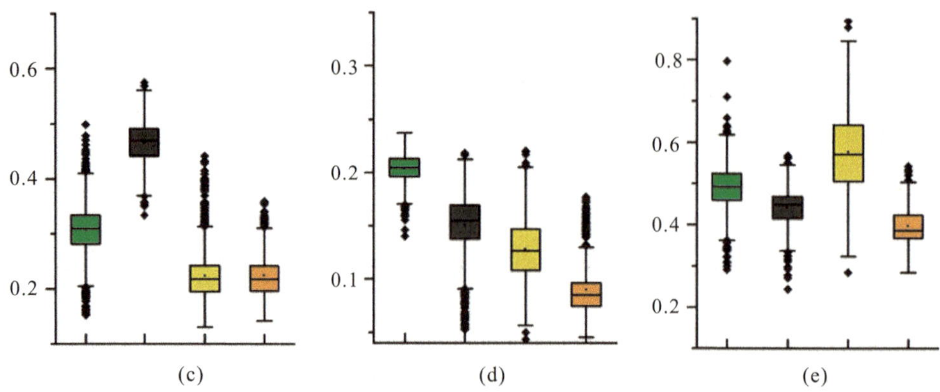

续图 5-4　人工林、天然林、农田和草地参考样本的 NDVI 时间序列长期特征箱形图
(c) 平均值(μ)；(d) 标准差(σ)；(e) 变异系数(cv)

3. 空间纹理特征

采用 2020 年 NDVI 中值合成值计算灰度对的联合概率分布(C_{ij}) 作为灰度共生矩阵(Gray-Level Cooccurrence Matrix，GLCM) 的函数(Tuominen and Pekkarinen，2005；Xi et al.，2021)：

$$C_{ij}=\left\{\frac{P_{ij}}{\sum_{i,j=1}^{G}P_{ij}}\middle|(\delta,\theta)\right\} \tag{5-4}$$

式中：P_{ij} 表示 NDVI 值出现的次数；δ 表示两个像元之间的距离(取 $\delta=1$)；G 是灰度的量化数量(取 $G=256$)；θ 是方向($\theta=0°$、$45°$、$90°$ 和 $135°$)。

基于 GLCM 方法计算了 8 个广泛使用的纹理特征指标(见表 5-3)。在不同空间窗口大小下测试这 8 个指标，并且将空间纹理指标特征重要性排序的前 6 名作为分类模型的输入特征，其中包括不同窗口大小下的平均值和 64×64 窗口大小的相关性(见图 5-5)。

表 5-3　基于灰度共生矩阵(GLCM) 的纹理指标(Tuominen and Pekkarinen，2005)

纹理特征	公　式*
角二阶矩(ASM)	$ASM=\sum_{i,j=1}C_{ij}{}^2$
对比度(CON)	$CON=\sum_{i,j=1}C_{ij}(x_i-x_j)^2$
相关性(COR)	$COR=\sum_{i,j=1}[(x_i-\mu_x)(x_j-\mu_y)C_{ij}]/(\sigma_x\sigma_y)$
方差(VAR)	$VAR=\sum_{i,j=1}(x_i-\mu)^2C_{ij}$
同质性(HOM)	$HOM=\sum_{i,j=1}C_{ij}/[1+(x_i-x_j)^2]$

续 表

均值和(SAVG)	$\mathrm{SAVG}=\sum\limits_{k=2}^{2G}\sum\limits_{\substack{i,j=1 \\ i+j=k}} C_{ij},\ k=2,3,\cdots,2G$
熵(ENT)	$\mathrm{ENT}=-\sum\limits_{i,j=1} C_{ij}\log_2 C_{ij}$
异似性(DIS)	$\mathrm{DIS}=\sum\limits_{i,j=1} \lvert x_i - x_j \rvert C_{ij}$

注：* x_i 和 x_j 分别表示像元 i 与其邻域 j 的 NDVI 值，μ 表示 GLCM 矩阵的均值，μ_x 和 μ_y，σ_x 和 σ_y 分别表示矩阵行和列的均值和标准差，C_{ij} 为公式(5-4)中定义的灰度对的概率分布。

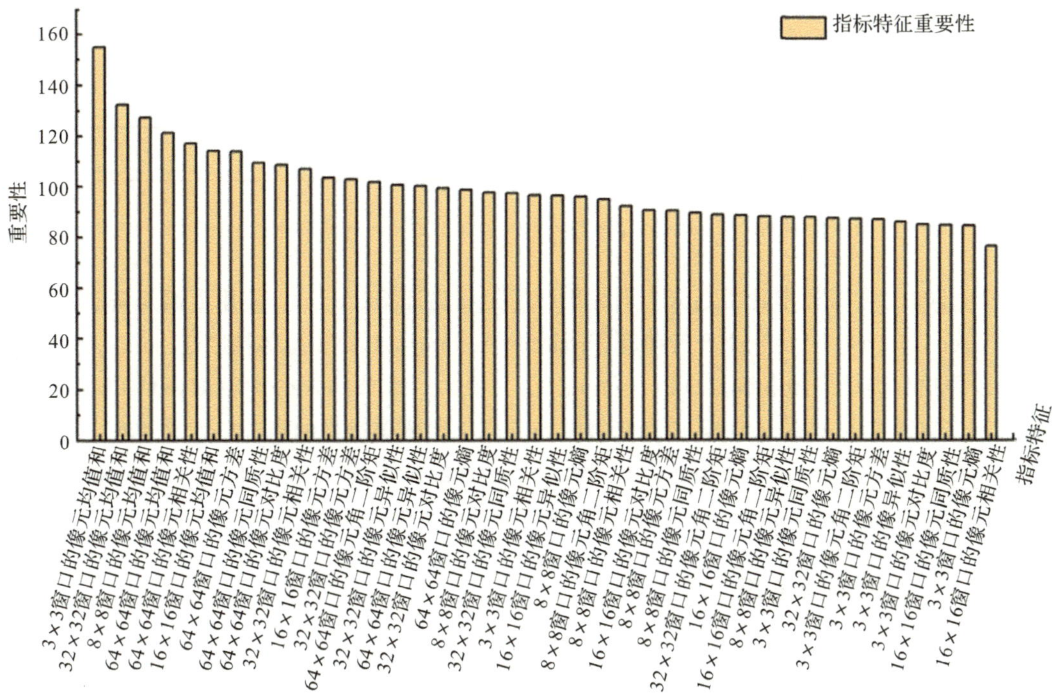

图 5-5　基于 GLCM 的 8 个广泛使用的纹理度量特征在不同的窗口尺寸下的重要性评估排序：3×3(90 m ×90 m)、8×8(240 m×240 m)、16×16(480 m×480 m)、32×32(960 m×960 m)和 64×64(1 920 m×1 920 m)

4. 地形特征

NASA 喷气推进实验室提供了航天飞机雷达地形勘测任务 V3 产品(SRTM Plus)，为分辨率达 1 弧秒(约 30 m)的数字高程模型(Digital Elevation Model, DEM)(Farr et al., 2007)。除高程之外，本研究将坡度和坡向也作为土地覆盖分类的输入地形特征。

5.2.4　土地覆盖分类方法和精度评价

本研究使用随机森林分类器(Random Forest, RF)将土地覆盖分为人工林、天然林、农田、草地、未利用土地、建筑用地和水体 7 种类型(见表 5-4)。为了评估长期变化特征的有效性并优化分类结果,先将植被指数和地形作为输入特征,然后依次加入纹理和长期变化趋势,最后输入所有特征,并比较不同输入特征组合的土地覆盖分类精度[见图 5-1(d)]。

表 5-4 土地利用/覆盖类型和相应定义 *

土地利用/覆盖类型	定 义
人工林	人工种植的乔木林、灌木林、竹林及其他林地
天然林	自然生长的乔木林、灌木林、竹林及其他林地
农田	农作物种植用地,包括耕地、新开垦地、休耕地、轮作休耕地和农田
草地	以草本植物为主
未利用土地	无植被的贫瘠土地(沙地、岩石和裸土)
建筑用地	城市和农村居民区的工业活动、采矿和车辆用地
水体	永久水体和水利设施

注:* 参考自国家标准 GB/T 21010—2017。

将 4 500 个参考样本随机划分为训练集(80%)和验证集(20%)。使用混淆矩阵计算用户精度(User Accuracy, UA)、生产者精度(Producer Accuracy, PA)和总体精度(Overall Accuracy, OA),以评估分类结果的准确性(Olofsson et al., 2014)。本节结合分类精度评估和不确定性分析,基于随机森林概率分类器,以像元被归为不同土地覆盖类型的后验概率来表征分类不确定性(Cao et al., 2021)。随机森林分类器提供了像元级的不确定性信息,由 1 - Pmax 计算得到,其中 Pmax 是指被划分为每类土地覆盖类型的最大概率(Loosvelt et al., 2012)。

5.2.5 人工林识别结果

与使用光谱指数和地形作为随机森林输入特征相比,结合光谱指数、地形和长期趋势特征将人工林识别的 PA 和 UA 分别从 76.9%和 76.3%提高到 86.6%和 92.8%(见表 5-5 和表 5-6)。天然林的 PA 和 UA 也得到了明显提高。以上结果表明,长期趋势特征是精确识别人工林的关键特征。在使用光谱指数、地形、GLCM 纹理和长期趋势特征作为输入时,分类总体精度 OA 达到 93.7%,kappa 系数达到 0.92(见表 5-8)。人工林的 PA 和 UA 分别为 92.5%和 91.8%,天然林的 PA 和 UA 分别为 93.9%和 95.8%,说明了该分类方法的有效性。

土地覆盖分类结果的空间分布图显示,天然林主要集中分布在研究区南部六盘山地区,人工林主要分布在南部天然林周边地区和中东部黄土丘陵区。农田广泛分布在中西部地区。未利用土地和草地分布在研究区北部(见图 5-6)。农田所占比例最高,约 5 923.99 km^2,占研究区总面积的 33.89%;其次是草地占 23.99%,4 192.97 km^2;人工林面积为 3 608.72 km^2,占 20.60%;未利用土地面积为 2 149.20 km^2,占研究区面积的 12.29%;天然林面积仅占研究区的 6.58% ,约为 1 149.43 km^2(见图 5-6)。

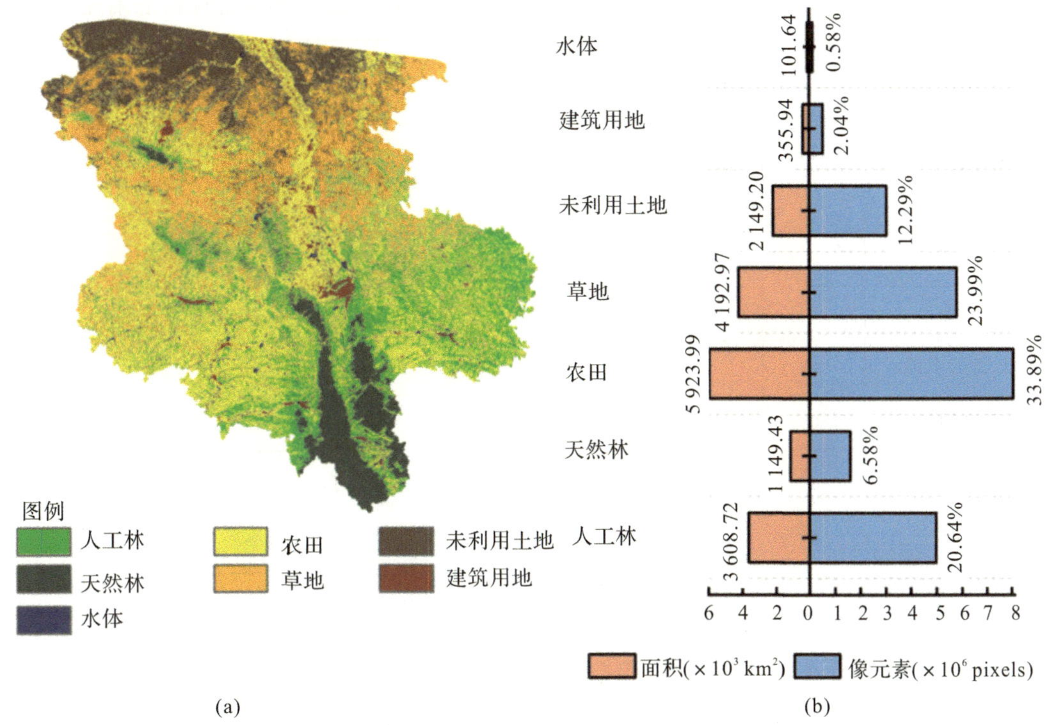

图 5－6　研究区 2020 年土地覆盖分类结果

(a)土地覆盖类型的空间分布；　(b)每种类型的面积及像元数

表 5－5　基于光谱指数和地形的土地覆盖分类精度评价混淆矩阵

土地覆盖类型	人工林	天然林	农　田	草　地	未利用土　地	建筑用地	水　体	总　数	PA/(%)
人工林	100	4	7	17	1	0	1	130	76.9
天然林	16	37	0	0	0	0	0	53	69.8
农田	4	0	242	10	2	6	0	264	91.7
草地	10	1	2	112	6	0	0	131	85.5
未利用土地	0	0	8	3	68	1	0	80	85.0
建筑用地	0	0	21	0	1	94	0	116	81.0
水体	1	0	3	0	2	1	93	100	93.0
总数	131	42	283	142	80	102	94	总体精度 85.4	
UA/(%)	76.3	88.1	85.5	78.9	85.0	92.2	98.9	Kappa 系数 0.82	

表 5-6　基于光谱指数、地形和长期趋势特征的土地覆盖分类精度评价混淆矩阵

土地覆盖类型	人工林	天然林	农　田	草　地	未利用土　地	建筑用地	水　体	总　数	PA/(%)
人工林	116	4	7	7	0	0	0	134	86.6
天然林	0	42	0	0	0	0	0	42	100.0
农田	8	0	268	0	2	3	0	281	95.4
草地	1	0	2	132	1	0	0	136	97.1
未利用土地	0	0	2	7	79	4	0	92	85.9
建筑用地	0	0	3	0	0	97	4	104	93.3
水体	0	0	3	0	0	3	94	100	94.0
总数	125	46	285	146	82	107	98	总体精度 93.1	
UA/(%)	92.8	91.3	94.0	90.4	96.3	90.7	95.9	Kappa 系数 0.91	

表 5-7　基于光谱指数、地形和 GLCM 纹理的土地覆盖分类精度评价混淆矩阵

土地覆盖类型	人工林	天然林	农　田	草　地	未利用土　地	建筑用地	水　体	总　数	PA/(%)
人工林	105	3	8	9	3	0	1	129	81.4
天然林	10	37	1	3	0	0	0	51	72.6
农田	8	2	252	5	6	6	0	279	90.3
草地	8	2	3	131	3	0	0	147	89.1
未利用土地	0	0	5	8	72	1	0	86	83.7
建筑用地	0	0	10	1	1	106	5	123	86.2
水体	3	0	5	0	0	0	79	87	90.8
总数	134	44	284	157	85	113	85	总体精度 85.7	
UA/(%)	78.4	84.1	88.7	83.4	84.7	93.8	92.9	Kappa 系数 0.83	

表 5-8　基于光谱指数、地形、GLCM 纹理和长期趋势特征的土地覆盖分类精度评价混淆矩阵

土地覆盖类型	人工林	天然林	农　田	草　地	未利用土　地	建筑用地	水　体	总　数	PA/(%)
人工林	123	1	4	4	0	1	0	133	92.5
天然林	3	46	0	0	0	0	0	49	93.9

续表

土地覆盖类型	人工林	天然林	农　田	草　地	未利用土　地	建筑用地	水　体	总　数	PA/(%)
农田	5	0	259	0	2	3	0	269	96.3
草地	2	1	2	143	5	0	0	153	93.5
未利用土地	1	0	3	5	75	3	0	87	86.2
建筑用地	0	0	4	0	1	109	2	116	94.0
水体	0	0	2	0	1	2	85	90	94.4
总数	134	48	274	152	84	118	87	总体精度 93.7	
UA/(%)	91.8	95.8	94.5	94.1	89.3	92.4	97.7	Kappa 系数 0.92	

在像元尺度上，每种土地覆盖类型的分类不确定性均较低(见图 5－7)。其中，天然林、未利用土地、建筑用地和水体有至少 75%像元的分类不确定性小于 0.1，大部分人工林和草地像元的分类不确定性小于 0.2 和 0.3。农田的不确定性相对较高，可能是果园或农田周围的未利用土地易造成混淆(Liu et al.，2013)。

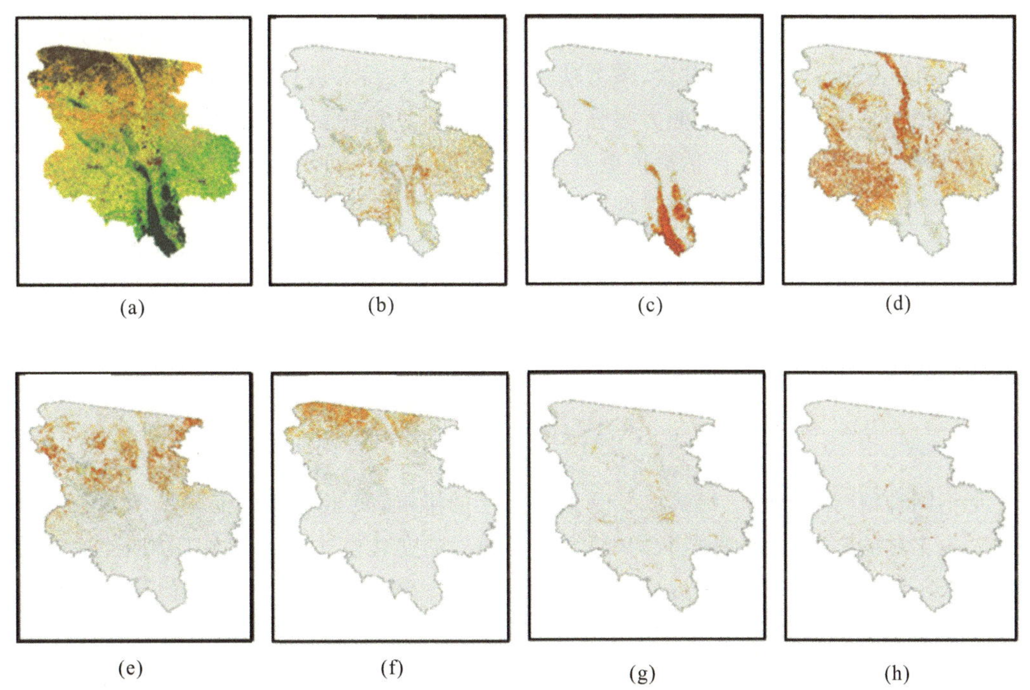

图 5－7　土地覆盖类型分布；不同类型的分类不确定性空间分布及(i)箱线图

(a)土地覆盖类型；(b)人工林；(c)天然林；(d)农田；(e)草地；

(f)未利用地；(g)建筑用地；(h)水体

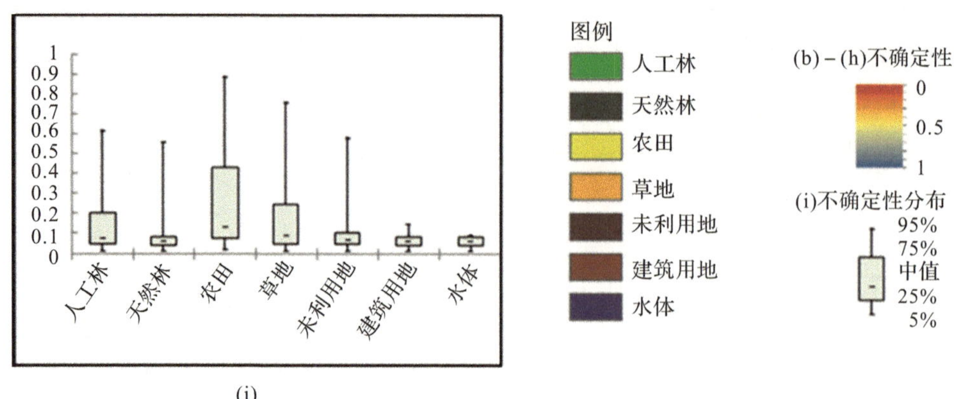

续图 5-7　土地覆盖类型分布；不同类型的分类不确定性空间分布及(i)箱线图

(i)不确定性分布

研究结果表明，结合 Landsat 光谱、纹理、长期趋势特征和机器学习分类模型能够有效区分人工林和天然林。然而，该方法仍存在一些局限性。首先，人工林样本获取相对困难。充足且具有代表性的参考样本对分类结果具有决定性的影响，这也是监督分类算法中尚未解决的难题(Amani et al.，2019)。然而，采集具有时空一致性的参考样本(如逐年或大面积分布)需要消耗大量的劳动力和时间成本，在实践中往往可行性较低(Hu et al.，2015；Tong et al.，2020)。因此，需要开发基于小样本的不同时间段土地覆盖类型自动分类方法(Ghorbanian et al.，2020)。其次，该方法没有将灌木与乔木进行精确划分。例如，该区域内广泛种植对半干旱生境适应能力很强的柠条等灌木。精确区分不同人工林亚类(乔木或灌木)能够为区域生态工程评估提供更有价值的科学信息(Gelviz-Gelvez et al.，2015)。此外，人工林通常在荒地、草地或坡耕地上种植(Chen et al.，2015；Chen et al.，2017)。林龄较小的人工林 NDVI 的变化幅度和变异系数与草地相似[见图5-4(b)(e)]，这种情况下人工林容易与草地混淆(Yao et al.，2018)。未来研究可考虑从长时间序列的子序列设置滑动时间窗口提取多尺度时间序列特征，并将其与变化检测算法相结合。

5.3　黄土高原人工林时空格局演变模式提取

受不同种植时期、规模、模式以及受干扰情况的影响，黄土高原人工林呈现复杂的时空格局。人工林的空间分布、种植时间，以及造林前后的变化模式是描述人工林时空动态的关键要素(Carlson et al.，2013；Griffiths et al.，2014；Wang et al.，2020)。本节开发了一种人工林动态变化和转换模式提取(Dynamic and Conversion Extraction，DCE)框架。该框架结合 Landsat 归一化植被指数(NDVI)时间序列的相似性和变化检测算法分析人工林的时空演变格局。DCE 框架可以回答人工林空间分布、种植时间以及转换模式等关键问题，适用于分析生态恢复区人工林的时空动态，弥补现有人工林变化分析的局限性，为大规模人工林时空模式演变分析提供支持。

5.3.1　研究区

黄土高原位于中国西北部，面积约 64 Mha(见图 5－8)，纬度 34°～40°N，经度 102°～114°E。黄土高原自西向东分布着六盘山、子午岭与黄龙山，毛乌素沙地分布在西北部。气候以干旱和半干旱为主，年降水量小于 500 mm，年潜在蒸发量大于 1 000 mm(Zhang et al.，2013)。气候干旱、植被覆盖稀疏以及长期的集约化农业活动，导致黄土高原长期遭受着严重的水土流失(Liang et al.，2015)。

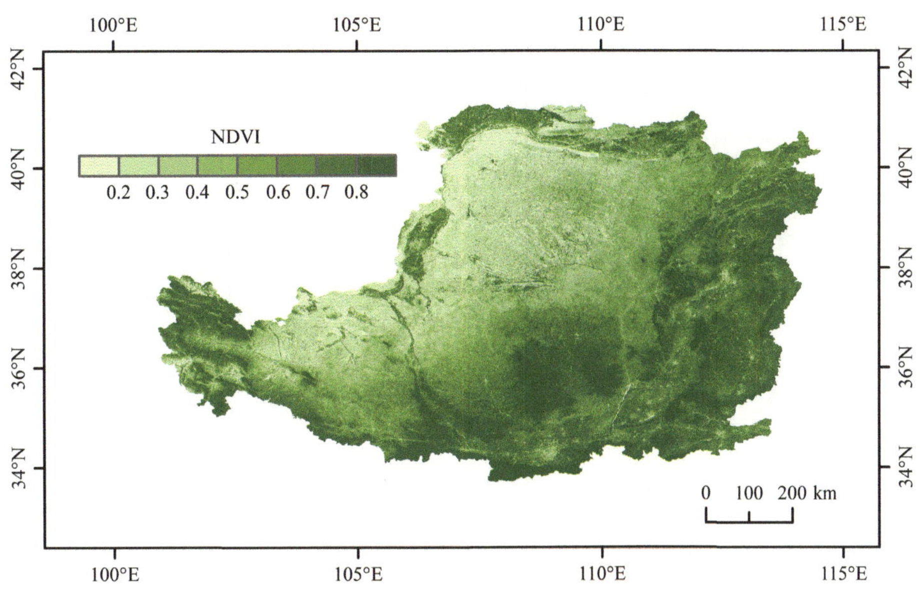

图 5－8　黄土高原的地理位置及 2021 年 NDVI 最大值的空间分布，NDVI 计算自 Landsat 8

5.3.2　DCE 框架的构建

人工林动态变化和转换模式提取(DCE)框架旨在回答人工林在何处分布、何时种植，以及由何种土地覆盖类型转化而来的关键问题。DCE 框架依托 GEE 云平台实现，包括三个关键模块：NDVI 标准时间序列构建、人工林分布制图、种植年份和转换模式提取。

首先，构建不同土地覆盖类型的 NDVI 标准时间序列曲线。考虑到不同土地覆盖类型的类内变异性，将 NDVI 时间序列参考样本进行聚类分析，构建涵盖所有类内差异的标准时间序列曲线，每类土地覆盖类型具有若干组标准时间序列曲线。DCE 框架的第二个关键组成部分是逐像元计算 NDVI 时间序列与每组土地覆盖类型 NDVI 标准时间序列之间的欧氏距离(ED)，即不相似度(Guo et al.，2020；Lhermitte et al.，2011)。其次，通过测量不同土地覆盖类型的时间序列差异，可以进行人工林分布识别。最后，对 NDVI 年际时间序列曲线进行 Mann-Kendall(M-K)突变检验以确定人工林种植年份。此外，为了提取人工林的转换模式，还需要计算人工林种植年的前一年观测值与各组标准年内时间序列之间的欧式距离，以确定种植人工林之前的土地覆盖类型。DCE 框架有五个主要步骤：①数据预处理；②NDVI 标准时间序列构建；③人工林分布识别；④种植年份和转换模式提取；⑤精度验证和评估(见图 5 - 9)。

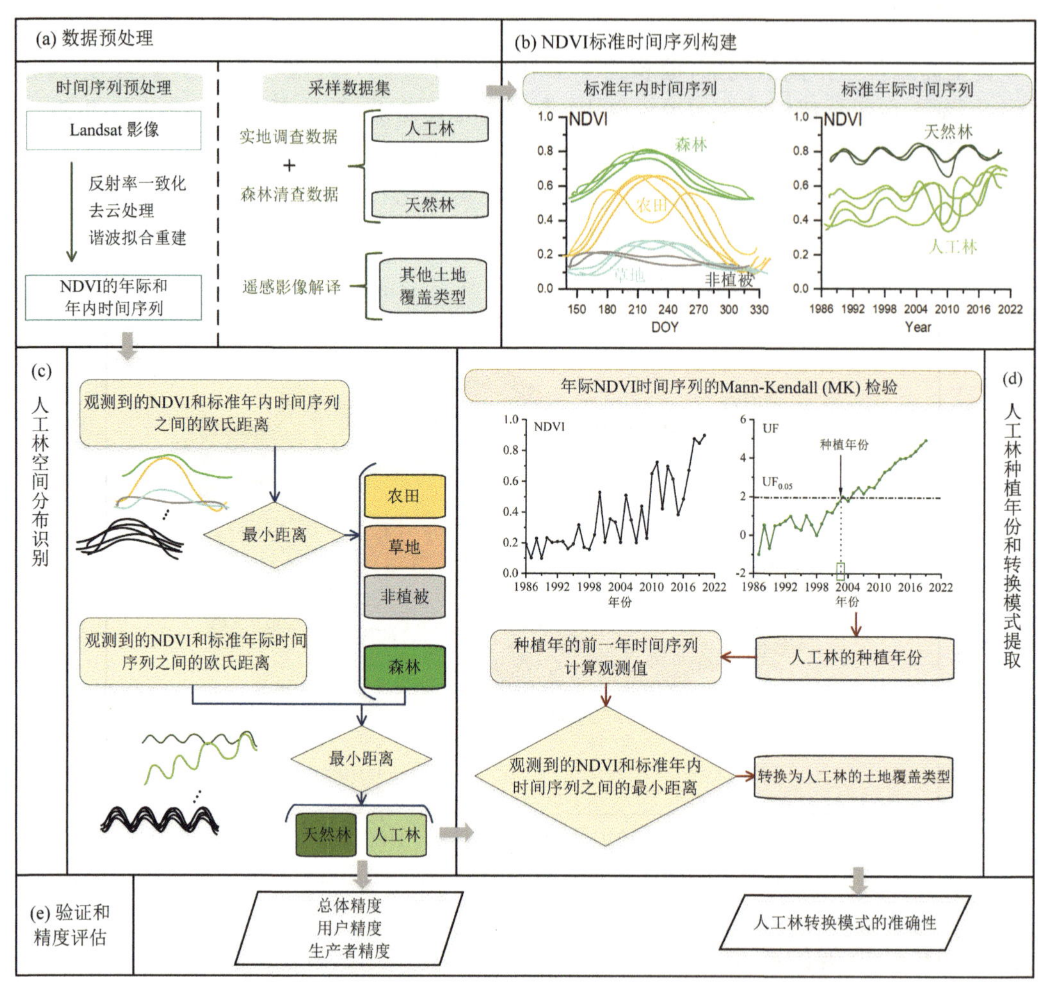

图 5 - 9　人工林种植年份和转换模式提取(DCE)框架流程图

1. 数据预处理

基于 GEE 平台收集并处理 1986 年至 2021 年所有 Landsat 5/7/8 地表反射率数据(Roy et al., 2014; Souverijns et al., 2020),使用谐波模型处理 Landsat 不同传感器的一致性(Roy et al., 2016),并采用 CFmask 算法去除云量和阴影含量大于 30% 的像元(Zhu et al., 2012)。在去除 1986 年至 2021 年间低质量观测数据后,利用时间序列谐波拟合模型(HANTS)重构了 NDVI 的年内时间序列(Roerink et al., 2000)。为计算相似性,采用 HANTS 模型拟合时间序列的最大反射率合成值,构建 12 个月的 NDVI 年内时间序列。同时,为了减少物候或太阳高度引起的误差,通过获取 1986 年至 2021 年生长季(4 月 1 日至 9 月 30 日)影像数据,构建含云量最小值合成的 36 年 NDVI 年际时间序列。

人工林和天然林样本数据基于野外采样获得。于 2021 年 7 月和 8 月在黄土高原进行实地调查,获取了人工林(1 265 个样本点)和天然林(265 个样本点)的位置信息,并记录了不同的森林类型。此外,根据森林清查数据获取了其他土地覆盖类型和森林来源信息。通

过核验森林清查数据中森林来源信息，初步选择并标记了人工林和天然林样本，并在2021年Landsat和谷歌地球影像中对森林图斑进行二次验证。去除非森林像元后，标记出了305个人工林样本点和2 065个天然林样本点。同时，利用最新的Landsat和高分辨率谷歌地球影像数据，进行了其他土地覆盖类型的人工目视解译。最终，共标记了7 750个像元作为参考样本用于训练和验证(见表5－9)，其中包括2021年实地调查的1 530个不同森林类型的样本点、清查数据的2 370个样本点，以及来自最新的Landsat和谷歌地球影像数据的3 850个其他土地覆盖类型样本点。最后，使用分层随机抽样方法对参考样本数据集进行分割，其中80%的样本用于训练，其余20%用于验证土地覆盖类别的准确性(Muchoney and Strahler, 2002)。

表5－9 每类土地覆盖类型的样本数量及其来源

土地覆盖类型		实地调查数据	森林清查数据	影像数据	总数量
植被	人工林	1 265	305	0	1 570
	天然林	265	2 065	0	2 330
	农田	0	0	1 200	1 200
	草地	0	0	980	980
非植被	未利用土地	0	0	720	720
	建筑用地	0	0	670	670
	水体	0	0	280	280
总数量		1 530	2 370	3 850	7 750

2. NDVI标准时间序列构建

NDVI标准时间序列包括年内和年际标准时间序列。不同土地覆盖类型之间的差异，导致其NDVI时间序列曲线表现出不同的形状特征。例如，在年际时间序列中，人工林从种植年份开始生长；而在年内时间序列中，耕地在生长季节中有一个或两个生长季波峰。由于每种土地覆盖类型都存在几组标准时间序列，所以本研究对NDVI时间序列曲线进行了聚类分析，以自动捕获不同土地覆盖类型在年内和年际时间序列中的所有特征(Guo et al., 2020)。表征物候特征的年内时间序列可以提供区分森林和其他土地覆盖类型的信息，因此，生成了多组森林、农田、草地和非植被的年内标准时间序列。同时，年际标准时间序列可以将人工林与天然林进行区分。X-means是一种无监督聚类算法，适用于数据集中类别未知的情况(Aneece and Thenkabail, 2021)。X-means算法可以自动确定输入数据的最佳聚类核大小，并且对局部极值具有抗干扰性(Pelleg and Moore, 1999; Wilson et al., 2018)。使用该方法对训练样本集的时间序列进行聚类，并对每类土地覆盖类型构建多组标准时间序列(Pelleg and Moore, 2000)。

3. 人工林空间分布识别

不同土地覆盖类型的NDVI曲线呈现出不同的时序特征，所以可根据像元NDVI时间序列与标准时间序列的相似性进行人工林分类(Qiu et al., 2017)。时间序列之间相似性使用欧氏距离(ED, 式5－5)度量(Yan et al., 2019)。

$$ED_j = \sqrt{\sum_{i=1}^{n}(NDVI_i - NDVI_{ij}^{standard})^2} \tag{5-5}$$

式中：ED_j 为一个像元NDVI时间序列与第 j 种土地覆盖类型标准NDVI时间序列的欧式距离；i 为时间序列的时间标记；n 为NDVI时间序列的长度（年际 $n=36$，年内 $n=12$）；$NDVI_{ij}^{standard}$ 为第 j 种土地覆盖类型的标准时间序列在时间 i 处的NDVI值。

先采用年内 ED_j 将林地与其他土地覆盖类型进行区分，即根据不同土地覆盖类型年内 ED_j 最小值规则，将所有像元划分为森林、农田、草地或非植被类型。然后在此基础上，使用年际 ED_j 区分人工林与天然林。若某像元与人工林年际标准NDVI时间序列的 ED_j 小于与天然林年际标准时间序列的 ED_j，则将其划分为人工林像元（见图5-9）。

4. 人工林种植年份和转换模式提取

DCE框架使用时间序列变化检测算法提取人工林种植年份和转换模式（Gomez et al.，2016）。该方法的主要原理如下：假设人工林NDVI在种植后随时间逐渐显著增加，则可将时间序列开始呈现增加趋势的时间作为人工林的种植年份信息；然后基于人工林种植前一年的NDVI时间序列与标准时间序列之间的 ED_j 确定人工林种植前的土地覆盖类型，进而提取转换模式。

DCE采用Mann-Kendall（M-K）突变检验算法（Sneyers，1990）检测NDVI年际时间序列，以获取时间序列开始呈现显著增加趋势的时间（$p<0.05$）。

基于1986年至2021年间黄土高原地区人工林的种植年份和转换模式信息，分析了该地区人工林的时空分布特征，以揭示人工林和其他土地覆盖类型的转换规律。根据人工林种植之前的土地覆盖类型，可将人工林转换模式划分为三种类型：持续模式（人工林类型保持不变）；植树造林模式，还可以进一步将其细分为退耕还林（由耕地转换为林地）、草地造林（由草地转换为林地），以及在非植被地区造林（从非植被到人工林）；森林损毁模式，包括农田扩张（从森林转换为农田）和树木砍伐（从森林转换为非植被类型）等。

5. 精度验证

随机选取参考样本像元的20%（即1 550个像元）作为验证样本。使用混淆矩阵评估2021年分类结果的准确性，并估计每种土地覆盖类型的用户精度（UA）和生产者精度（PA）（Congalton and Green，1993；Foody，2002）。

通过目视解译所有36年Landsat合成影像和高分辨率谷歌地球影像数据，进一步记录种植人工林之前的土地覆盖类型，评估人工林转换模式提取的准确性。在确定并记录验证样本像元（其中人工林样本为314个像元）是否是人工林，以及从何种土地覆盖类型转换而来的基础上，按照下式计算人工林转换精度（CA）：

$$CA = \frac{N_c}{N_v} \tag{5-6}$$

式中：N_c 为转换模式中被正确识别土地覆盖类型的像元数；N_v 为人工林验证样本的个数。

5.3.3 人工林时空分布特征

2021年土地覆盖分类精度评价结果表明，人工林的生产者精度和用户精度分别为88.2%和87.1%，而天然林的生产者精度和用户精度分别为94.0%和97.6%。总体精度

和 Kappa 系数分别达到 92.3%和 0.90，这表明了人工林分类方法的有效性(见表 5－10)。

表 5－10　2021 年黄土高原土地覆盖类型分类精度

	人工林	天然林	农　田	草　地	非植被类型	
用户精度/(%)	87.1	97.6	83.2	89.1	99.7	总体精度＝92.3%
生产者精度/(%)	88.2	94.0	88.8	95.9	94.3	Kappa 系数＝0.90

转换模式的准确性评估表明，80.3%的人工林转换模式被正确识别。8.0%的转换模式未被 M－K 突变检验算法正确检测出。另外，5.4%和 4.1%的误差分别来自于人工林种植之前的草地和农田类型的混淆(见表 5－11)。

表 5－11　人工林转化模式变化检测的准确性

	正确识别人工林转换模式	变化模式未检测出	被误分为草地的农田转换人工林模式	被误分为农田的草地转换人工林模式	其　他	总　数
转换模式中被正确识别的像元个数	252	25	17	13	7	314
百分比/(%)	80.3	8.0	5.4	4.1	2.2	100
人工林转换精度＝80.25%						

黄土高原地区的人工林和天然林分别占总面积的 11.27%(7.13 Mha)和 12.89%(8.16 Mha)[见图 5－10(a)]。草地面积最大，为 19.02 Mha(占总面积的 30.06%)，其次是 18.28 Mha 的耕地(占总面积的 28.89%)和 10.68 Mha 的非植被区域(占总面积的 16.89%)。天然林主要集中分布在山区，如六盘山、子午岭、黄龙山、太行山、秦岭等。非植被区域主要分布在黄土高原西北部的毛乌素沙地，草地则自沙地向东南方向延伸。农田广泛分布于盆地内，主要集中在关中盆地和山西省境内。人工林集中分布于黄土高原东南部的丘陵地带，以及天然林与农田之间的区域(见图 5－10)。

图 5－10　黄土高原 2021 年土地覆盖类型分类结果

(a)研究区内每种土地覆盖类型的面积(10^6 ha)及所占百分比；　(b)2021 年土地覆盖类型空间分布

根据 1986—2021 年的人工林种植年份和转化模式，确定了人工林分布的时间特征(见图 5－11)。人工林逐年总面积和新增像元数量表明，人工林种植大致可划分为四个时间阶段

(Temporal Period，TP)。从1986年到2000年(TP1)期间，人工林总面积从0.76 Mha上升到2000年的1.42 Mha[见图5-11(a)]，每年新增人工造林面积呈缓慢上升趋势[图5-11(a)]。自2000年开始(TP2)，每年新增人工林造林面积急剧增加[见图5-11(a)]，到2004年已经达到2.38 Mha。TP1和TP2阶段人工林种植区域广泛分布在山西省和陕西省中部[见图5-11(b)]。在2005年到2013年(TP3)期间，新增人工林数量呈波动变化，种植区主要分布在山西、甘肃西部和陕西中部。在2014—2020年期间(TP4)，每年新种植人工林面积开始下降。

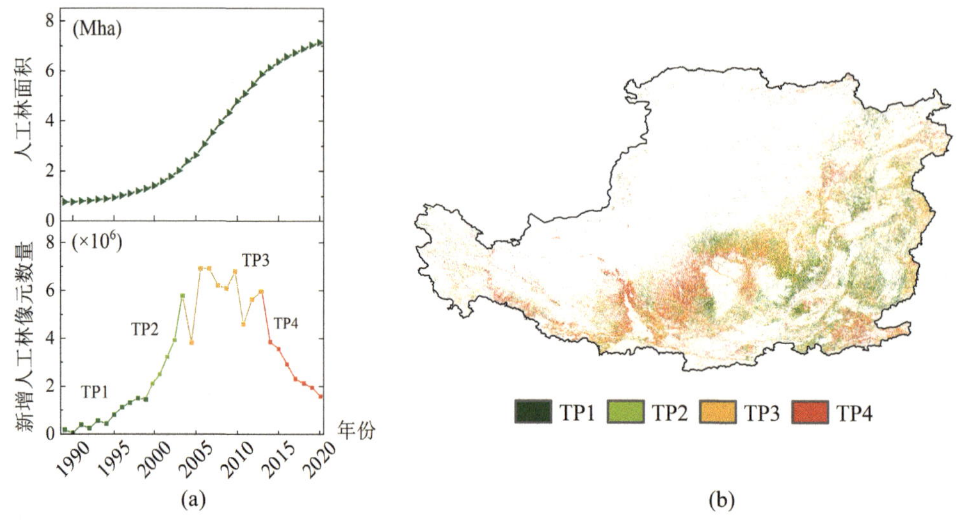

图5-11 人工林种植的时间特征

(a)人工林累积面积和每年新增加的人工林像元数量；(b)1986—2021年四个时间阶段造林的空间分布格局

5.3.4 人工林转换模式

在1986年到2021年期间，88.9%的人工林由其他土地覆盖类型转换而来[见图5-12(a)]。草地造林占最大比例(58.19%，4.15 Mha)，其次是退耕还林(25.32%，1.81 Mha)，非植被区造林面积占5.39%(0.39 Mha)。人工林类型保持不变的区域主要分布在黄土高原东南部，而非植被区造林分布在黄土高原中部毛乌素沙地附近[见图5-12(b)]。

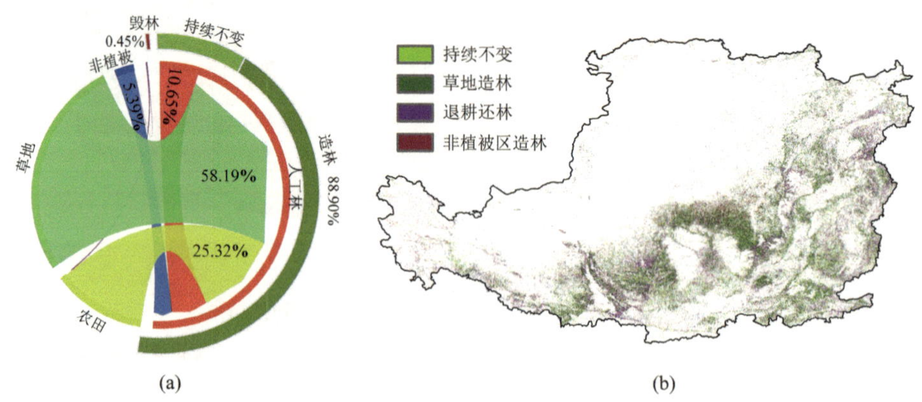

图5-12 人工林转换模式(即从人工林种植之前的土地覆盖类型到人工林，包括持续不变、造林和毁林模式)

(a)各转换模式的弦图；(b)转换模式的空间分布

草地造林和退耕还林是两种主要的人工林转换模式(见图 5 - 12)。草地造林和退耕还林的时间特征与所有造林模式的时间特征基本一致[见图 5 - 13(b)(f)]。图 5 - 13(c)(d)和图 5 - 13(g)(h)分别是草地和农田转换为人工林过程的示例。由 M - K 统计量(UF)检验的 NDVI 年际时间序列趋势特征显示,人工林的种植年份为 2012 年,种植年份前一年的 NDVI 年内时间序列曲线特征表明人工林分别由草地和农田转换而来。

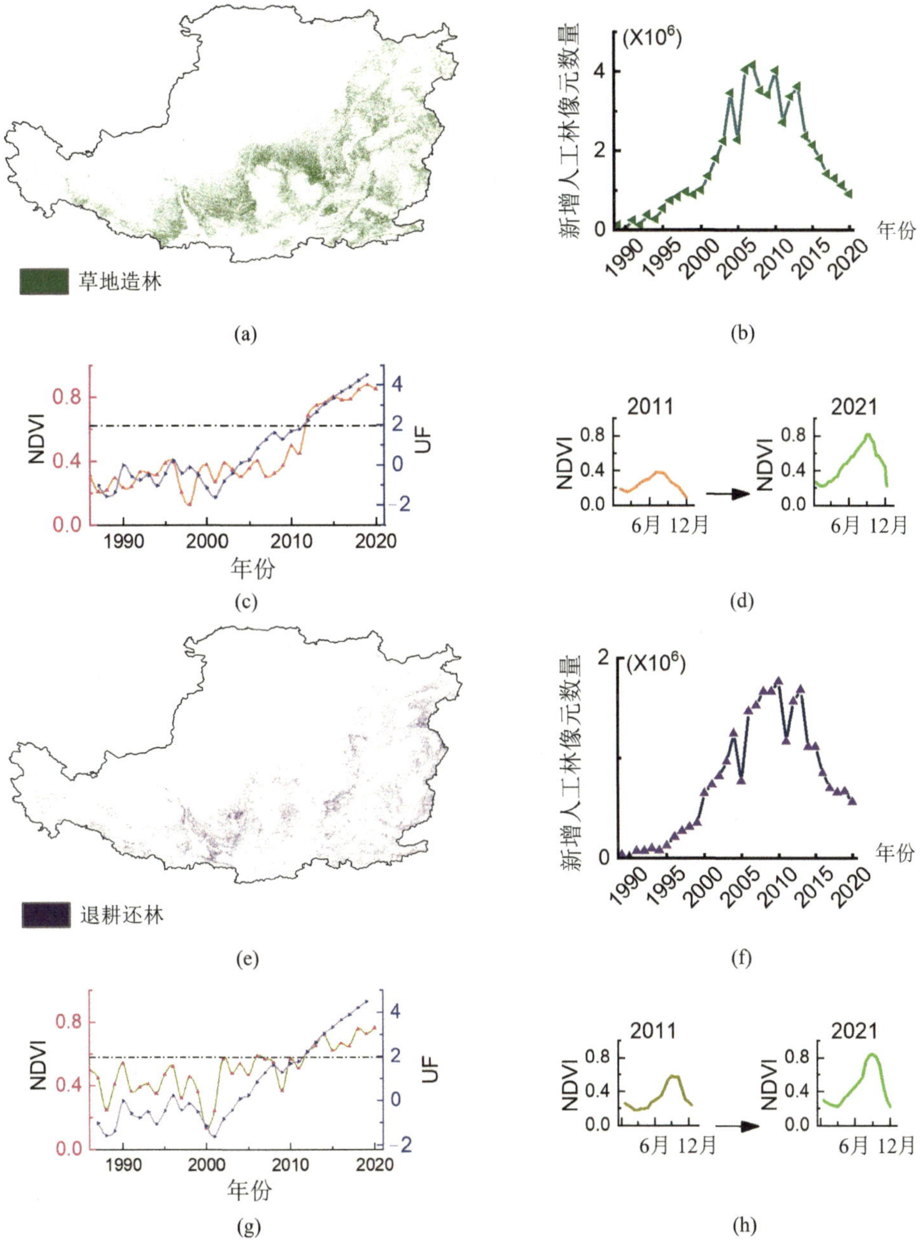

草地造林

(a)　　(b)

(c)　　(d)

退耕还林

(e)　　(f)

(g)　　(h)

图 5 - 13　草地造林和退耕还林的转换模式

(a)(e)草地造林和退耕还林的空间分布；(b)(f)每年新增草地造林和退耕还林像元数量；(c)(g)草地造林过程和退耕还林过程的 NDVI 年际时间序列和 M - K 统计量(UF)趋势特征；(d)(h)2011 年和 2021 年 NDVI 年内时间序列曲线

5.3.5 DCE 框架优势及不确定性分析

在各类生态工程实施背景下，不同类型的人工林之间的光谱多样性仍然是大尺度人工林遥感提取的重大挑战(Wang et al.，2020；Yu et al.，2020)。图 5－14 和 5－15 是基于训练样本构建的包含所有土地覆盖类型的 NDVI 年际和年内标准时间序列曲线。在长时间尺度上，人工林的 NDVI 时间序列曲线呈现显著上升趋势特征，而天然林则保持相对稳定[见图 5－14(a)(b)]。在年内时间尺度上，人工林和天然林的 NDVI 曲线表现出相似的季节变化特征[见图 5－15(a)(b)]。这些标准曲线呈现的特征与本研究的假设基本一致。农田与人工林的 NDVI 年际时间序列曲线表现出相似的特征[见图 5－14(a)(c)]，而 NDVI 年内时间序列可以有效区分人工林和农田[见图 5－15(a)(c)]。综上所述，NDVI 时间序列的相似性特征有助于识别土地覆盖类型，并确定人工林转换模式，弥补了目前人工林动态变化分析中的局限性(Yan et al.，2019)。

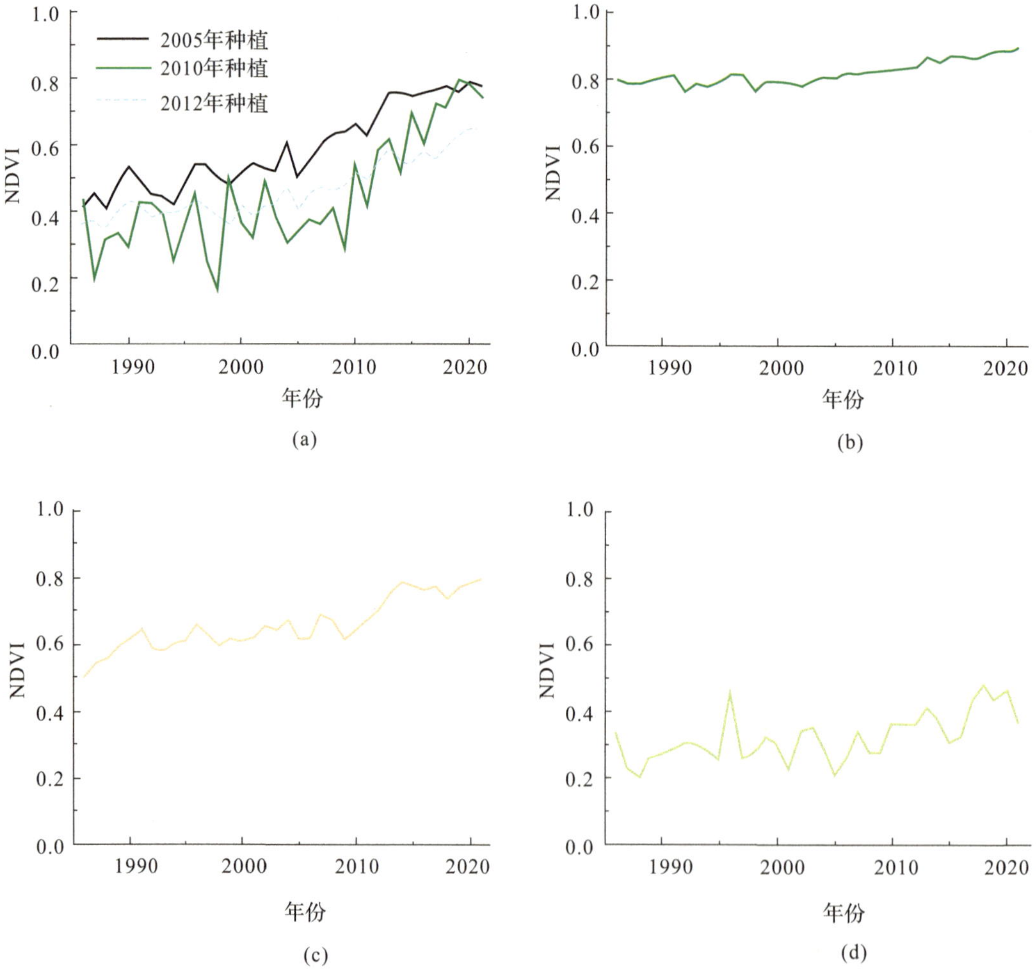

(a)　　(b)

(c)　　(d)

图 5－14　七种土地覆盖类型的 NDVI 标准年际时间序列

(a)人工林；(b)天然林；(c)农田；(d)草地

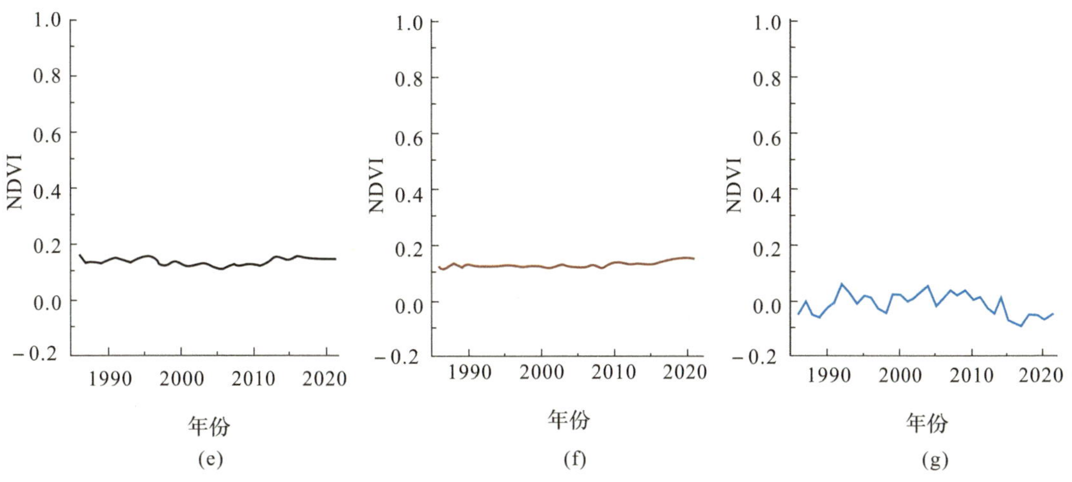

续图 5-14 七种土地覆盖类型的 NDVI 标准年际时间序列
(e)建设用地； (f)裸土； (g)水体

时间序列变化检测算法可以有效定义土地覆盖类型变化，但时间序列算法和变化幅度的多样性，可能会导致结果有所偏差(Li et al., 2019; Zhu, 2017)。在 DCE 框架中，根据 M-K 统计检验在 95%显著性水平下检测到的显著增加趋势来定义的种植年份，基本与人工林转换时间一致(未检测到的变化模式占 7.96%)。TP2 和 TP3 人工林面积的大幅增加与现有研究结果具有一致性，已有研究同样得出了自 2000 年以来人工林覆盖率显著增加，以及 2005 年以后人工林覆盖率急剧上升的结论(Feng et al., 2016; Fu et al., 2017; Zhang et al., 2013)。此外，人工林的两大主要土地来源——草地和农田，与以往黄土高原造林转换模式研究中草地、农田和森林是主要土地覆盖变化类型的研究结果一致(Fu et al., 2017)。

DCE 框架可以捕获人工林 NDVI 时间序列历史变化的关键特征(种植年份和转换模式)，以进行人工林时空格局演变模式提取分析。由于参考样本易受光谱特征、空间纹理或物候变化影响，所以本研究并不是直接将样本的这些特征进行迁移学习，而是构建了自动生成各种土地覆盖类型的标准时间序列曲线特征的方法，使得 DCE 框架具有较强的鲁棒性和可移植性。考虑到不同土地覆盖类型在时间序列中表现出的差异性特征[见图 5-14 和图 5-15]，DCE 框架可以应用于大尺度人工林动态变化分析，并且最大限度地减少了对具有决定性作用的参考样本(要求时空分布均衡)的依赖性。DCE 框架可以为其他地区人工林特征的提取提供参考价值。

DCE 框架提取的人工林种植年份与实地种植年份之间可能存在一定偏差。人工林开始种植时幼苗太小，在遥感影像上无法显示出可识别的光谱特征，只有在生长几年后才能根据 Landsat 时间序列分析方法识别(Li et al., 2022)。尽管人工林 NDVI 年际和年内时间序列特征的基本假设具有稳健性，然而 Landsat 系列卫星传感器的不一致性、植被物候的年际差异及农业种植与管理的差异也会引入一些不确定性。观测数据获取的频率差异也会影响时空模式的提取结果。如果在生长季中存在大量缺失观测值，就可能导致人工林种植年份提取误差。多源遥感数据的协同可能是降低这种不确定性的可行方法(Ling et al., 2022)。

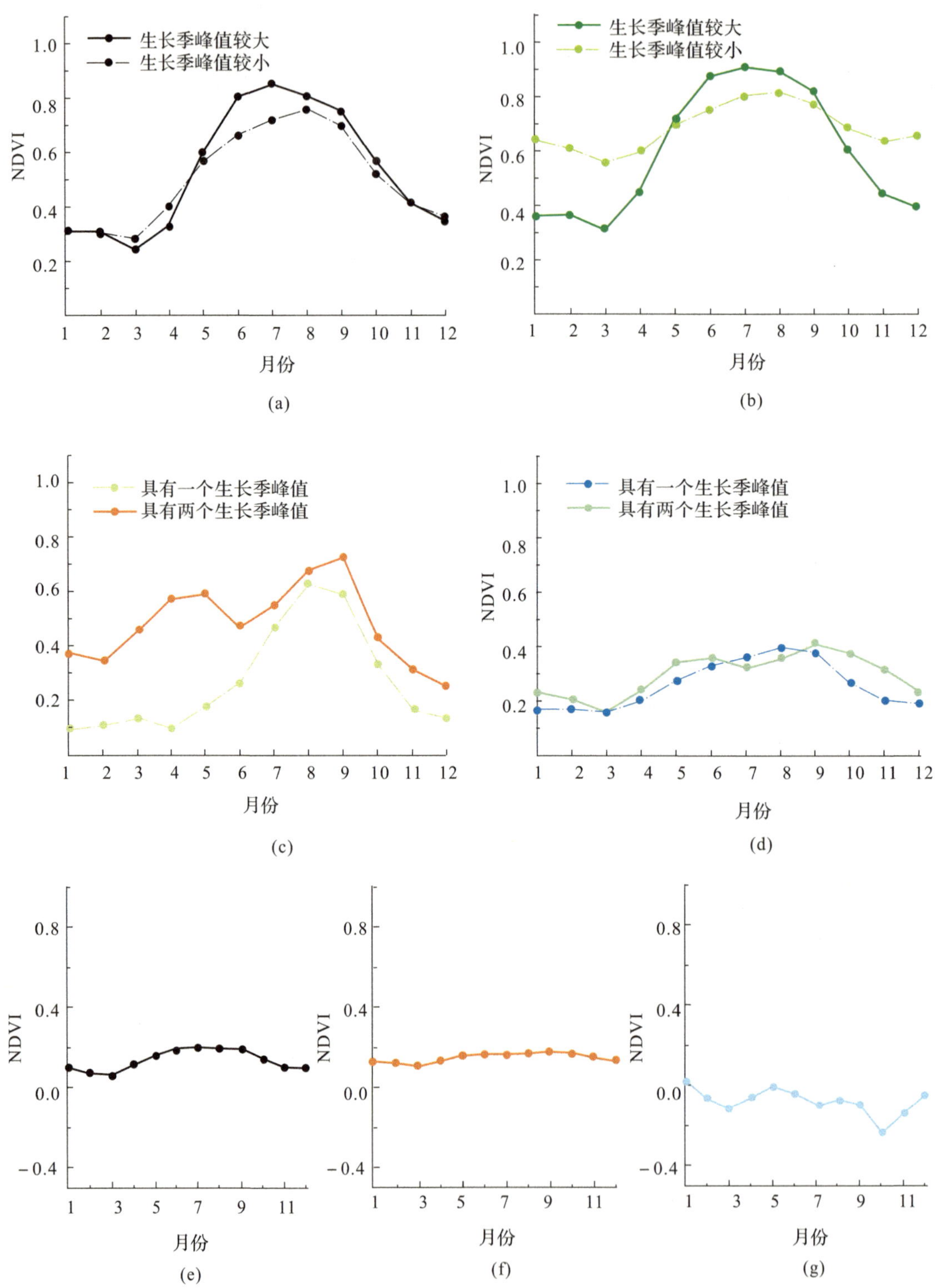

图 5-15　七种土地覆盖类型的 NDVI 标准年内时间序列

(a)人工林；(b)天然林；(c)农田；(d)草地；(e)建设用地；(f)裸土；(g)水体

5.4 黄土高原关键生态系统参数变化

大面积退耕还林还草工程的实施，导致近年来黄土高原的植被覆盖度、生态系统结构和功能发生了显著变化(Fu et al.，2017)。生态造林工程实施和监管的初始目标着重于提高植被覆盖度(Li et al.，2022)，然而森林覆盖度的增加并不能等同于生态系统结构和功能的恢复(Smith et al.，2014；Thornton et al.，2014；Ray et al.，2015)。随着全球气候的显著变化和人类活动的日益活跃，该地区的植被生产力和水文过程发生了实质性变化(Cao et al.，2018；Feng et al.，2016；Wang et al.，2020)。分析人工林植被和水文效应相关指标的变化，有助于更好地理解人工林时空动态对区域生态系统功能与服务的影响(Feng et al.，2016；Li et al.，2018)。

本节分析了黄土高原植被净初级生产力(NPP)和蒸散发(Evapotranspiration，ET)在 2000—2020 年的变化，为人工林生态系统功能和服务评估提供参考。

5.4.1 数据与方法

1. 人工林数据集

第 5.3 节黄土高原人工林空间分布和种植年份数据为评估生态恢复工程下黄土高原生态系统参数变化奠定了基础。为使人工林数据集与生态系统参数数据集具有一致的空间分辨率，使用众数采样法将人工林分布和种植年份重采样为 500 m。

2. 净初级生产力

MODIS MOD17A3HGF V6 提供了 8 天时间分辨率净初级生产力(NPP)数据(Zhang et al.，2021；https://doi.org/10.5067/MODIS/MOD17A3HGF.006)。基于 GEE 平台计算了 2000 年至 2020 年的年尺度 NPP 总量时间序列数据。

3. 蒸散发

MODIS Penman-Monteith-Leuning 蒸散发 V2(PML_V2)产品提供了 500 m 8 天分辨率的蒸散发(ET)，空间范围覆盖了 60°S 至 90°N。PML_V2 产品通过冠层电导耦合方法估算 ET(Gan et al.，2018；Zhang et al.，2019)，并将 ET 划分为植被蒸腾、土壤直接蒸发和植被截流降雨蒸发三个组成部分。PML_V2 产品在全球 95 个通量站点的观测结果上表现良好(Zhang et al.，2019)。利用 GEE 平台获得了 2000 年至 2020 年的逐年蒸散发(ET)总量时间序列数据。

4. 趋势分析

NPP 和 ET 在 2000—2020 年期间的趋势采用 M－K 趋势检验判断(见第 2.1 节)。

5.4.2 生态系统参数变化

1. NPP 变化

在 2000—2020 年，黄土高原人工林的像元数和 NPP 均值显著增加(见图 5－16)。天然林的 NPP 均值也显著增加。总体上，人工林的 NPP 均值小于天然林。由于人工林的种植和生长，其已成为黄土高原 NPP 增加的重要来源。

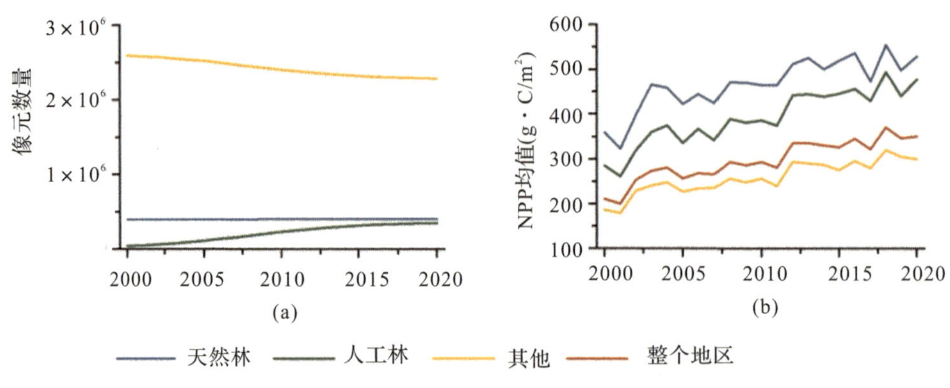

图 5-16　人工林、天然林和整个黄土高原地区的 NPP 变化

(a)像元数量变化；(b)NPP 均值年际变化

2. ET 变化

在整个时段内，人工林 ET 占整个黄土高原的比例显著增加(见图 5-17)。至 2015 年，人工林对整个黄土高原地区的 ET 贡献量基本保持稳定。人工林 ET 所占百分比的近五年平均值为 12.83%，仍然小于天然林的近五年平均百分比(16.32%)(见图 5-17)。天然林占整个区域的比例，以及均值都没有显著趋势，且天然林的 ET 均值高于人工林。

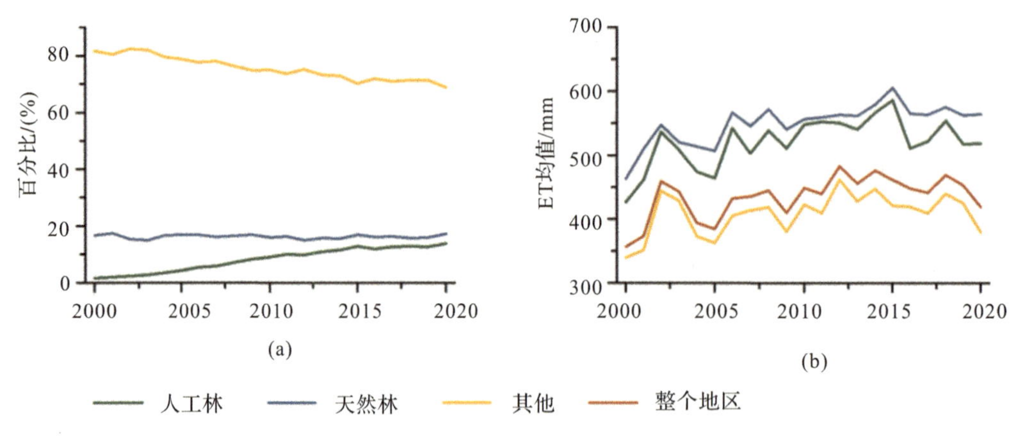

图 5-17　人工林、天然林和整个黄土高原地区的 ET 变化

(a)ET 占整个区域的百分比；(b)ET 均值年际变化

参考文献

郭瑞霞，李崇贵，刘思涵，等，2020. 利用多时相特征的落叶松人工林分类[J]. 浙江农林大学学报，37(2)：235-242.

李婷，吕一河，任艳姣，等，2020. 黄土高原植被恢复成效及影响因素[J]. 生态学报，40(23)：222－234.

刘鸿雁，2019. 中国大规模造林变绿难以越过胡焕庸线[J]. 中国科学. 地球科学，49(11)：1831－1832.

杨磊，张子豪，李宗善，2019. 黄土高原植被建设与土壤干燥化：问题与展望[J]. 生态学报，39(20)：7382－7388.

AMANI M, BRISCO B, AFSHAR M, et al., 2019. A generalized supervised classification scheme to produce provincial wetland inventory maps: An application of Google Earth Engine for big geo data processing[J]. Big Earth Data, 3(4): 378－394.

ANEECE I, THENKABAIL P S, 2021. Classifying crop types using two generations of hyperspectral sensors(Hyperion and DESIS) with machine learning on the cloud[J]. Remote Sensing, 13(22): 4704.

BEY A, MEYFROIDT P, 2021. Improved land monitoring to assess large－scale tree plantation expansion and trajectories in Northern Mozambique[J]. Environmental Research Communications, 3(11): 115009.

BRODRIBB T J, POWERS J, COCHARD H, et al., 2020. Hanging by a thread? Forests and drought[J]. Science, 368(6488): 261－266.

CAO B, YU L, NAIPAL V, et al., 2021. A 30 m terrace mapping in China using Landsat 8 imagery and digital elevation model based on the Google Earth Engine[J]. Earth System Science Data, 13(5):2437－2456.

CAO J, TIAN H, ADAMOWSKI J F, et al., 2018. Influences of afforestation policies on soil moisture content in China's arid and semi－arid regions[J]. Land Use Policy, 75: 449－458.

CAO S, 2008. Why large－scale afforestation efforts in China have failed to solve the desertification problem[J]. Environmental Science and Technology, 42(6): 1826－1831.

CARLSON K M, CURRAN L M, ASNER G P, et al., 2013. Carbon emissions from forest conversion by Kalimantan oil palm plantations[J]. Nature Climate Change, 3(3): 283－287.

CHAZDON R L, BRANCALION P H S, LAESTADIUS L, et al., 2016. When is a forest a forest? Forest concepts and definitions in the era of forest and landscape restoration[J]. Ambio, 45(5): 538－550.

CHEN L D, WANG J P, WEI W, et al., 2010. Effects of landscape restoration on soil water storage and water use in the Loess Plateau Region, China[J]. Forest Ecology and Management, 259(7): 1291－1298.

CHEN P, SHANG J, QIAN B, et al., 2017. A new regionalization scheme for effective ecological restoration on the Loess Plateau in China[J]. Remote Sensing, 9(12): 1323.

CHEN Y, WANG K, LIN Y, et al., 2015. Balancing green and grain trade[J]. Nature Geoscience, 8(10): 739－741.

CONGALTON R G, GREEN K, 1993. Practical look at the sources of confusion in error matrix generation[J]. Photogrammetric Engineering and Remote Sensing, 59(5): 641－644.

DANYLO O, PIRKER J, LEMOINE G, et al., 2021. A map of the extent and year of detection of oil palm plantations in Indonesia, Malaysia and Thailand[J]. Scientific Data, 8(1): 96.

DENG X P, GUO S X, SUN L Y, et al., 2020. Identification of short-rotation Eucalyptus plantation at large scale using multi-satellite imageries and cloud computing platform [J]. Remote Sensing, 12(13): 2153.

DONG J, XIAO X, CHEN B, et al., 2013. Mapping deciduous rubber plantations through integration of PALSAR and multi-temporal Landsat imagery[J]. Remote Sensing Of Environment, 134: 392 - 402.

FAGAN M, DEFRIES R, SESNIE S, et al., 2015. Mapping Species Composition of Forests and Tree Plantations in Northeastern Costa Rica with an Integration of Hyperspectral and Multitemporal Landsat Imagery[J]. Remote Sensing, 7(5): 5660 - 5696.

FAGAN M E, MORTON D C, COOK B D, et al., 2018. Mapping pine plantations in the southeastern US using structural, spectral, and temporal remote sensing data[J]. Remote Sensing of Environment, 216: 415 - 426.

FARR T G, ROSEN P A, CARO E, et al., 2007. The shuttle radar topography mission [J]. Reviews of Geophysics, 45(2): 33.

FASSNACHT F E, LATIFI H, STERENCZAK K, et al., 2016. Review of studies on tree species classification from remotely sensed data[J]. Remote Sensing of Environment, 186: 64 - 87.

FENG X M, FU B J, LU N, et al., 2013. How ecological restoration alters ecosystem services: an analysis of carbon sequestration in China's Loess Plateau[J]. Scientific Reports, 3: 2846.

FENG X, FU B, PIAO S, et al., 2016. Revegetation in China's Loess Plateau is approaching sustainable water resource limits[J]. Nature Climate Change, 6(11): 1019 - 1022.

FOODY G M, 2002. Status of land cover classification accuracy assessment[J]. Remote Sensing of Environment, 80(1): 185 - 201.

FU B, WANG S, LIU Y, et al., 2017. Hydrogeomorphic Ecosystem Responses to Natural and Anthropogenic Changes in the Loess Plateau of China[J]. Annual Review of Earth and Planetary Sciences, 45(1): 223 - 243.

GAN R, ZHANG Y Q, SHI H, et al., 2018. Use of satellite leaf area index estimating evapotranspiration and gross assimilation for Australian ecosystems[J]. Ecohydrology, 11(5):e1974.

GELVIZ-GELVEZ S M, PAVON N P, ILLOLDI-RANGEL P, et al., 2015. Ecological niche modeling under climate change to select shrubs for ecological restoration in central Mexico[J]. Ecological Engineering, 74: 302 - 309.

GHORBANIAN A, KAKOOEI M, AMANI M, et al., 2020. Improved land cover map of Iran using Sentinel imagery within Google Earth Engine and a novel automatic workflow for land cover classification using migrated training samples[J]. ISPRS Journal of Photo-

grammetry and Remote Sensing, 167: 276 - 288.

GOMEZ C, WHITE J C, WULDER M A, 2016. Optical remotely sensed time series data for land cover classification: A review[J]. ISPRS Journal of Photogrammetry and Remote Sensing, 116: 55 - 72.

GORELICK N, HANCHER M, DIXON M, et al., 2017. Google Earth Engine: Planetary-scale geospatial analysis for everyone[J]. Remote Sensing of Environment, 202: 18 - 27.

GRIFFITHS P, KUEMMERLE T, BAUMANN M, et al., 2014. Forest disturbances, forest recovery, and changes in forest types across the Carpathian ecoregion from 1985 to 2010 based on Landsat image composites[J]. Remote Sensing of Environment, 151: 72 - 88.

GUO Z Y, YANG K, LIU C, et al., 2020. Mapping national-scale croplands in Pakistan by combining dynamic time warping algorithm and density-based spatial clustering of applications with noise[J]. Remote Sensing, 12(21): 3644.

HEMMERLING J, PFLUGMACHER D, HOSTERT P, 2021. Mapping temperate forest tree species using dense Sentinel - 2 time series[J]. Remote Sensing of Environment, 267: 112743.

HU J, XIA G S, HU F, et al., 2015. A comparative study of sampling analysis in the scene classification of optical high-spatial resolution remote sensing imagery[J]. Remote Sensing, 7(11): 14988 - 15013.

HU T, LI X, GONG P, et al., 2020. Evaluating the effect of plain afforestation project and future spatial suitability in Beijing[J]. Science China-Earth Sciences, 63(10): 1587 - 1598.

HUA F Y, BRUIJNZEEL L A, MELI P, et al., 2022. The biodiversity and ecosystem service contributions and trade-offs of forest restoration approaches[J]. Science, 376 (6595): 839 - 844.

HUETE A, DIDAN K, MIURA T, et al., 2002. Overview of the radiometric and biophysical performance of the MODIS vegetation indices[J]. Remote Sensing Of Environment, 83(1 - 2): 195 - 213.

JI Q, LIANG W, FU B, et al., 2021. Mapping land use/cover dynamics of the Yellow River Basin from 1986 to 2018 supported by Google Earth Engine[J]. Remote Sensing, 13 (7): 1299.

JIANG C, NATH R, LABZOVSKII L, et al., 2018. Integrating ecosystem services into effectiveness assessment of ecological restoration program in northern China's arid areas: Insights from the Beijing-Tianjin Sandstorm Source Region[J]. Land Use Policy, 75: 201 - 214.

KEY C H, BENSON N C, 2006. Landscape assessment: sampling and analysis methods [R]. In:Lutes, D. C. (Ed.), FIREMON: Fire Effects Monitoring and Inventory System, GeneralTechnical Report, 2006: pp. LA1-pp. LA51.

KIM J, SONG C, LEE S, et al., 2020. Identifying potential vegetation establishment areas on the dried Aral Sea floor using satellite images[J]. Land Degradation & Development, 31(18): 2749 - 2762.

KOU W L, XIAO X M, DONG J W, et al., 2015. Mapping deciduous rubber plantation areas and stand ages with PALSAR and Landsat images[J]. Remote Sensing, 7(1): 1048 - 1073.

KOU W, DONG J, XIAO X, et al., 2018. Expansion dynamics of deciduous rubber plantations in Xishuangbanna, China during 2000 - 2010[J]. Giscience & Remote Sensing, 55 (6): 905 - 925.

le MAIRE G, DUPUY S, NOUVELLON Y, et al., 2014. Mapping short-rotation plantations at regional scale using MODIS time series: case of eucalypt plantations in Brazil [J]. Remote Sensing of Environment, 152: 136 - 149.

LHERMITTE S, VERBESSELT J, VERSTRAETEN WW, et al., 2011. A comparison of time series similarity measures for classification and change detection of ecosystem dynamics[J]. Remote Sensing of Environment, 115(12): 3129 - 3152.

LI D Q, LU D S, LI N, et al., 2019. Quantifying annual land-cover change and vegetation greenness variation in a coastal ecosystem using dense time-series Landsat data[J]. Giscience & Remote Sensing, 56(5): 769 - 793.

LI S, YANG S, LIU X, et al., 2015. NDVI-based analysis on the influence of climate change and human activities on vegetation restoration in the Shaanxi-Gansu-Ningxia region, central China[J]. Remote Sensing, 7(9): 11163 - 11182.

LI T, WANG Q, LIU Y, et al., 2022. An exploration of sustainability versus productivity and ecological stability in planted and natural forests in Sichuan, China[J]. Land Degradation & Development, 33(17): 3641 - 3651.

LI W Q, WANG W L, CHEN J H, et al., 2022. Assessing effects of the Returning Farmland to Forest Program on vegetation cover changes at multiple spatial scales: The case of northwest Yunnan, China [J]. Journal of Environmental Management, 304: 114303.

LI Y C, LIU C L, ZHANG J, et al., 2021. Monitoring spatial and temporal patterns of Rubber plantation dynamics using time-series Landsat images and Google Earth Engine [J]. IEEE Journal of Selected Topics in Applied Earth Observations and Remote Sensing, 14: 9450 - 9461.

LI Y, PIAO S L, LI L Z X, et al., 2018. Divergent hydrological response to large-scale afforestation and vegetation greening in China[J]. Science Advances, 4(5): eaar4182.

LIANG W, BAI D, JIN Z, et al., 2015. A study on the streamflow change and its relationship with climate change and ecological restoration measures in a sediment concentrated region in the Loess Plateau, China[J]. Water Resources Management, 29(11): 4045 - 4060.

LING Y, TENG S, LIU C, et al., 2022. Assessing the Accuracy of Forest Phenological Extraction from Sentinel - 1 C-Band Backscatter Measurements in Deciduous and Coniferous Forests[J]. Remote Sensing, 14: 674.

LIU L Y, TANG H, CACCETTA P, et al., 2013. Mapping afforestation and deforesta-

tion from 1974 to 2012 using Landsat time-series stacks in Yulin District, a key region of the Three-North Shelter region, China[J]. Environmental Monitoring and Assessment, 185(12): 9949 - 9965.

LIU Y, MIAO H T, HUANG Z, et al., 2018. Soil water depletion patterns of artificial forest species and ages on the Loess Plateau(China)[J]. Forest Ecology and Management, 417: 137 - 143.

LOOSVELT L, PETERS J, SKRIVER H, et al., 2012. Random Forests as a tool for estimating uncertainty at pixel-level in SAR image classification[J]. International Journal of Applied Earth Observation and Geoinformation, 19: 173 - 184.

MCFEETERS, S. K, 1996. The use of the Normalized Difference Water Index(NDWI)in the delineation of open water features[J]. International Journal of Remote Sensing, 17 (7): 1425 - 1432.

MALLINIS G, KOUTSIAS N, TSAKIRI-STRATI M, et al., 2008. Object-based classification using Quickbird imagery for delineating forest vegetation polygons in a Mediterranean test site [J]. ISPRS Journal of Photogrammetry & Remote Sensing, 63(2): 237 - 250.

MUCHONEY D M, STRAHLER A H, 2002. Pixel-and site-based calibration and validation methods for evaluating supervised classification of remotely sensed data[J]. Remote Sensing of Environment, 81(2 - 3): 290 - 299.

NORTH M P, STEVENS J T, GREENE D F, et al., 2019. Tamm Review: Reforestation for resilience in dry western US forests[J]. Forest Ecology and Management, 432: 209 - 224.

OLOFSSON P, FOODY G M, HEROLD M, et al., 2014. Good practices for estimating area and assessing accuracy of land change[J]. Remote Sensing of Environment, 148: 42 - 57.

PASQUARELLA V J, HOLDEN C E, WOODCOCK C E, 2018. Improved mapping of forest type using spectral-temporal Landsat features[J]. Remote Sensing Of Environment, 210: 193 - 207.

PELLEG D, MOORE A, 2000. X - means: Extending K - means with efficient estimation of the number of clusters[J]. InIcml, 1: 727 - 734.

PELLEG D, MOORE A, 1999. Accelerating exact k - means algorithms with geometric reasoning[C]. Proceedings of the Fifth ACM SIGKDD In-ternational Conference on Knowledge Discovery and Data Mining, Carnegie Melon University: Pittsburgh.

QIAO H, WU M, SHAKIR M, et al., 2016. Classification of small-scale Eucalyptus plantations based on NDVI time series obtained from multiple high-resolution datasets[J]. Remote Sensing, 8(2): 117.

QIU B, CHEN G, TANG Z, et al., 2017. Assessing the Three-North Shelter Forest Program in China by a novel framework for characterizing vegetation changes[J]. ISPRS Journal of Photogrammetry and Remote Sensing, 133: 75 - 88.

QIU B, ZOU F, CHEN C, et al., 2018. Automatic mapping afforestation, cropland reclamation and variations in cropping intensity in central east China during 2001 - 2016[J]. Ecological Indicators, 91: 490 - 502.

RAY D K, GERBER J S, MACDONALD G K, et al., 2015. Climate variation explains a third of global crop yield variability[J]. Nature Communications, 6: 5989.

ROCCAFORTE J P, HUFFMAN D W, FULÉ P Z, et al., 2015. Forest structure and fuels dynamics following ponderosa pine restoration treatments, White Mountains, Arizona, USA[J]. Forest Ecology & Management, 337: 174 - 185.

ROERINK G J, MENENTI M, VERHOEF W, 2000. Reconstructing cloudfree NDVI composites using Fourier analysis of time series[J]. International Journal of Remote Sensing, 21(9): 1911 - 1917.

ROY D P, KOVALSKYY V, ZHANG H K, et al., 2016. Characterization of Landsat - 7 to Landsat - 8 reflective wavelength and normalized difference vegetation index continuity [J]. Remote Sensing of Environment, 185: 57 - 70.

ROY D P, WULDER M A, LOVELAND T R, et al., 2014. Landsat - 8: science and product vision for terrestrial global change research[J]. Remote Sensing of Environment, 145: 154 - 172.

SELLERS P J, RANDALL D A, COLLATZ G J, et al., 1996. A revised land surface parameterization(SiB2) for atmospheric GCMs . 1. Model formulation[J]. Journal of Climate, 9(4): 676 - 705.

SMITH A M S, KOLDEN C A, TINKHAM W T, et al., 2014. Remote sensing the vulnerability of vegetation in natural terrestrial ecosystems[J]. Remote Sensing of Environment, 154: 322 - 337.

SNEYERS, R, 1990. On the statistical analysis of series of observations[R]. WMO. Technical Note(143). World Meteorological Organization, Geneve.

SOUVERIJNS N, BUCHHORN M, HORION S, et al., 2020. Thirty years of land cover and fraction cover changes over the Sudano - Sahel using Landsat time series[J]. Remote Sensing, 12(22): 3817.

SPRACKLEN B, SPRACKLEN D V, 2021. Synergistic use of Sentinel - 1 and Sentinel - 2 to map natural forest and Acacia plantation and stand ages in North-Central Vietnam[J]. Remote Sensing, 13(2): 19.

THORNTON P K, ERICKSEN P J, HERRERO M, et al., 2014. Climate variability and vulnerability to climate change: A review[J]. Global Change Biology, 20(11): 3313 - 3328.

TIAN A, WANG Y H, WEBB AA, et al., 2021. Water yield variation with elevation, tree age and density of larch plantation in the Liupan Mountains of the Loess Plateau and its forest management implications[J]. Science of the Total Environment, 752: 141752.

TONG X Y, XIA G S, LU Q K, et al., 2020. Land-cover classification with high-resolution remote sensing images using transferable deep models[J]. Remote Sensing of Envi-

ronment, 237: 111322.

TROPEK R, SEDLACEK O, BECK J, et al., 2014. Comment on "High-resolution global maps of 21st-century forest cover change"[J]. Science, 344(6187): 981.

TUCKER C J, 1979. Red and photographic infrared linear combinations for monitoring vegetation[J]. Remote Sensing of Environment, 8(2): 127-150.

TUOMINEN S, PEKKARINEN A, 2005. Performance of different spectral and textural aerial photograph features in multi-source forest inventory[J]. Remote Sensing of Environment, 94(2): 256-268.

WANG C, CHEN J, WU J, et al., 2017. A snow-free vegetation index for improved monitoring of vegetation spring green-up date in deciduous ecosystems[J]. Remote Sensing of Environment, 196: 1-12.

WANG F, PAN X, GERLEIN-SAFDI C, et al., 2020. Vegetation restoration in Northern China: A contrasted picture[J]. Land Degradation & Development, 31(6): 669-676.

WANG Y, BRANDT M, ZHAO M, et al., 2018. Major forest increase on the Loess Plateau, China(2001-2016)[J]. Land Degradation & Development, 29(11): 4080-4091.

WANG Z, PENG D, XU D, et al., 2020. Assessing the water footprint of afforestation in Inner Mongolia, China[J]. Journal of Arid Environments, 182: 104257.

WILSON B T, KNIGHT J F, MCROBERTS R E, 2018. Harmonic regression of Landsat time series for modeling attributes from national forest inventory data[J]. ISPRS Journal of Photogrammetry and Remote Sensing, 137: 29-46.

WU X, WEI Y, FU B, et al., 2020. Evolution and effects of the social-ecological system over a millennium in China's Loess Plateau[J]. Science Advances, 6(41): eabc276.

WULDER M A, LOVELAND T R, ROY D P, et al., 2019. Current status of Landsat program, science, and applications[J]. Remote Sensing of Environment, 225: 127-147.

XI W Q, DU S H, DU S H, et al., 2021. Intra-annual land cover mapping and dynamics analysis with dense satellite image time series: a spatiotemporal cube based spatiotemporal contextual method[J]. Giscience & Remote Sensing, 58(7): 1195-1218.

XU H Q, 2006. Modification of normalised difference water index(NDWI) to enhance open water features in remotely sensed imagery[J]. International Journal of Remote Sensing, 27(14): 3025-3033.

XU H, QI S, LI X, et al., 2021. Monitoring three-decade dynamics of citrus planting in Southeastern China using dense Landsat records[J]. International Journal of Applied Earth Observation and Geoinformation, 103: 102518.

YAN J N, WANG L Z, SONG W J, et al., 2019. A time-series classification approach based on change detection for rapid land cover mapping[J]. ISPRS Journal of Photogrammetry and Remote Sensing, 158: 249-262.

YAO Y, PIAO S, WANG T, 2018. Future biomass carbon sequestration capacity of Chinese forests[J]. Science Bulletin, 63(17): 1108-1117.

YE S, ROGAN J, SANGERMANO F, 2018. Monitoring rubber plantation expansion using Landsat data time series and a Shapelet-based approach[J]. ISPRS Journal of Photogrammetry and Remote Sensing, 136: 134 - 143.

YU Z, ZHAO H, LIU S, et al., 2020. Mapping forest type and age in China's plantations[J]. Science of the Total Environment, 744: 140790.

ZHA Y, GAO J, NI S, 2003. Use of normalized difference built-up index in automatically mapping urban areas from TM imagery[J]. International Journal of Remote Sensing, 24(3): 583 - 594.

ZHANG B Q, WU P T, ZHAO X N, et al., 2013. Changes in vegetation condition in areas with different gradients(1980 - 2010)on the Loess Plateau, China[J]. Environmental Earth Sciences, 68(8): 2427 - 2438.

ZHANG J, FU B, STAFFORD-SMITH M, et al., 2021. Improve forest restoration initiatives to meet Sustainable Development Goal 15[J]. Nature Ecology & Evolution, 5(1): 10 - 13.

ZHANG Y, PENG C, LI W, et al., 2016. Multiple afforestation programs accelerate the greenness in the 'Three North' region of China from 1982 to 2013[J]. Ecological Indicators, 61: 404 - 412.

ZHANG Y Q, KONG DD, GAN R, et al., 2019. Coupled estimation of 500 m and 8 - day resolution global evapotranspiration and gross primary production in 2002 - 2017[J]. Remote Sensing of Environment, 222: 165 - 182.

ZHANG Y, HU Q W, ZOU F L, 2021. Spatio-temporal changes of vegetation Net Primary Productivity and its driving factors on the Qinghai-Tibetan Plateau from 2001 to 2017[J]. Remote Sensing, 13(8): 1566.

ZHU J, SONG L, 2020. A review of ecological mechanisms for management practices of protective forests[J]. Journal of Forestry Research, 32: 435 - 448

ZHU Z, WOODCOCK C E, OLOFSSON P, 2012. Continuous monitoring of forest disturbance using all available Landsat imagery[J]. Remote Sensing of Environment, 122: 75 - 91.

ZHU Z, 2017. Change detection using landsat time series: A review of frequencies, preprocessing, algorithms, and applications[J]. ISPRS Journal of Photogrammetry and Remote Sensing, 130: 370 - 384.

第 6 章　基于干扰-恢复过程的生态系统弹性遥感分析

生态系统稳定性是生态系统健康的重要衡量标准(任海等,2000)。生态系统稳定性的概念一般包括抗性(Resistance)、弹性(Resilience)、持久性(Persistence)和可变性(Variability)四个方面的内容(邬建国,1996; Pahl-Wostl, 2000)。弹性是生态系统经历干扰之后恢复到初始状态的能力(邬建国,1996);是评价生态系统动态平衡的关键指标(方精云和刘玲莉, 2021; 邬建国, 1996; Pimm, 1984)。

遥感时间序列分析的发展为评价生态系统弹性提供了新的视角和方法(Cole et al., 2014; De Keersmaecker et al., 2014; Gómez et al., 2011)。基于遥感时间序列变化检测方法获取的生态系统干扰-恢复过程可为评价大尺度生态系统弹性提供重要信息(Frolking et al., 2009; Griffiths et al., 2012; Hermosilla et al., 2015; Nguyen et al., 2018; White et al., 2017; White et al., 2022)。目前已有许多基于遥感技术识别光谱指数变化来分析生态系统弹性的应用(Dwomoh and Wimberly, 2017; Frazier et al., 2012; Huang et al., 2021; Staal et al., 2018; Zhai et al., 2019)。例如,Staal et al. (2018)通过计算树木覆盖度增长率的时间序列变化来确定树木生长受气候变化影响的弹性;Dwomoh et al. (2017)使用 30 年遥感时间序列变化趋势结合实测数据来评估发生火灾地区土地覆盖恢复的弹性。

本章以典型红壤侵蚀区湖南省衡东县为例,采用动态时间规整算法和 Landsat 时间序列数据,检测该区域 1988—2018 年生态系统干扰-恢复过程,分析了该地区生态系统弹性评价关键指标的时空特征。

6.1　生态系统弹性遥感评价指标

干扰事件发生之后,生态系统在短时间内的响应过程如图 6 - 1 所示(Müller et al., 2016)。在生态系统干扰-恢复过程中,干扰强度(量级)、恢复程度和恢复速度等是描述生态系统弹性的关键指标(柳新伟等, 2004; Kenndey et al., 2012)。

干扰强度是分析生态系统弹性的基本要素之一,表示系统遭受干扰的严重程度(Müller et al., 2016)。

生态系统在受到干扰之后的恢复程度和恢复速率能够在一定程度上表征生态系统弹性(Müller et al., 2016; 柳新伟等,2004)。若生态系统发生干扰后在较短时间内得以恢复,则说明生态系统的弹性较强(Müller et al., 2016)。

许多研究使用与生物量、植被生产力相关的光谱指数时间序列探测大尺度生态系统干扰-恢复过程(Cuevas-González et al., 2009; Frazier et al., 2018; Kenndey et al., 2012)。本研究采用归一化植被指数(NDVI)时间序列计算上述生态系统弹性评价相关指标,进而分析典型红壤侵蚀区生态系统弹性的时空特征。

主要分析流程如下:首先,检测生态系统是否发生过干扰,若存在,则量化干扰强度。然后计算发生干扰后生态系统恢复到稳定状态的速率。最后,在时间序列中测算干扰发生后的 NDVI 是否恢复或超过干扰发生之前的状况。三个生态系统弹性评价相关指标的计算方法如表 6-1 所示。为了更清楚地表示生态系统的干扰-恢复状况,对最大一次、第一次和最近一次干扰事件的相关指标进行了分析。最大一次干扰可以表征生态系统在研究时段内经历的最严重的干扰程度;第一次和最近一次干扰事件有助于理解在整个研究时段内生态系统弹性的变化情况。

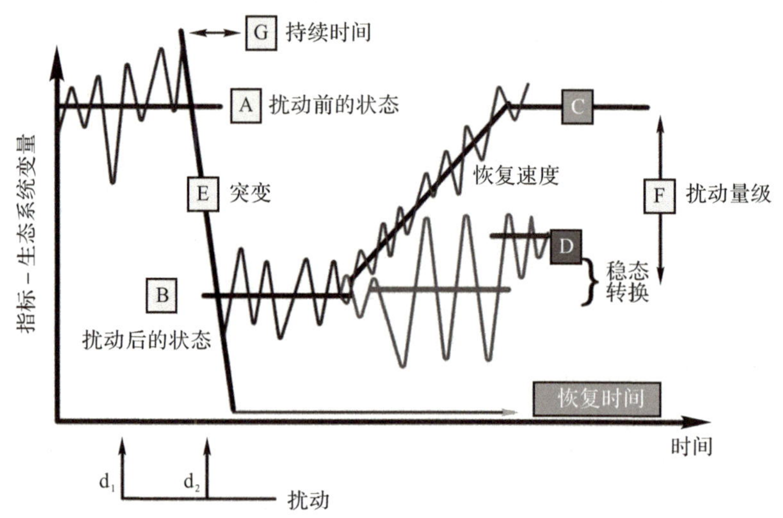

图 6-1　生态系统受干扰之后潜在表现的概念模型(改绘自 Müller et al., 2016)

表 6-1　生态系统弹性评价涉及的关键指标

释　义	干扰量级(*M*)	恢复速率(RR)	恢复程度(RSR)
定义	生态系统受干扰的严重程度(Kenndey et al., 2012; Washington-Allen, 2008)	生态系统受干扰之后达到新的稳定状态的速率(Pimm, 1984; 柳新伟等, 2004)	生态系统受干扰之后的恢复量级与干扰量级比值的等级
亚级指标	—	恢复时间(RT): 生态系统受干扰之后达到新的稳定状态所需要的时间(Müller et al., 2016)	稳态转移(RS): 生态系统受干扰之后所达到的新的稳定状态(Müller et al., 2016)
计算公式	—	RR=RS/RT	RSR=RS/M

续表

释　义	干扰量级(M)	恢复速率(RR)	恢复程度(RSR)
说明	M 越大，表明生态系统经历的干扰越严重	当 RR 较大时，生态系统受干扰之后恢复到稳定状态的速度较快，生态系统弹性较强；反之，生态系统受干扰之后需要很长的时间才能达到稳定状态	当 RSR≥1 时，说明生态系统可以恢复或超过干扰发生之前的状况；当 RSR 在(0,1)范围内时，说明生态系统没有恢复到干扰发生之前的状况；当 RSR＝0 时，说明生态系统仍然经受干扰；当 RSR 未计算时，说明生态系统在监测开始时段正在经受干扰
图示	M	M RR RS RT	RSR≥1 0<RSR<1 RSR=0

6.2　基于动态时间规整算法的干扰-恢复过程检测

6.2.1　研究区与数据

湖南省衡东县位于衡阳盆地北部(见图 6－2)，经度范围 112°45′02″～113°16′32″ E，纬度范围 26°47′05″～27°28′24″ N。衡阳盆地属亚热带季风气候，主要森林类型为亚热带常绿阔叶林。衡东县处于中国南方典型的红壤侵蚀区。

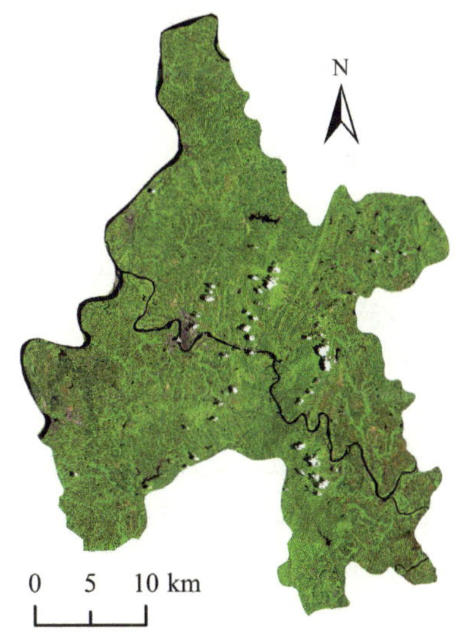

图 6－2　湖南省衡东县 2018 年 Landsat 影像

GEE 平台提供了 Landsat 存档影像数据(Gorelick et al, 2017)。本研究选择了 1988—2018 年期间 GEE 平台上所有可用的 Landsat 5、Landsat 7 和 Landsat 8 影像的 1 级(校正)地表反射率产品。本研究剔除了研究区域内含云量超过 70%的影像数据,筛选后每年的影像数据量如图 6-3 所示。

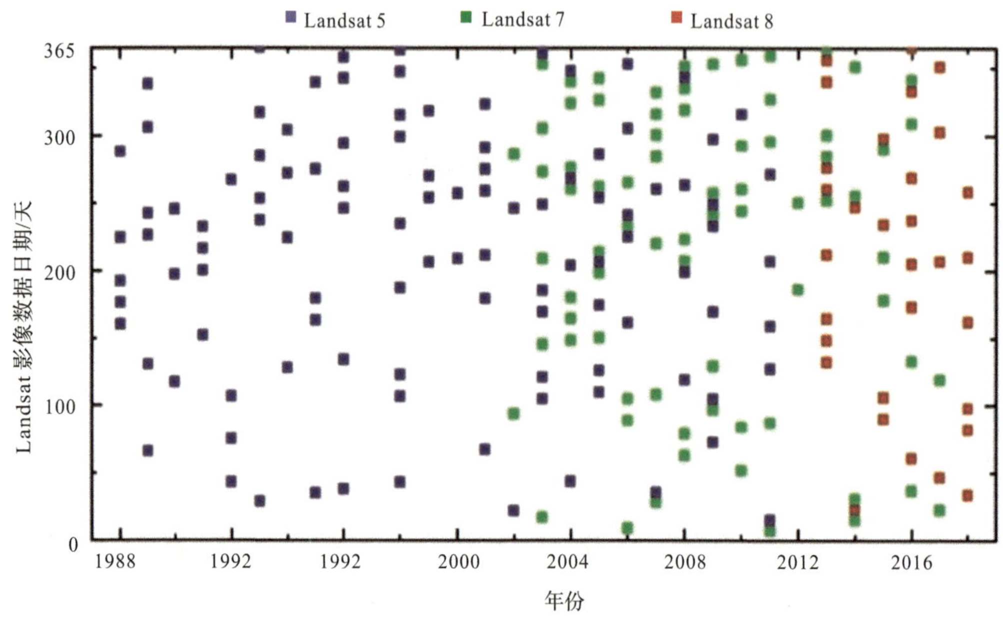

图 6-3　研究区 Landsat 影像数据统计

6.2.2　动态时间规整算法

亚热带多云雨地区可用的 Landsat 遥感影像数据较少,且森林生态系统演化过程复杂多变。现有时间序列变化检测方法对数据的需求较为严格,且在监测森林动态的细微变化方面可能存在不足。本节结合 Landsat 时间序列和动态时间规整(Dynamic Time Warping, DTW, Sakoe and Chiba,1978)算法建立了一种检测生态系统长期变化中干扰-恢复过程的方法。DTW 算法根据时间序列曲线与参考基线序列的规整距离来衡量两条时间序列曲线之间的偏离程度,又称相似度(Sakoe and Chiba,1978; Xu et al., 2018)。本研究依据时间序列相似度特征来识别生态系统干扰-恢复的过程。基于 DTW 算法的遥感时间序列变化检测模型的基本流程如图 6-4 所示。

DTW 算法是一种计算长度可不相等的时间序列相似性度量的方法(Li and Bijker, 2019; Petitjean et al., 2012),能有效避免各年遥感数据量不一致的问题。时间序列和参考基线序列之间的距离越小,它们之间的相似性就越大(Jazayeri et al., 2019)。因此,可以根据 DTW 算法确定时间序列曲线与参考基线序列的规整距离来表示两条时间序列之间的偏离程度,进而检测出时间序列曲线是否存在整体偏移或突变,即生态系统的干扰-恢复的变化过程。

使用 DTW 算法计算年际时间序列曲线之间距离的流程如下。

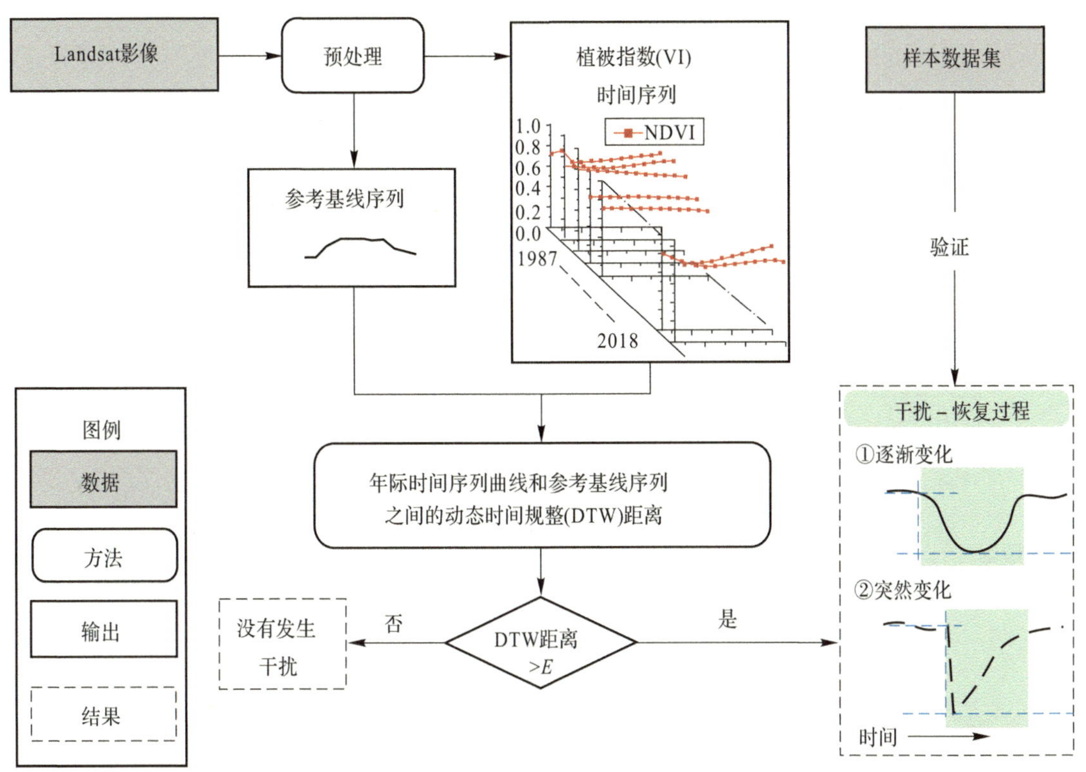

图 6-4　基于动态时间规整(DTW)算法的遥感时序变化检测框架

1. NDVI 参考基线序列的构建

在 GEE 平台上，根据植被季节性生长特征构建 NDVI 参考基线序列。考虑到数据质量和分布的一致性，选择 2016 年遥感影像数据构建 NDVI 参考基线序列以更好地表达未发生干扰森林生态系统的生长过程。通过目视解译 2016 年至 2017 年 Google Earth 高分辨率影像和 Landsat 影像数据，以及像元的光谱时间序列轨迹，从中识别并标记了未受干扰的森林像元，然后在其中选择了 1 800 个纯净像元构建 NDVI 时间序列作为参考基线。采用双逻辑函数拟合并用最小二乘法估算所有选定像元的拟合基线，使该基线符合未受干扰的像元的物候特征(Brooks et al.，2014；Fisher et al.，2006)。

2. DTW 距离的计算

DTW 算法通过创建“规整路径”来测量时间序列之间的相似性(Jazayeri et al.，2019)。对于给定两条时间序列 $X=(x_1,\cdots,x_m)$ 和 $Y=(y_1,\cdots,y_n)$，它们的长度可以不相等，规整路径可以有效地对齐两条时间序列，在图 6-5(a) 中，规整路径点对点匹配两条时间序列。

DTW 距离的计算先从构造一个矩阵开始，在该矩阵中第(i,j)个元素对应于它的欧几里得距离[见图 6-5(b)]，然后通过选择经过矩阵的路径来计算 DTW 距离，最终选择两条时间序列曲线之间的累积距离最小的路径。具体公式如下(Jazayeri et al.，2019)：

$$\mathrm{DTW}(X,Y)=\min\sqrt{\sum_{p=1}^{P}d_p} \tag{6-1}$$

式中：d_p 是规整路径的第 p 个元素；P 是规整路径的元素总数。

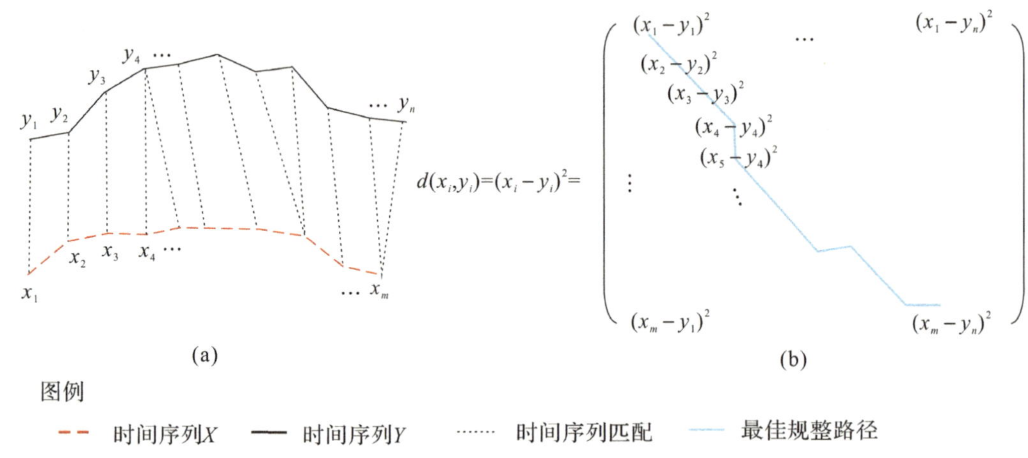

图 6-5　DTW 距离的计算

(a) 动态时间规整(DTW)算法的时间序列点对点匹配；

(b) 欧几里德距离矩阵和时间序列 X 和 Y 之间的最佳规整路径

6.2.3　时间序列干扰-恢复过程检测

当生态系统受到干扰时，其 NDVI 时间序列曲线会发生变化。因此，通过评估相应时间范围内 NDVI 时间序列之间 DTW 距离的变化可以检测生态系统的干扰-恢复过程。在没有干扰的情况下，DTW 距离的数值是相对稳定的。在有干扰的情况下，DTW 距离将超过该范围。当 DTW 距离连续超过其平均值至少 2 次时，将超出平均值的过程判定为受干扰过程。这里将生态系统变化过程简化，将 DTW 距离达到最大值时视为干扰结束，不考虑干扰之后恢复之前的阶段。也就是说，干扰过程是指从发生干扰至达到 DTW 距离最大值的过程，而恢复过程是指从达到 DTW 距离最大值至恢复到 DTW 距离平均值稳定状态后的过程。

图 6-6(a)显示了森林生态系统干扰-恢复过程，NDVI 曲线在很长时间内发生了总体位移变化或呈现出突变。在初始阶段 NDVI 的轨迹变化表示生态系统的相对稳定状态。从时间 t_1 开始，生态系统受到一定持续时间的干扰，使得 NDVI 从状态 A 变为状态 B。在此之后，NDVI 逐渐增加，生态系统恢复到了干扰前的状态。在时间 t_2 处再次发生干扰后，NDVI 没有恢复到干扰前的状态，而是进入到新的状态。新状态与初始状态之间的差值为生态系统变化过程中的稳态转移(RS)[在图 6-6(a)中显示为紫色阴影区域]，发生在时间 t_3 和 t_4 处的情况也是类似的变化过程。在每种情况下，都可获得干扰-恢复过程的开始时间(ST)、开始时的 DTW 距离(SD_d)、结束时间(ET)、结束时的 DTW 距离(ED_d)、达到 DTW 距离最大值时的 DTW 距离(MDT)和达到 DTW 距离最大值时的时间(MD_d)[见图6-6(b)]。

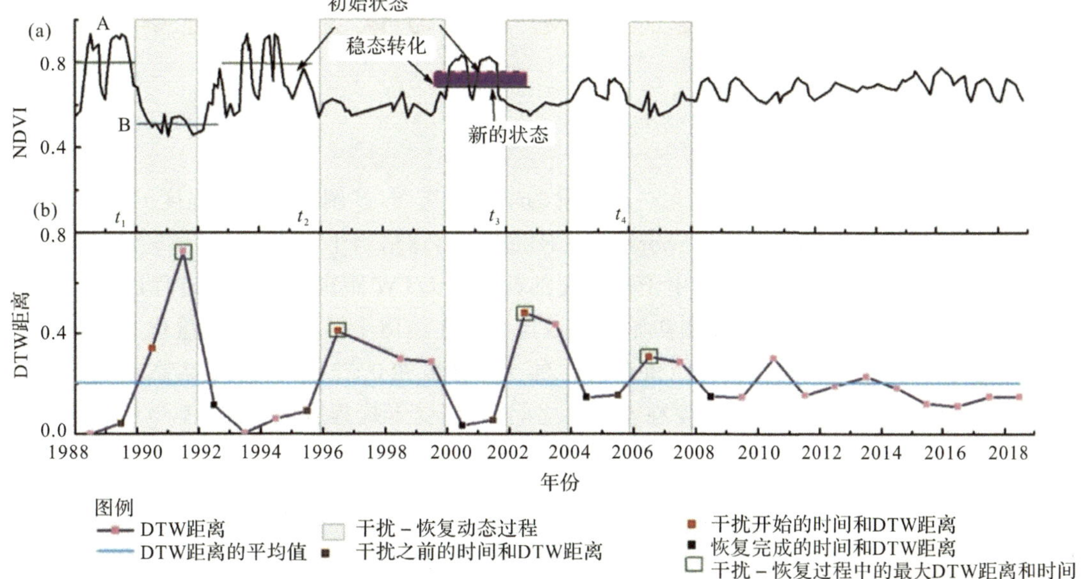

图 6－6　基于 DTW 距离的时间序列变化检测过程(灰色阴影表示检测到的干扰-恢复过程)
(a)NDVI 时间序列；(b)DTW 距离时间序列(淡蓝色线表示 DTW 距离平均值)

6.2.4　可信度评价

本研究采用分层随机抽样的方法评估弹性相关指标检测的准确性。由于指标中的恢复程度具有易识别性，所以，评价其可信度具有可行性。在研究区内选择均匀分布且经受过干扰的 112 个像元作为验证数据。对于每个像元，通过目视解译变化时间前后的 Landsat 影像数据、植被指数时间序列轨迹、Google Earth 高分辨率影像，标记并记录变化事件的开始时间和结束时间，以及生态系统发生干扰前和恢复后的土地覆盖类型和状况。这里仅使用第一次和最近一次的变化来确定和记录干扰之前和恢复之后的植被生长状况。按照 Congalton and Green(1993)和 Foody(2002)提出的方法生成混淆矩阵，并对生态系统的干扰-恢复过程的恢复程度进行总体精度、用户精度和生产者精度估计。计算公式为

$$总体精度=\frac{\sum_{i=1}^{n} x_i}{n^2}\times 100\% \tag{6-2}$$

$$用户精度=\frac{x_i}{x_{+i}}\times 100\% \tag{6-3}$$

$$生产者精度=\frac{x_i}{x_{i+}}\times 100\% \tag{6-4}$$

式中：x_i 为 i 类生态系统恢复程度类别被正确检测的像元数(本研究中 i 的取值为 0、0～1、＞1 和 inf)；n 为研究区域内像元的总数；x_{i+} 为待验证生态系统恢复程度类别结果中 i 类别的像元总数；x_{+i} 为参考样本数据集标记的 i 类别的像元总数。

6.3 衡东县生态系统干扰与恢复时空特征

6.3.1 干扰强度与次数

图 6-7 显示了研究区经受最大一次干扰的空间分布图，并阐明了干扰强度的计算过程。在每个干扰-恢复(Disturbance-Recovery, D-R)过程中，评估当干扰强度为 0～5、5～10 和大于 10 时生态系统的变化过程，其中干扰强度的数值为 DTW 距离的差异。过程 $D-R_1$ 的干扰强度表示为未计算，表明在监测初始时期该像元正在经历干扰，因此无法量化其干扰强度大小。过程 $D-R_2$，$D-R_4$，$D-R_5$ 和 $D-R_8$ 的扰动强度在 0～5 之间，表明生态系统受到的干扰程度较小；过程 $D-R_6$ 的强度在 5～10 之间，表明受干扰程度较大；过程 $D-R_3$ 和 $D-R_7$ 的干扰强度均大于 10，表明受到干扰的程度严重[见图 6-7(c)]。

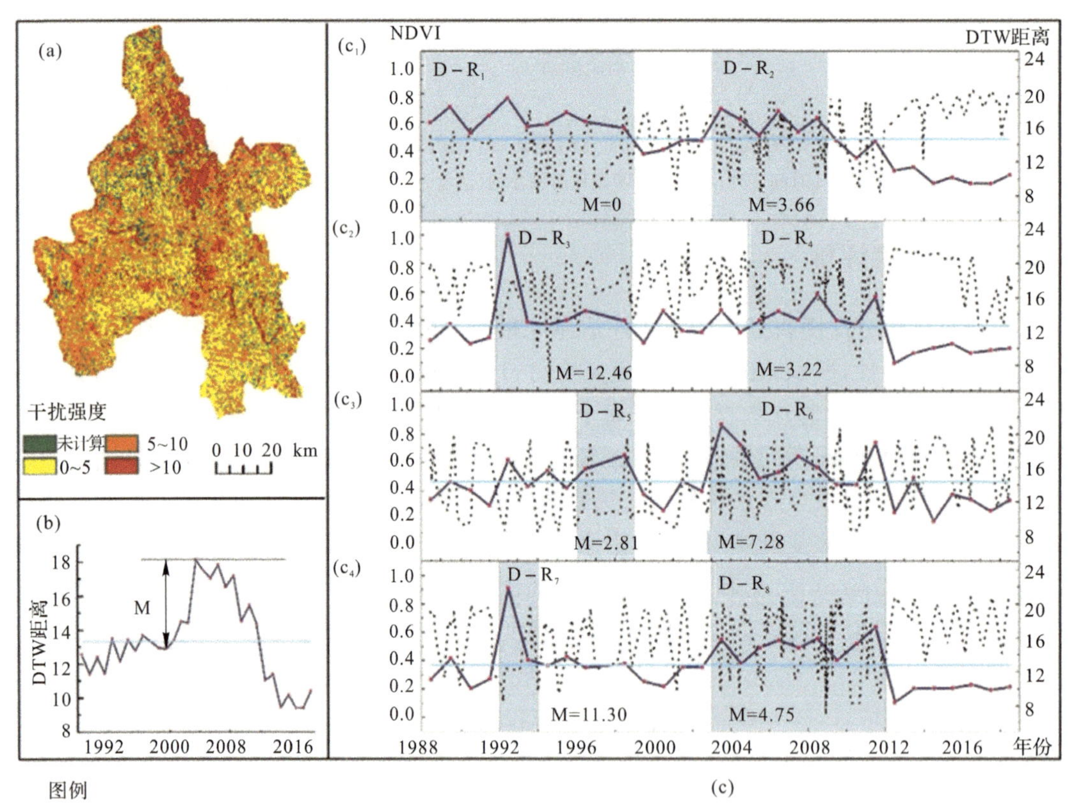

图 6-7 像元经受最大一次干扰的空间分布图

(a)最大一次干扰强度的空间分布图； (b)干扰强度的计算图示； (c)典型受干扰像元的干扰-恢复(D-R)过程

第一次和最近一次干扰强度的空间分布图，以及 1988 年至 2018 年期间按年份统计的生态系统发生干扰的强度及其变化趋势如图 6-8 所示。拟合趋势表明干扰强度有小幅度的增加。在空间分布上，大多数区域最近一次干扰的强度值在 0～5 之间，有一些区域的最

近干扰强度大于 10。表 6-2 表明，干扰强度在 0～5 之间的比例是 60.7%。除此之外，较大程度的干扰主要发生在 2000 年到 2002 年[见图 6-8(c)]，这可能归因于这几年所发生的局部火灾(http://njx.forestry.gov.cn)。图 6-9 显示了 1988 年至 2018 年期间逐年发生干扰的像元数量。在 20 世纪 90 年和 21 世纪前 10 年，干扰次数相对较高。自 2010 年以来，干扰频率逐渐降低。

表 6-2　不同等级干扰强度所占比例

指　标	等　级	比例/(%)
干扰强度	未计算	11.0
	0～5	60.7
	5～10	24.2
	>10	4.1

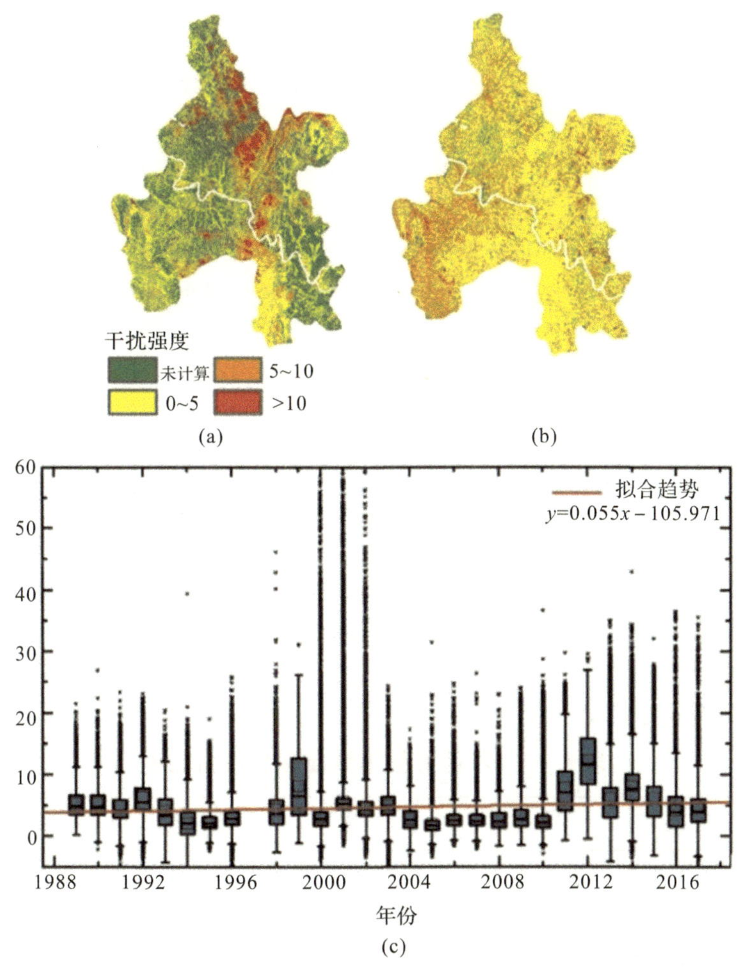

图 6-8　1988—2018 年间生态系统发生干扰的强度及其变化趋势

(a)第一次干扰强度的空间分布；(b)最近一次干扰强度的空间分布；
(c)按干扰开始的时间逐年统计干扰强度，红色直线是拟合趋势

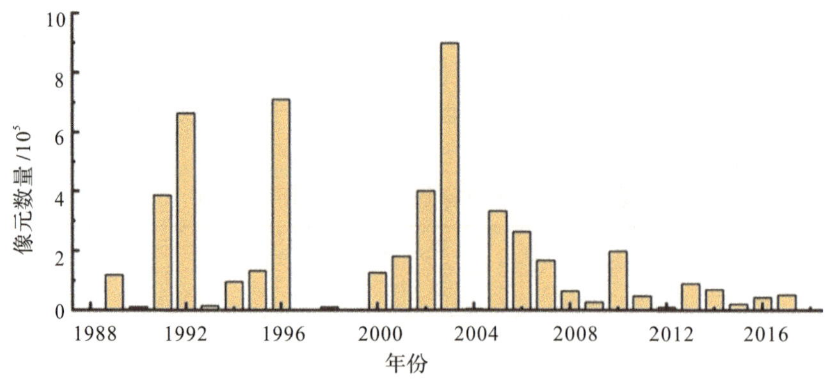

图 6-9　每年发生干扰的像元数量(根据干扰开始时间统计)

6.3.2　恢复程度

图 6-10 阐明了生态系统恢复程度的计算过程,以及像元经受最大一次干扰过程恢复程度的空间分布。在每个干扰-恢复过程中,评估当生态系统恢复程度值为 0、未计算、大于 1 和小于 1 时生态系统的动态变化过程。过程 $D\text{-}R_1$ 的恢复程度为未计算,表明在监测初始时期该像元正在经受干扰;过程 $D\text{-}R_5$ 的恢复程度为 0,表明生态系统仍然处于恢复之中;过程 $D\text{-}R_3$、$D\text{-}R_6$、$D\text{-}R_8$ 和 $D\text{-}R_9$ 的恢复程度小于 1,表明生态系统受干扰后没有恢复到干扰前的状况;过程 $D\text{-}R_2$,$D\text{-}R_4$ 和 $D\text{-}R_7$ 的恢复程度均大于 1,表明生态系统受干扰后又恢复到干扰前的状况甚至更好[见图 6-10(c)]。

多数情况下生态系统恢复后的 NDVI 值高于受干扰前的值。在生态系统干扰-恢复过程中,约 55%的生态系统恢复程度大于 1(见表 6-3),说明大多数恢复后的绿度都优于干扰前的绿度。第一次和最近一次发生干扰时生态系统恢复程度的空间分布图,以及 1988 年至 2018 年期间逐年统计生态系统发生干扰-恢复过程中不同恢复程度下像元数量所占百分比如图 6-11 所示。从 2004 年开始,生态系统恢复程度大于 1 的像元数量明显多于恢复程度小于 1 的数量,即近年来,生态系统恢复后的绿度多数已超过干扰之前的绿度水平[见图 6-11(c)]。此外,多数区域最近一次发生干扰的生态系统恢复程度大于 1,而对于第一次发生干扰的生态系统恢复程度,只有少数像元的恢复程度小于 1,这表明经历干扰-恢复过程的生态系统的绿度总体呈动态增长的趋势。

表 6-3　不同等级下恢复程度所占比例

指　标	等　级	比例/(%)
恢复程度	未计算	9.9
	0	1.9
	0～1	33.1
	>1	55.1

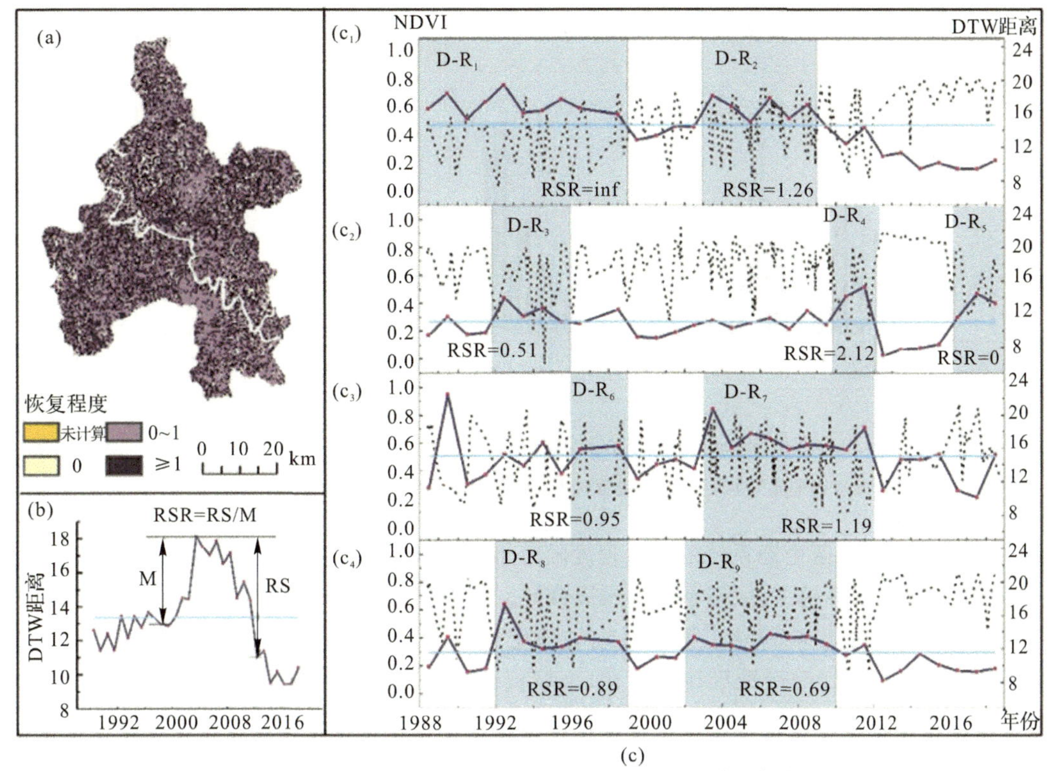

图 6－10　生态系统恢复过程

(a)经受最大一次干扰的生态系统恢复程度的空间分布图；(b)生态系统恢复程度的计算图示

(c)典型受干扰像元的干扰-恢复(D-R)过程与生态系统恢复程度之间的关系

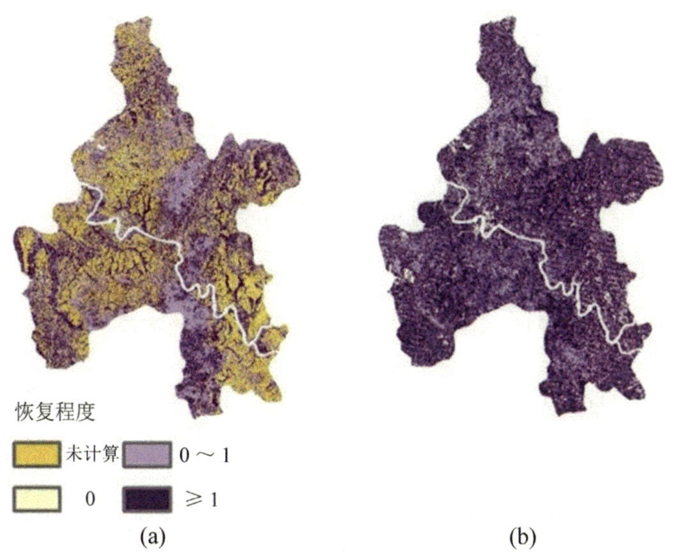

图 6－11　生态系统发生干扰后的恢复程度

(a)第一次发生干扰-恢复过程时生态系统恢复程度的空间分布；

(b)最近一次发生干扰-恢复过程时的生态系统恢复程度的空间分布

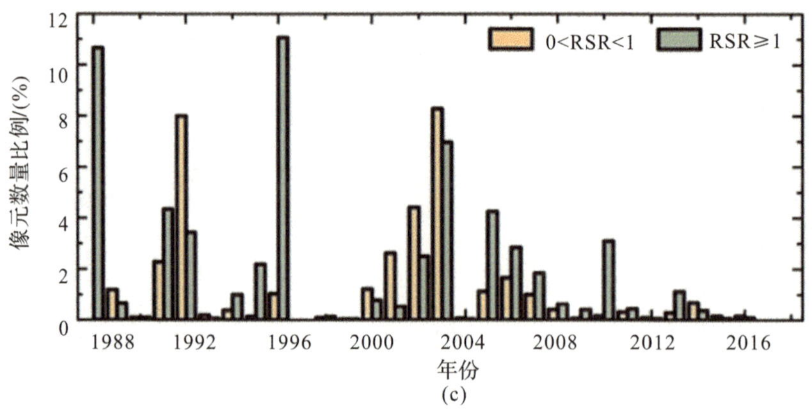

续图 6-11 生态系统发生干扰后的恢复程度

(c)逐年统计的生态系统发生干扰-恢复过程时不同恢复程度下像元数量比例(按干扰开始的时间统计)

研究发现,研究区生态系统的恢复程度随着干扰强度的增加而降低(见图 6-12),即生态系统受到的干扰强度越大,生态系统越难以恢复。在中国南方红壤侵蚀区,水土流失是一种频繁出现的环境干扰,影响亚热带生态系统的稳定性(Cao et al., 2017; Chen et al., 2019)。这种类型的干扰在红壤侵蚀区持续存在,土壤侵蚀导致土壤持水能力下降,植被绿度也随之降低,且受水土流失干扰严重时,绿度往往无法迅速恢复到受干扰前的水平。

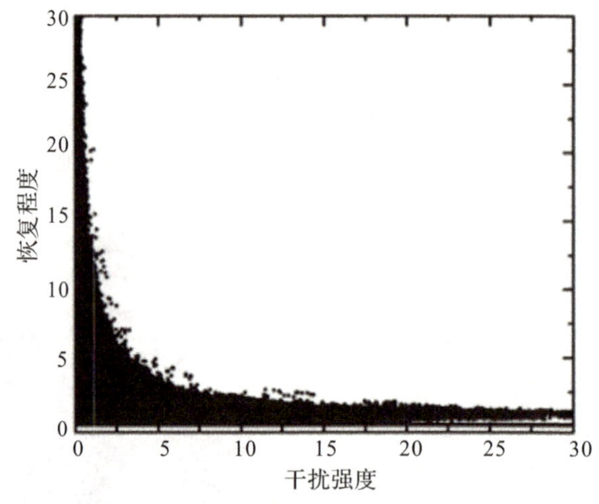

图 6-12 生态系统恢复程度和干扰强度之间的关系

精度评价结果表明,基于 DTW 方法评价生态系统干扰后恢复程度具有较高的精度。不同类别的生态系统恢复程度计算生成的混淆矩阵如表 6-4 所示,总体精度为 87.14%,不同类别恢复程度的生产者精度超过了 80%。由结果可知,当像元在监测初始时期已经经受干扰时比较容易被识别,用户精度和生产者精度都是 100%。在对比恢复之后与干扰之前的森林生长状况时,由于仍处于恢复中的状况和未完全恢复的生态系统的状况很容易混淆,难以确定生态系统恢复之后的森林状况相比于干扰之前是否更加健康,因此,导致这两类的用户精度和生产者精度较低,最低的是仍在变化的类别,用户精度只有 71.43%。

表 6-4　生态系统恢复程度精度评价混淆矩阵

恢复程度	未计算	0～1	>1	仍在变化	用户精度/(%)	错检率/(%)
未计算	11	0	0	0	100	0
0～1	0	30	7	0	81.08	18.92
>1	0	4	52	1	91.23	8.77
仍在变化	0	2	1	5	71.43	18.57
生产者精度/(%)	100	83.33	86.66	83.33	总体精度=87.14%	
漏检率/(%)	0	16.67	13.34	16.67		

6.3.3　恢复速率

图 6-13 显示了经受最严重干扰后恢复速率的空间分布，阐明了恢复速率的计算过程，以及典型受干扰像元的干扰-恢复过程与恢复速率之间的关系。在每个干扰-恢复过程中，评估当生态系统恢复速率值为 0、0～1、1～2、2～3 和大于 3 时生态系统的动态变化过程。过程 D-R_1 的恢复速率为 0，表明该像元在监测初始时期正在经受干扰；过程 D-R_2 和 D-R_4 的恢复速率在 0～1 之间，表明生态系统受干扰后恢复到稳定状态的速度较慢。过程 D-R_3 和 D-R_6 的恢复速率在 1～2 之间，过程 D-R_5 的恢复速率在 2～3 之间，表明生态系统受干扰之后的恢复速率较快。过程 D-R_7 和 D-R_8 的恢复速率大于 3，这表明生态系统可以在较短的时间内恢复[见图 6-13(c)]。

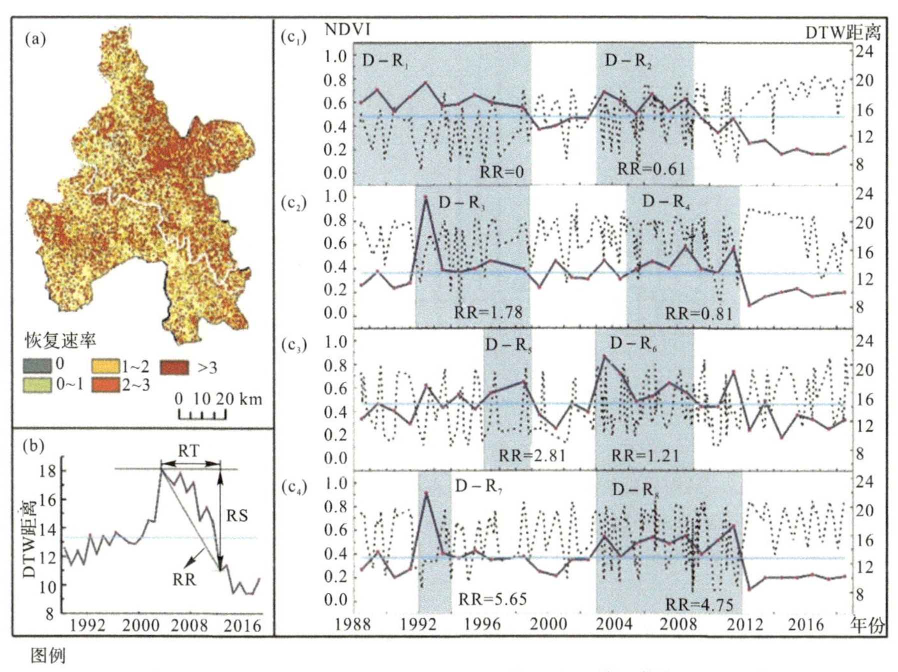

图 6-13　生态系统经受最严重干扰的恢复速率

(a)经受最严重干扰时生态系统恢复速率的空间分布；(b)生态系统恢复速率的计算图示；(c)典型受干扰像元的干扰-恢复(D-R)过程与生态系统恢复速率之间的关系

第一次和最近一次经受干扰后生态系统恢复速率的空间分布，以及 1988 年至 2018 年期间逐年统计的生态系统发生干扰-恢复过程的恢复速率及其变化趋势如图 6-14 所示。最近一次发生干扰后生态系统恢复速率整体大于第一次干扰后的恢复速率。拟合趋势表明恢复速率有较小幅度的增加趋势，近几年恢复速率增加趋势更为明显[见图 6-14(c)]。表 6-5 给出了不同等级恢复速率所占比例，其中 20.9%的生态系统干扰-恢复过程中恢复速率是大于 3 的。

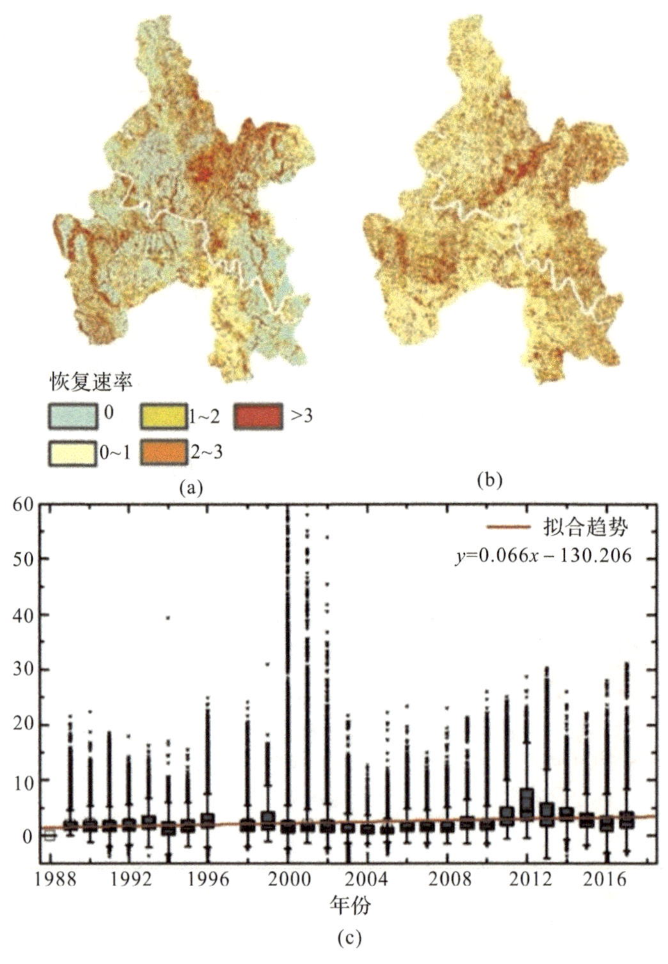

图 6-14 生态系统经受干扰后的恢复速率

(a)第一次干扰-恢复过程中生态系统恢复速率的空间分布；

(b)最近一次干扰-恢复过程中生态系统恢复速率的空间分布；

(c)逐年统计的生态系统发生干扰-恢复过程中的恢复速率(红线是拟合趋势，按干扰开始的时间统计)

表 6-5 不同等级下恢复速率所占比例

指 标	等 级	比例/(%)
恢复速率	0	11.0
	0～1	30.6

续表

指　标	等级	比例
恢复速率	1～2	23.1
	2～3	14.4
	>3	20.9

6.3.4　优势与局限性

本研究基于DTW算法进行Landsat时间序列变化检测，从生态系统干扰-恢复过程中提取干扰强度、恢复速率和恢复程度，与基于光谱指数的幅度变化来表征干扰和恢复过程的研究具有显著区别(Nguyen et al.，2018；Kennedy et al.，2012；White et al.，2017)。本研究发展的方法着重于综合分析遥感时间序列中干扰和恢复的连续过程，而不是割裂生态系统的整个变化过程。在描述长时间尺度下的生态系统动态时，仅依靠时间序列检测突变点识别干扰缺乏灵活性(Devries et al.，2015；Vogelmann et al.，2016)。这是因为生态系统动态通常具有逐渐且细微的变化特征，如土壤侵蚀和气候变化所引起的森林变化，这些都不是突然变化。这类逐渐且细微的变化特征在时间序列曲线上表现的特征即为年际曲线的整体位移，而突然变化的特征则表现为时间序列中的突变点。考虑到长时间序列中生态系统变化既包含逐渐且细微的变化又包含突变点，本研究通过提取不同年际时间序列的相似性特征来识别包括突变变化和渐变变化的生态系统干扰-恢复过程且无需主观确定参数。结果表明，这种评估生态系统变化的方法是有效的，对生态系统恢复程度类别识别的总体精度为87.14%。

需要强调的是，本研究涉及的生态系统弹性评价分析重点关注与生物量和生产力相关的NDVI连续变化，而不涉及生态系统干扰-恢复过程中生态系统物种组成和功能的评价(Müller et al.，2016)。另外，云、阴影等的影响导致Landsat观测数据存在大量噪声而不能用于时间序列分析。尽管DTW算法能一定程度上克服数据缺失的影响，但大量数据缺失仍会导致一些干扰不能被有效地识别或识别出伪变化。

参考文献

方精云，刘玲莉，2021. 生态系统生态学：回顾与展望[M]. 北京：高等教育出版社.

柳新伟，周厚诚，李萍，等，2004. 生态系统稳定性定义剖析[J]. 生态学报，24(11)：2635－2640.

任海，邬建国，彭少麟，2000. 生态系统健康的评估[J]. 热带地理，20(4)：310－316.

邬建国，1996. 生态学范式变迁综论[J]. 生态学报，16(5)：449－459.

BROOKS E B, WYNNE R H, THOMAS V A, et al. , 2014. On-the-fly massively multitemporal change detection using statistical quality control charts and landsat data[J]. IEEE Transactions on Geoscience and Remote Sensing, 52(6)：3316－3332.

CAO S, SHANG D, YUE H, et al. , 2017. A win-win strategy for ecological restoration and biodiversity conservation in Southern China[J]. Environmental Research Letters, 12(4): 044004.

CHEN S, ZHA X, BAI Y, et al. , 2019. Evaluation of soil erosion vulnerability on the basis of exposure, sensitivity, and adaptive capacity: a case study in the Zhuxi watershed, Changting, Fujian Province, Southern China[J]. Catena, 177: 57 - 69.

COLE L, BHAGWAT S A, WILLIS K J. 2014. Recovery and resilience of tropical forests after disturbance[J]. Nature Communications, 5:3906.

CONGALTON R G, GREEN K, 1993. Practical look at the sources of confusion in error matrix generation [J]. Photogrammetric Engineering and Remote Sensing, 59 (5): 641 - 644.

CUEVAS-GONZÁLEZ M, GERARD F, BALZTER H, et al. , 2009. Analysing forest recovery after wildfire disturbance in boreal Siberia using remotely sensed vegetation indices[J]. Global Change Biology, 15(3): 561 - 577.

De KEERSMAECKER W, LHERMITTE S, HONNAY O, et al. , 2014. How to measure ecosystem stability? An evaluation of the reliability of stability metrics based on remote sensing time series across the major global ecosystems[J]. Global Change Biology, 20(7): 2149 - 2161.

DEVRIES B, DECUYPER M, VERBESSELT J, et al. , 2015. Tracking disturbance-regrowth dynamics in tropical forests using structural change detection and Landsat time series[J]. Remote Sensing of Environment, 169: 320 - 334.

DWOMOH F K, WIMBERLY M C, 2017. Fire regimes and forest resilience: alternative vegetation states in the West African tropics[J]. Landscape Ecology, 32(9): 1849 - 1865.

FISHER J I, MUSTARD J F, VADEBONCOEUR M A, 2006. Green leaf phenology at Landsat resolution: Scaling from the field to the satellite[J]. Remote Sensing of Environment, 100(2): 265 - 279.

FOODY G M, 2002. Status of land cover classification accuracy assessment[J]. Remote Sensing of Environment, 80(1): 185 - 201.

FRAZIER A E, RENSCHLER C S, MILES S B, 2012. Evaluating post-disaster ecosystem resilience using MODIS GPP data[J]. International Journal of Applied Earth Observation and Geoinformation, 21(1): 43 - 52.

FRAZIER R J, COOPS N C, WULDER M A, et al. , 2018. Analyzing spatial and temporal variability in short-term rates of post-fire vegetation return from Landsat time series [J]. Remote Sensing of Environment, 205: 32 - 45.

FROLKING S, PALACE M W, CLARK D B, et al. , 2009. Forest disturbance and recovery: a general review in the context of spaceborne remote sensing of impacts on aboveground biomass and canopy structure[J]. Journal of Geophysical Research: Biogeosciences, 114: G00E02.

GÓMEZ C, WHITE J C, WULDER M A, 2011. Characterizing the state and processes of change in a dynamic forest environment using hierarchical spatio-temporal segmentation [J]. Remote sensing of environment, 115(7): 1665 - 1679.

GORELICK N, HANCHER M, DIXON M, et al., 2017. Google Earth Engine: Planetary-scale geospatial analysis for everyone[J]. Remote Sensing of Environment, 202: 18 - 27.

GRIFFITHS P, KUEMMERLE T, KENNEDY R E, et al., 2012. Using annual time-series of Landsat images to assess the effects of forest restitution in post-socialist Romania[J]. Remote Sensing of Environment, 118: 199 - 214.

HERMOSILLA T, WULDER M A, WHITE J C, et al., 2015. Regional detection, characterization, and attribution of annual forest change from 1984 to 2012 using Landsat-derived time-series metrics[J]. Remote Sensing Of Environment, 170: 121 - 132.

HUANG Z, LIU X, YANG Q, et al., 2021. Quantifying the spatiotemporal characteristics of multi-dimensional karst ecosystem stability with Landsat time series in southwest China[J]. International Journal of Applied Earth Observation and Geoinformation, 104: 102575.

JAZAYERI S, SAGHAFI A, ESMAEILI S, et al., 2019. Automatic object detection using dynamic time warping on ground penetrating radar signals[J]. Expert Systems with Applications, 122: 102 - 107.

KENNEDY R E, YANG Z, COHEN W B, et al., 2012. Spatial and temporal patterns of forest disturbance and regrowth within the area of the Northwest Forest Plan[J]. Remote Sensing of Environment, 122: 117 - 133.

LI M, BIJKER W, 2019. Vegetable classification in Indonesia using Dynamic Time Warping of Sentinel - 1A dual polarization SAR time series[J]. International Journal of Applied Earth Observation and Geoinformation, 78: 268 - 280.

MÜLLER F, BERGMANN M, DANNOWSKI R, et al., 2016. Assessing resilience in long-term ecological data sets[J]. Ecological Indicators, 65: 10 - 43.

NGUYEN T H, JONES S D, SOTO-BERELOV M, et al., 2018. A spatial and temporal analysis of forest dynamics using Landsat time-series[J]. Remote Sensing of Environment, 217: 461 - 475.

PETITJEAN F, INGLADA J, GANCARSKI P, 2012. Satellite Image Time Series Analysis Under Time Warping[J]. IEEE transactions on geoscience and remote sensing, 50 (8): 3081 - 3095.

PIMM S, 1984. The Complexity and Stability of Ecosystems[J]. Nature,315, 635 - 636.

PAHL-WOSTL C, 2000. Ecosystems as dynamic networks[M]//Jørgensen S E, Müller F. Handbook of Ecosystem Theories and Management. Boca Raton: Lewis Publishers.

SAKOE H, CHIBA S, 1978. Dynamic programming algorithm optimization for spoken word recognition[J]. IEEE Transactions on Acoustics, Speech, and Signal Processing, 26 (1): 43 - 49.

STAAL A, van NES E H, HANTSON S, et al., 2018. Resilience of tropical tree cover: the roles of climate, fire, and herbivory[J]. Global Change Biology, 24(11): 5096 - 5109.

VOGELMANN J E, GALLANT A L, SHI H, et al., 2016. Perspectives on monitoring gradual change across the continuity of Landsat sensors using time-series data[J]. Remote Sensing of Environment, 185: 258 - 270.

WASHINGTON-ALLEN R A, RAMSEY R D, WEST N E, et al., 2008. Quantification of the ecological resilience of drylands using digital remote sensing[J]. Ecology and Society, 13(1): 33.

WHITE J C, HERMOSILLA T, WULDER M A, et al., 2022. Mapping, validating, and interpreting spatio-temporal trends in post-disturbance forest recovery[J]. Remote Sensing of Environment, 271: 112904.

WHITE J C, WULDER M A, HERMOSILLA T, et al., 2017. A nationwide annual characterization of 25 years of forest disturbance and recovery for Canada using Landsat time series[J]. Remote Sensing of Environment, 194: 303 - 321.

XU J, ZHAO H, YIN P, et al., 2018. Remote sensing classification method of vegetation dynamics based on time series Landsat image: a case of opencast mining area in China [J]. Eurasip Journal on Image and Video Processing,(1): 113.

ZHAI L, ZHANG B, ROY S S, et al., 2019. Remote sensing of unhelpful resilience to sea level rise caused by mangrove expansion: a case study of islands in Florida Bay, USA [J]. Ecological Indicators, 97: 51 - 58.